自动化专业实验教程

主 编 付艳清

北京邮电大学出版社
·北京·

内 容 简 介

本书是根据自动化专业、电气工程及其自动化专业加强实践性教学、提高学生动手能力的需要编写的,涵盖了自动化专业 14 门专业基础课及专业课实验,选取的实验题目贴近工程实际,也符合培养 21 世纪应用型人才的需求。

本书共分 14 章,包括信号与系统、自动控制原理、电力电子技术、电机及拖动基础、光电检测技术、微机原理与接口技术、检测与转换技术、单片机原理及接口技术、可编程序控制器、计算机控制系统、DSP 原理与应用、计算机网络技术、电力拖动自动控制系统、过程控制系统等内容。

本书主要作为工科高等院校自动化、电气工程及其自动化、机械制造及其自动化等专业的实验教材,同时也可供从事自动化专业工作的工程技术人员学习参考。

图书在版编目(CIP)数据

自动化专业实验教程/付艳清主编. --北京:北京邮电大学出版社,2010.9(2022.1重印)
ISBN 978-7-5635-2425-9

Ⅰ.①自… Ⅱ.①付… Ⅲ.①自动化技术—高等学校—教材 Ⅳ.①TP2

中国版本图书馆 CIP 数据核字(2010)第 176566 号

书　　　名:自动化专业实验教程
主　　　编:付艳清
责任编辑:张　灏
出版发行:北京邮电大学出版社
社　　　址:北京市海淀区西土城路 10 号(邮编:100876)
发 行 部:电话:010-62282185　传真:010-62283578
E-mail:publish @ bupt. edu. cn
经　　　销:各地新华书店
印　　　刷:北京九州迅驰传媒文化有限公司
开　　　本:787 mm×1 092 mm　1/16
印　　　张:25
字　　　数:653 千字
版　　　次:2010 年 9 月第 1 版　2022 年 1 月第 11 次印刷

ISBN 978-7-5635-2425-9　　　　　　　　　　　　　　　　　定　价:48.00 元

前　言

普通高等学校本科专业的建设和发展对自动化专业学生的综合实践能力和动手能力提出了越来越高的要求,要求学生在自动控制、可编程序控制器控制、计算机控制和过程控制等方面具有较强的分析和解决问题的能力。为适应和满足该专业在新形势下培养目标的总体要求,特编写了本实验教材。

自动化专业实验的教学目的是加深学生对本专业所学理论的理解,掌握本专业最基本的实验方法和测试技术,培养学生观察、分析和解决问题的能力。这就要求学生在实验前做好预习,明确实验目的、要求、步骤、需测定的数据,了解所使用的仪器、仪表及工具。在实验过程中,要细心操作,仔细观察,发现问题,思考问题。实验完成后,认真整理数据,根据实验结果及观察到的现象,加以分析,得出结论,并按规定要求提交实验报告。

本书由长春理工大学光电信息学院付艳清主编,其中第三章、第四章、第九章、第十一章、第十三章由付艳清、明哲编写;第一章、第六章由吕晓玲编写;第二章、第七章、第十章由宋丹编写;第五章、第八章、第十二章、第十四章由司夏岩、李晔编写。李晔还参与了第十章、第十二章部分内容的编写。全书内容由吕晓玲、宋丹、司夏岩、李晔负责编排并完成初统稿。书中实验内容的验证工作由付艳清、明哲、吕晓玲、宋丹、司夏岩完成。全书由付艳清副教授统稿,由康连福教授担任主审。

本书在编写过程中,参阅了大量的参考文献,在此向所有的作者表示感谢!

本书由长春理工大学光电信息学院教材委员会批准后出版。

由于编者水平有限,书中难免存在不妥之处,敬请读者批评指正。

编　者

目　　录

第一章 信号与系统

实验一 典型电信号的观察及测试

一、实验目的

1. 学习示波器、晶体管毫伏表、函数信号发生器的使用方法。
2. 掌握观察和测定直流(阶跃)信号、正弦交流信号、脉冲信号的方法。

二、实验原理与说明

直流(阶跃)信号、正弦交流信号、脉冲信号是常用的电信号。它们的波形如图 1-1 所示，分别可由直流稳压电源、函数信号发生器和脉冲信号发生器提供。

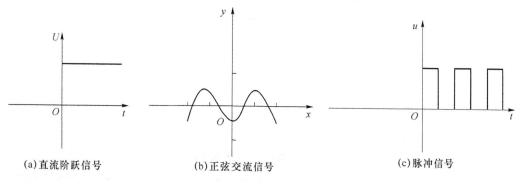

(a)直流阶跃信号　　　　　(b)正弦交流信号　　　　　(c)脉冲信号

图 1-1　波形信号

直流(阶跃)信号的主要参数是电压(U)和电流(I)，正弦交流信号的主要参数是 U_m 或 I_m、周期 T 或频率 f 和初相角 φ，脉冲信号的主要参数是幅度 A、周期 T 和脉宽 τ。

测试信号幅度的常用仪器有万用表、晶体管毫伏表、示波器。万用表和毫伏表测量交流电时所得都是有效值，它们的测试对象仅限于正弦交流电，测量的精度会受到信号频率和波形失真的影响。使用示波器能观察到电信号的波形，从荧光屏的刻度尺的 y 轴可读得信号的振幅或峰-峰值，从刻度尺的 x 轴可读出信号的周期 T，从而可计算出频率 f。

三、仪器设备

1. 示波器 1 台。
2. 函数信号发生器 1 台。
3. 毫伏表 1 台。

4. 直流稳压电源 1 台。

四、预习要求

1. 简述示波器的原理以及能显示被测波形的原理。荧光屏的 x 轴代表什么？y 轴代表什么？

2. 欲使示波器在无信号输入时能显示一条亮而清晰的扫描基线，应调节面板上的哪些旋钮？

3. 用示波器观察到图 1-1(a)所示波形，若所用探头内附有 10：1 的衰减器，电压量程为每格 0.2 V，扫描时间为每格 50 μs，被测信号幅度和频率各为多少？

五、内容与步骤

1. 直流信号的观察与测定

按图 1-2 方式连接直流稳压电源和示波器，观察直流电波形，按表 1-1 要求对电压进行测定，并记录示波器相应开关的位置。

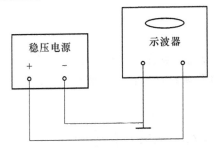

图 1-2 稳压电源与示波器连接图

表 1-1 电压测定记录表

稳压电源输出	1 V	5 V	10 V
示波器"V/DIV"位置			
格数			
示波器测得幅值			

2. 正弦信号的观察与测定

连接信号发生器、示波器和毫伏表，并使信号发生器输出正弦信号，幅值自定，按表 1-2 规定内容对正弦信号进行观察及测定。要求调节示波器，在荧光屏上观察到 5 个完整的波形，务必使图形清晰和稳定。记录示波器相应开关所做的改动。

表 1-2 正弦信号观测表

信号源频率		
示波器"V/DIV"位置		
格数		
示波器测得幅值		
毫伏表测得有效值		
示波器"T/DIV"位置		
格数		
示波器测得周期		

3. 脉冲信号的观察及测定

任选几种不同频率、振幅的方波信号和三角波信号进行观察及测定,并将结果填于表 1-3 中,要求同上。

表 1-3　方波信号和三角波信号观测表

波形	方波		三角波	
信号源频率				
示波器"V/DIV"位置				
格数				
示波器测得幅值				
示波器"T/DIV"位置				
格数				
示波器测得周期				

六、注意事项

1. 操作过程中,应注意避免稳压电源及函数信号发生器输出端短路,以免烧坏仪器。

2. 示波器探头附有 10∶1 衰减器,即信号通过探头后要衰减 10 倍,故被测信号 y 轴刻度上的读数应乘 10 后才是被测信号真实的幅值。

3. 在定量测量信号的幅度和周期时应将"微调"旋钮右旋到底,即处于"校准位置",否则测量结果不正确。

七、报告要求

1. 列表表示测量结果,给出所观察到的各种波形。

2. 在实验中对示波器的哪些旋钮印象最深刻?它们各起什么作用?

实验二　一阶电路响应的研究

一、实验目的

1. 研究一阶电路的零输入、零状态响应及完全响应的变化规律和特点。

2. 了解时间常数对响应波形的影响及积分、微分电路的特性。

二、原理说明

凡是能用一阶微分方程来描述的电路称为一阶电路,线性电路的瞬态响应又分为零输入、零状态响应和完全响应。当初始条件为零而仅由初始状态引起的响应称"零状态响应"。激励为零而仅由初始状态引起的响应称"零输入响应"。初始状态与激励共同作用而引起的响应为"完全响应",等于零状态和零输入响应之和。零输入响应是由回路参数和结构决定的,一阶电路的零输入响应总是按指数规律衰减的,衰减的快慢决定于回路的时间参数 τ。在 RC 电路中 $\tau=RC$,在 RL 电路中 $\tau=L/R$。改变元件的参数值,可获得不同的时间参数,由此改变衰减速率,以满足电路特性的要求。

瞬态响应是十分短暂的单次变化过程,在瞬间发生而又很快消失,所以观察这一过程是比较困难的。为了便于观察测量,试验采用方波信号来代替单次接通的直流电源,而使单次变化过程重复出现。方波信号源的作用如图 1-3 虚线框内部分所示。开关的动作频率等于方波信号频率的两倍。可见,要求方波周期 T 与电路时间参数 τ 满足一定的关系,所观察的响应性质即与单次过程完全相同。

三、试验仪器、设备

1. 函数信号发生器 1 台。

2. 示波器 1 台。

3. 信号与系统试验箱 TKSS-A 型。

四、预习要求

1. 定性画出周期方波作用下的一阶 RC 电路波特图:(1) $\tau \geqslant T/2$ 信号积分电路;(2) $\tau \leqslant T/2$ 信号微分电路;(3) $\tau=T/2$ 3 种情况下的瞬态响应波形,并确定何处为零输入响应、零状态响应和完全响应。

2. 按预习要求 1 中确定的各元件参数值,计算电路的时间常数 τ 与输出方波 T 进行比较。哪组是积分电路,哪组是微分电路?

五、实验内容与步骤

1. 信号源输入方波,幅度 $U_{PP}=2\,V$,频率 $f=5\,kHz$。按图 1-3 接线,观察并定量描绘 RC、RL 电路在下述参数值时,各元件两端的电压波形,即波特图。

(1) $R=1\,k\Omega, C=0.01\,\mu F$。

(2) $R=1\,k\Omega, C=0.1\,\mu F$。

(3) $R=3\text{ k}\Omega, C=0.1\text{ }\mu\text{F}$。

(4) $R=1\text{ k}\Omega, L=10\text{ mH}$。

(5) $R=100\text{ k}\Omega, L=10\text{ mH}$。

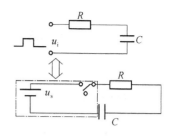

2. 上述各组参数中哪组是微分电路,哪组是积分电路？并在微分电路状态下,测量时间参数 τ 值。(利用上升曲线的 $68\%x$ 轴投影、下降曲线的 $32\%x$ 轴投影来测量时间参数 τ,并与理论值比较。)

测量 τ 值在微分电路时测量,如果不是微分电路,可通过改变信号源频率来满足微分电路条件。工程上通过测量 τ 值,确定硬件参数。

图 1-3 方波信号源的作用

六、报告要求

1. 分析试验结果,说明元件数值改变对一阶电路瞬态响应的影响。

2. 将同一时间常数的 RC、RL 电路的波形相比较,又得出什么结论？

七、注意事项

在分析一阶电路时,首先列出次网络的微分方程,列出其通解、特解,此微分方程解的几何描点,即是此电路的波特图。因此一阶电路的完全响应即是线性的、时不变的、没有间断点,按指数规律上升下降,上升下降速率受时间常数制约,这就是一阶电路波特图的特点。

实验三 二阶电路的瞬态响应

一、实验目的

1. 研究 RLC 串联电路特性与元件参数的关系。

2. 观察并分析各种类型的状态轨迹。

二、原理说明

1. 凡是可用二阶微分方程来描述的电路称为二阶电路。解二阶微分方程特征根可有以下几种情况。

（1）$R>2\sqrt{\dfrac{L}{C}}$ 时，为过阻尼情况，即不相等实数根。

（2）$R=2\sqrt{\dfrac{L}{C}}$ 时，为临界阻尼情况，即相等实数根。

（3）$R<2\sqrt{\dfrac{L}{C}}$ 时，为欠阻尼情况，即二共轭虚数根。

因此对于不同的电阻值，电路的响应波形是不同的。

2. 因冲激信号是阶跃信号的函数，所以对线性时不变电路的冲激响应也是阶跃响应的函数。实验中，用周期方波代替阶跃信号。用周期方波通过微分电路后得到的尖脉冲代表冲激信号。在电路中冲激响应也是阶跃响应的函数。

在实验电路图 1-4 中，回路电压方程为 $u_s=u_R+u_L+u_C$。网络电流 $i_C=C\dfrac{\mathrm{d}u_C}{\mathrm{d}t}$。

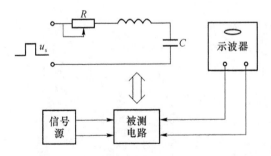

图 1-4 二阶电路瞬态响应实验接线图

$$u_L=L\frac{\mathrm{d}i}{\mathrm{d}t}=LC\frac{\mathrm{d}^2u_C}{\mathrm{d}t} \qquad u_R=RC\frac{\mathrm{d}u_C}{\mathrm{d}t}$$

$$u_s=LC\frac{\mathrm{d}^2u_C}{\mathrm{d}t}+CR\frac{\mathrm{d}u_C}{\mathrm{d}t}+u_C$$

三、试验仪器、设备

1. 函数信号发生器 1 台。

2. 示波器 1 台。

3. 信号与系统试验箱 TKSS-A 型。

四、预习要求

1. 选定微分电路元件的数值,使之在输入重复频率为 5 kHz 时,能获得宽度极窄的尖顶脉冲输出。

2. 定性画出 RLC 串联电路在阶跃信号激励下的过阻尼、欠阻尼和临界阻尼时 u_C 上的响应波形。

五、实验内容与要求

1. 观察电路的阶跃响应。以方波信号 $f=5$ kHz, $u_{PP}=2$ V 为激励源,观察图 1-4 电路 u_C 的波形。改变 R 值,描述过阻尼、欠阻尼和临界阻尼 3 种情况下,R、L、C 各元件上的 9 组响应波形。

2. 实验电路同上,改变电阻阻值,满足欠阻尼条件时(以示波器波形为准),用示波器测出一组衰减角频率 ω_a 和衰减系数 a 的值。

3. 信号衰减频率 $f=\dfrac{1}{2\pi\sqrt{LC}}$ 可与测 T_d 相比较,从而确定二阶电路的硬件参数。

六、注意事项

1. 观察过渡过程的波形,以示波器为准。

2. 分析试验结果,应注意实际元件与理想模型之间的差别,实际电感线圈和电容器都具有损耗电阻。

3. 在测试响应波形图时,注意要保证各元件有共同的接地端。

七、报告要求

整理试验结果,讨论改变电路参数对二阶电路瞬态响应的影响。

实验四 基本运算单元

一、实验目的

1. 熟悉由运算放大器为核心元件组成的基本运算单元。
2. 掌握基本运算单元特性的测试方法。

二、实验原理与说明

1. 运算放大器

运算放大器实际就是高增益直流放大器。当与反馈网络连接后,就可实现对输入信号的求和、积分、微分、比例放大等多种数学运算,运算放大器因此而得名。运算放大器的电路符号如图 1-5 所示。由图可见,其具有两个输入端和一个输出端:当信号从"—"端输入时,输出信号与输入信号反相,故"—"端称为反相输入端;而从"+"端输入时,输出信号与输入信号同相,故称"+"端为同相输入端。

运算放大器有以下的特点:高增益,开环时,直流电压放大倍数高达 $10^4 \sim 10^6$;高输入阻抗,输入阻抗一般在 $10^6 \sim 10^{11}$ Ω 范围内;低输出阻抗,输出阻抗一般为几十欧姆到一二百欧姆。若它工作于深度负反馈状态,则其闭环输出阻抗将更小。

因而有以下结论:运放的输入电流等于零(虚断);$u_+ = u_-$(虚短)。

2. 基本运算单元

在对系统模拟中,常用的基本运算单元有加法器、比例运算器、积分器和微分器 4 种,现简述如下。

(1)加法器。图 1-6 为加法器的原理电路图。基于运算放大器的输入电流为零,则由图 1-6 得 $u_o = u_1 + u_2 + u_3$,即运算放大器的输出电压等于输入电压的代数和。

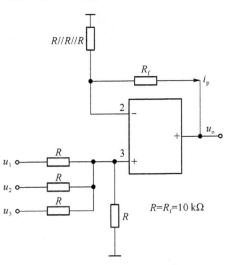

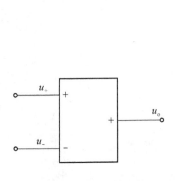

图 1-5 运放电路符号   图 1-6 加法器原理电路图

（2）比例运算器。

① 反相运算器，电路图如图 1-7 所示。由于放大器的"＋"端和"－"端均无输入电流，所以 $u_+ = u_- = 0$。图中的 A 点为"虚地"，于是得

$$\frac{-u_o}{R_f} = \frac{u_i}{R_r} \qquad \frac{-u_o}{u_i} = \frac{R_f}{R_r} = K$$

反相运算器当 $R_f = R_r$ 时，$K = 1$，$u_0 = -u_1$，这就是人们常用的反相器。图 1-7 中的电阻 R_p 用来保证外部电路平衡对称，以补偿运放本身偏置电流及其温度漂移的影响，它的取值一般为 $R_p = R_r // R_f$。

② 同相运算器，电路图如图 1-8 所示。由该电路图得

$$\frac{-u_i}{R_r} = \frac{-u_o + u_i}{R_f} \qquad u_o = \left(1 + \frac{R_f}{R_r}\right) u_i = K u_i \qquad \left(1 + \frac{R_f}{R_r}\right) = K$$

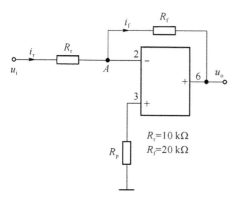

$R_r = 10 \text{ k}\Omega$
$R_f = 20 \text{ k}\Omega$

图 1-7 反相运算器

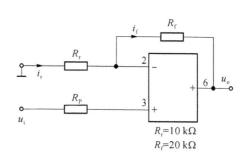

$R_r = 10 \text{ k}\Omega$
$R_f = 20 \text{ k}\Omega$

图 1-8 同相运算器

（3）积分器。基本积分器电路图如图 1-9 所示，由该图得

$$u_o = -u_C = -\frac{1}{C} \int i_f \, dt = -\frac{1}{R_r C} \int u_i \, dt$$

表示积分器的输出电压 u_o 与其输入电压 u_i 的积分成正比，但输出电压与输入电压反相。如果积分器输入回路的数目多于一个，这种积分器称为求和积分器，电路图如图 1-10 所示。用类同于一个输入的积分器输出导求方法，求得该积分器的输出，如果 $R_1 = R_2 = R_3 = R$，则

$$u_o = \frac{1}{RC} \int (u_1 + u_2 + u_3) \, dt$$

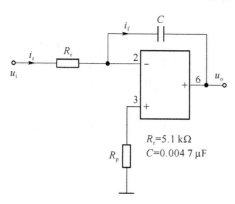

$R_r = 5.1 \text{ k}\Omega$
$C = 0.004\ 7 \text{ μF}$

图 1-9 基本积分器

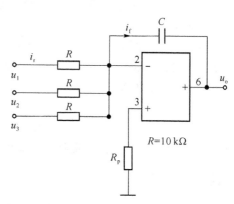

$R = 10 \text{ k}\Omega$

图 1-10 求和积分器

（4）微分器。电路图如图 1-11 所示。由图得

$$C \frac{\mathrm{d}u_i}{\mathrm{d}t} = -\frac{u_o}{R_f}, -u_o = R_f C \frac{\mathrm{d}u_i}{\mathrm{d}t} = K \frac{\mathrm{d}u_i}{\mathrm{d}t}, K = R_f C$$

可见微分器的输出 u_o 与其输入 u_i 的微分成正比，且反相。

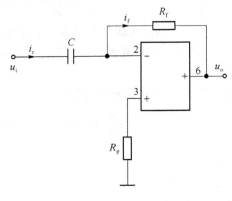

图 1-11　微分器

三、实验设备与仪器

1. 信号与系统实验箱 TKSS-A 型。
2. 双踪示波器。

四、实验内容与步骤

1. 在本实验箱自由布线区设计加法器、比例运算器、积分器、微分器 4 种基本运算单元模拟电路。

2. 测试基本运算单元特性。

（1）加法器。

线路如图 1-6 所示。令 u_1 为 $f = 1\ \mathrm{kHz}$、幅度（峰值）为 2 V 的正弦波，u_2 为幅度（峰值）为 3 V、频率为 1 kHz 的正弦波，$u_3 = 0$（用导线与地短路）。用示波器观察 u_1、u_2、u_o 波形，并记录。

（2）比例运算器。

线路如图 1-7、图 1-8 所示。$R_r = 10\ \mathrm{k\Omega}$，$R_f = 20\ \mathrm{k\Omega}$，输入信号采用 1 kHz 方波，用示波器观察和测量输入、输出信号波形，并由测量结果计算 K 值。

（3）积分器。

线路如图 1-9、图 1-10 所示。$C = 0.004\ 7\ \mu\mathrm{F}$，$R_r = 5.1\ \mathrm{k\Omega}$。当 u_i 为方波（$f = 1\ \mathrm{kHz}$，$U_{\mathrm{p-p}} = 4\ \mathrm{V}$）时，用示波器观测输出 u_o 的波形，改变输入方波信号的频率，使方波的脉宽 t_p 与电路时间常数 τ 满足下列 3 种关系，即 $t_p = \tau$，$t_p \geqslant \tau$，$t_p \leqslant \tau$，分别观测输入输出信号的波形，并记录。

（4）微分器。

线路如图 1-11 所示。$C = 0.004\ 7\ \mu\mathrm{F}$，$R_r = 5.1\ \mathrm{k\Omega}$。改变输入方波 u_i 的频率，满足 $t_p = \tau$，$t_p \geqslant \tau$，$t_p \leqslant \tau$ 3 种关系时，分别观测输入输出信号波形，并记录。

五、实验报告

1. 导出 4 种基本运算单元的传递函数。
2. 绘制加法、比例、积分、微分 4 种运算单元的波形。

实验五　用同时分析法观测 50 Hz 非正弦周期信号的分解与合成

一、实验目的

1. 用同时分析法观测 50 Hz 非正弦周期信号的频谱,并与其傅里叶级数各项的频率与系数作比较。

2. 观测基波和谐波的合成。

二、实验原理

1. 一个非正弦周期函数可以用一系列频率成整数倍的正弦函数来表示,其中与非正弦具有相同频率的成分称为基波或一次谐波,其他成分则根据其频率为基波频率的 2、3、4、……、n 等倍数分别称二次、三次、四次、……、n 次谐波,其幅度将随谐波次数的增加而减小,直至无穷小。

2. 不同频率的谐波可以合成一个非正弦周期波,反过来,一个非正弦周期波也可以分解为无限个不同频率的谐波成分。

3. 一个非正弦周期函数可用傅里叶级数来表示,级数各项系数之间的关系可用一各个频谱来表示,不同的非正弦周期函数具有不同的频谱图,各种不同波形(如图 1-12 所示)及其傅里叶级数表达式见表 1-4,方波频谱图如图 1-13 所示,表示实验装置的结构如图 1-14 所示,图中 LPF 为低通滤波器,可分解出非正弦周期函数的直流分量,$\mathrm{BPF}_1 \sim \mathrm{BPF}_6$ 为调谐在基波和各次谐波上的带通滤波器,加法器用于信号的合成。

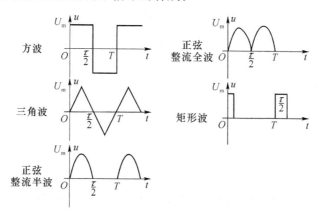

图 1-12　各种不同波形

表 1-4　各种不同波形的傅里叶级数表达式

波形	傅里叶级数表达式
方波	$u(t) = \dfrac{4U_{\mathrm{m}}}{\pi}\left(\sin \omega t + \dfrac{1}{3}\sin 3\omega t + \dfrac{1}{5}\sin 5\omega t + \dfrac{1}{7}\sin 7\omega t + \cdots\right)$
三角波	$u(t) = \dfrac{8U_{\mathrm{m}}}{\pi^2}\left(\sin \omega t - \dfrac{1}{9}\sin 3\omega t + \dfrac{1}{25}\sin 5\omega t + \cdots\right)$

正弦整流半波	$u(t)=\dfrac{2U_{\mathrm m}}{\pi}\left(\dfrac{1}{2}+\dfrac{\pi}{4}\sin\omega t-\dfrac{1}{3}\cos\omega t-\dfrac{1}{15}\cos 4\omega t+\cdots\right)$
正弦整流全波	$u(t)=\dfrac{4U_{\mathrm m}}{\pi}\left(\dfrac{1}{2}-\dfrac{1}{3}\cos 2\omega t-\dfrac{1}{15}\cos 4\omega t-\dfrac{1}{35}\cos 6\omega t+\cdots\right)$
全波	$u(t)=\dfrac{\tau U_{\mathrm m}}{T}+\dfrac{2U_{\mathrm m}}{\pi}\left(\sin\dfrac{\tau\pi}{T}\cos\omega t+\dfrac{1}{2}\sin\dfrac{2\tau\pi}{T}\cos 2\omega t+\dfrac{1}{3}\sin\dfrac{3\tau\pi}{T}\cos 3\omega t+\cdots\right)$

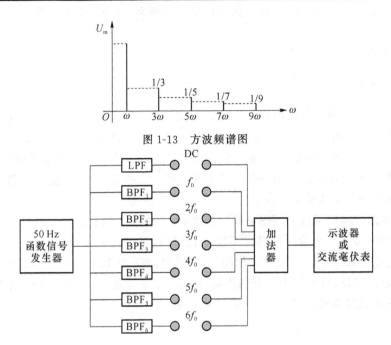

图 1-13 方波频谱图

图 1-14 信号分解与合成实验装置结构框图

三、实验设备

1. 信号与系统实验箱 TKSS-A 型。

2. 双踪示波器。

四、预习要求

实验前必须认真复习教材中关于周期性信号傅里叶级数分解的有关内容。

五、实验内容及步骤

1. 调节函数信号发生器,使其输出 50 Hz 的方波信号,并将其接至信号分解实验模块 BPF 的输入端,然后细调函数信号发生器的输出频率,使该模块的基波 50 Hz 成分 BPF 的输出幅度为最大。

2. 将各带通滤波器的输出分别接至示波器,观测各次谐波的频率和幅值,并列表记录。

3. 将方波分解所得的基波和三次谐波分量接至加法器的相应输入端,观测加法器的输出波形,并记录。

4. 在 3 的基础上,再将五次谐波分量加到加法器的输入端,观测相加后的波形,并记录。

5. 分别将 50 Hz 单相正弦半波、全波、矩形波和三角波的输出信号接至 50 Hz 电信号分解与合成模块输入端、观测基波及各次谐波的频率和幅度,并记录。

6. 将 50 Hz 单相正弦半波、全波、矩形波、三角波的基波和谐波分量别接至加法器的相应的输入端,观测求和器的输出波形,并记录。

六、思考题

1. 什么样的周期性函数没有直流分量和余弦项?
2. 分析理论合成的波形与实验观测到的合成波形之间误差产生的原因。

七、实验报告

1. 根椐实验测量所得的数据,在同一坐标纸上绘制方波,及其分解后所得的基波和各次谐波的波形,画出频谱图。

2. 将所得的基波和三次谐波及其合成波形一同绘制在同一坐标纸上,并且把实验三中观察到的合成波形也绘制在同一坐标纸上。

3. 将所得的基波、三次谐波、五次谐波及三者合成的波形一同绘画在同一坐标纸上,并把实验四中所观测到的合成波形也绘制在同一坐标纸上,便于比较。

实验六　无源和有源滤波器

一、实验目的

1. 了解 RC 无源和有源滤波器的种类、基本结构及其特性。
2. 分析对比无源和有源滤波器的滤波特性。
3. 掌握扫频仪的使用方法（TKSS-A 型）。

二、原理说明

1. 滤波器是对输入信号的频率具有选择性的一个二端口网络，允许某些频率（通常是某个频带范围）的信号通过，而其他频率的信号受到衰减或抑制，这些网络可以由 RLC 元件或 RC 元件构成的无源滤波器，也可以由 RC 元件和有源器件构成的有源滤波器。

2. 根据幅频特性所表示的通过或阻止信号频率范围的不同，滤波器可分为低通滤波器（LPF）、高通滤波器（HPF）、带通滤波器（BPF）和带阻滤波器（BEF）4 种。把能够通过的信号频率范围定义为通带，把阻止通过或衰减的信号频率范围定义为阻带。而通带与阻带的分界点的频率 ω_c 称为截止频率或转折频率。图 1-15 中的 $H(j\omega)$ 为通带的电压放大倍数，ω_0 为中心频率，ω_{cL} 和 ω_{cH} 分别为低端和高端截止频率。4 种滤波器的实验线路如图 1-16 所示。

3. 如图 1-17 所示，滤波器的频率特性 $H(j\omega)$ 又称为传递函数，用下式表示

$$H(j\omega) = \frac{\dot{u}_2}{\dot{u}_1} = A(\omega) \angle \theta(\omega)$$

式中，$A(\omega)$ 为滤波器的幅频特性，$\theta(\omega)$ 为滤波器的相频特性，都可以通过实验的方法来测量。

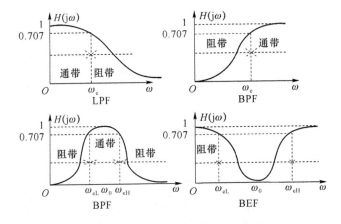

图 1-15　各种滤波器的理想频幅特性

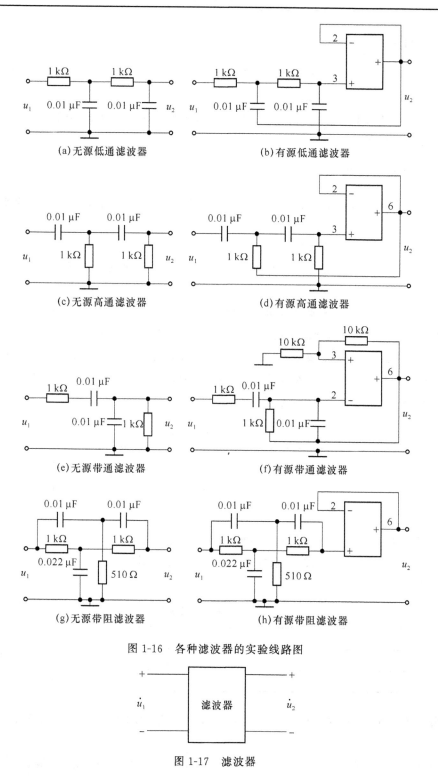

图 1-16 各种滤波器的实验线路图

图 1-17 滤波器

三、仪器设备

1. 信号与系统实验箱 TKSS-A 型。

2. 双踪示波器。

四、预习要求

1. 为使实验能顺利进行，做到心中有数，课前预习教材的相关内容和实验原理、目的与要求、步骤和方法（并预计实验的结果）。

2. 推导各类无源和有源滤波器的频率特性，并据此分别画出滤波器的幅频特性曲线。

3. 在方波激励下，预测各类滤波器的响应情况。

五、实验内容及步骤

1. 滤波器的输入端接正弦信号发生器或扫频电源，滤波器的输出端接示波器或交流数字毫伏表。

2. 测试无源和有源低通滤波器的幅频特性。

(1) 测试 RC 无源低通滤波器的幅频特性。用图 1-16(a) 所示的电路，测试 RC 无源低通滤波器的特性。

实验时，必须在保持正弦波信号输入电压（u_1）幅值不变的情况下，逐渐改变其频率，用实验箱提供的数字式真有效值交流电压表（10 Hz＜f＜1 MHz），测量 RC 滤波器输出端电压 u_2 的幅值，并把所测的数据记录表 1-5。注意：每当改变信号源频率时，必须观测一下输入信号 u_1，使之保持不变。实验时应接入双踪示波器，分别观测输入 u_1 和输出 u_2 的波形。（注意：在整个实验过程中应保持 u_1 恒定不变。）

表 1-5　数据记录表

f/Hz		$\omega_0(=1/RC)/$ rad·s^{-1}	$f_0(=\omega_0/2\pi)/$ Hz
u_1/V			
u_2/V			

(2) 测试 RC 有源低通滤波器的幅频特性。实验电路如图 1-16(b) 所示。

取 $R=1\,\text{k}\Omega$、$C=0.01\,\mu\text{F}$、放大系数 $K=1$。测试方法用 (1) 中相同的方法进行实验操作，并将实验数据记入表 1-6 中。

表 1-6　数据记录表

f/Hz		$\omega_0(=1/RC)/$ rad·s^{-1}	$f_0(=\omega_0/2\pi)/$ Hz
u_1/V			
u_2/V			

3. 分别测试无源、有源 HPF、BPF、BEF 的幅频特性。实验步骤、数据记录表格及实验内容自行拟定。

4. 研究各滤波器对方波信号或其他非正弦信号输入的响应。（选做，实验步骤自拟。）

六、思考题

1. 试比较有源滤波器和无源滤波器，并指出各自的优缺点。

2. 各类滤波器参数的改变对滤波器特性有何影响？

七、注意事项

1. 在实验测量过程中,必须始终保持正弦波信号源的输出(即滤波器的输入),电压 u_1 幅值不变,且输入信号幅度不宜过大。

2. 在进行有源滤波器实验时,输出端不可短路,以免损坏运算放大器。

3. 电源作为激励时,可很快得出实验结果,但必须熟读扫频电源的操作和使用说明。

八、实验报告

1. 根据实验测量所得的数据,绘制各类滤波器的幅频特性。对于同类型的无源和有源滤波器幅频特性,要求绘制在同一坐标纸上,以便比较。计算出各自特征频率、截止频率和通频带。

2. 比较分析各类无源和有源滤波器的滤波特性。

3. 分析在方波信号激励下,滤波器的响应情况(选做)。

4. 写出本实验的心得体会及意见。

注:本次实验内容较多,根据情况可分两次进行。

实验七　系统时域响应的模拟解

一、实验目的

1. 掌握求解系统时域响应的模拟解法。
2. 研究系统参数变化对响应的影响。

二、原理说明

1. 为求解系统的响应,需建立系统的微分方程,通常实际系统的微分方程可能是一个高阶方程或者是一个一阶的微分方程组,它们的求解都很费时间甚至是很困难的。由于描述各种不同系统(如电系统、机械系统)的微分方程有着惊人的相似之处,因而可以用电系统来模拟各种非电系统,并能获得该实际系统响应的模拟解。系统微分方程的解(输出的瞬态响应),通过示波器显示出来。

下面以二阶系统为例,说明二阶常微分方程模拟解的求法。式(1-1)为二阶非齐次微分方程,式中 y 为系统的被控制量,x 为系统的输入量。图 1-18 为式(1-2)的模拟电路图。

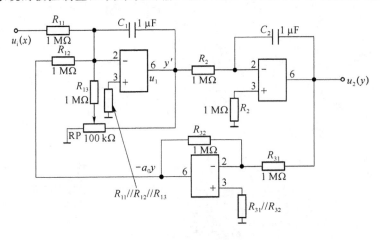

图 1-18　二阶系统的模拟电路图

$$y'' + a_1 y' + a_0 y = x \tag{1-1}$$

由该模拟电路得
$$u_1 = -\int \left(\frac{1}{R_{11}C_1} u_i + \frac{1}{R_{12}C_1} u_3 + \frac{1}{R_{13}C} u_1 \right) dt$$

$$= -\int \frac{1}{R_2 C_2} u_1 dt = -\int K_2 u_1 dt$$

$$u_3 = -\frac{R_{32}}{R_{31}} u_2 = -K_3 u_2$$

$$u_2 = -\int (K_{11} u_i + K_{12} u_2 + K_{13} u_1) dt$$

上述 3 式经整理后为
$$\frac{du_2^2}{dt^2} + K_{13} \frac{du_2}{dt} + K_{12} K_2 K_3 u_2 + K_{11} K_2 K_3 u_2 = K_{11} K_2 u_i \tag{1-2}$$

式中,$K_{12}=\dfrac{1}{R_{12}C_1}$,$K_{11}=\dfrac{1}{R_{11}C_1}$,$K_2=\dfrac{1}{R_2C_2}$,$K_{13}=\dfrac{1}{R_{13}C_1}$,$K_3=\dfrac{R_{32}}{R_{11}}$。

式(1-2)与式(1-1)相比得

$$\begin{cases}K_{13}=a_1\\K_{12}K_2K_3=a_0\\K_1K_2=b\end{cases}$$

物理系统如图 1-19 所示,摩擦因数 $\mu=0.2$,弹簧的倔强系数(或弹簧刚度)$k=100\ \text{N/m}$,

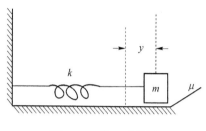

图 1-19 物理系统图

物体质量 $m=1\ \text{kg}$,令物体离开静止位置的距离为 y,且 $y(0)=1\ \text{cm}$,列出 y 变化方程的方程式(提示:用 $F=ma$ 列方程),显然,只要适当地选取模拟装置的元件参数,就能使模拟方程和实际系统的微分方程完全相同。若令式(1-1)中的 $x=0$,$a_1=0.2$,则式(1-1)改写为

$$\frac{\mathrm{d}y^2}{\mathrm{d}t^2}+0.2\frac{\mathrm{d}y}{\mathrm{d}t}+y=0 \tag{1-3}$$

式中,y 表示位移。令式(1-2)中输入 $u_i=0$,就能实现(将 R_{11} 接地);并令 $K_{13}=0.2$,$K_1K_2K_3=1$ 即可。可选 $C_1=1\ \mu\text{F}$,$R_{13}=R_{12}=R_{11}=1\ \text{M}\Omega$,并在 R_{13} 之前加一分压电位器 RP 可使系数等于 0.2,且 $K_2=K_{12}=K_3=1$。

$$\frac{1}{R_{13}C_1}R_{\text{RP}}=0.2$$

2. 模拟量比例尺的确定,考虑到实际系统响应的变化范围可能很大,持续时间也可能很长,运算放大器输出电压在 $-10\sim+10\ \text{V}$ 之间变化,积分时间受 R、C 元件数值的限制也不可能太大,因此要合理地选择变量的比例尺度 M_y 和时间比例尺度 M_t,使得

$$\begin{cases}U_0=M_yy\\t_m=M_tt\end{cases} \tag{1-4}$$

式中,y 和 t 分别为实际系统方程中的变量和时间,U_0 和 t_m 分别为模拟方程中的变量和时间。对方程组(1-4),如选 $M_y=10\ \text{V/cm}$,$M_t=1$,则模拟解的 10 V 代表位移 1 cm,模拟解的时间与实际时间相同。如选 $M_t=10$,则表示模拟解 10 s 相当于实际时间的 1 s。

3. 求解二阶的微分方程时,需要了解系统的初始状态 $y(0)$ 和 $y'(0)$。同样,在求二阶微分方程的模拟解时,也需假设两个初始条件,为此设方程(1-4)的初始条件为

$$y(0)=1$$
$$y'(0)=0$$

按选定的比例尺度可知,$U_2(0)=M_y\cdot y(0)=10\ \text{V}$,$U_1(0)=M_y\cdot y'(0)=0\ \text{V}$,分别对应于图 1-20 中两个积分器的电容 C_2 充电到 10 V、C_1 保持 0 V,初始电压的建立如图 1-20 所示。

三、实验设备

1. 双踪示波器。

2. 信号与系统实验箱 TKSS-A 型。

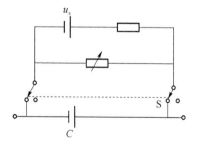

图 1-20 初始电压的建立

四、内容步骤

1. 在本实验箱中的自由布线区设计实验电路。

2. 利用电容充电,建立方程的初始条件。

3. 观察模拟装置的响应波形,即模拟方程的解。按照比例尺度可以得到实际系统的响应。

4. 改变电位器 R_{RP}、R_4 与 R_3 的比值,以及初始电压的大小和极性,观察响应的变化。

5. 模拟系统的零状态响应(即 R_{11} 不接地,而初始状态都为零),在 R_{11} 处输入阶跃信号,观察其响应。

五、报告要求

1. 绘出所观察到的各种模拟响应的波形,将零输入响应与计算微分方程的结果相比较。

2. 归纳总结用基本运算单元求解系统时域响应的要点。

实验八　二阶网络状态轨迹的显示

一、实验目的

1. 观察 RLC 网络在不同阻尼比 ζ 时的状态轨迹。
2. 熟悉状态轨迹与相应瞬态响应性能间的关系。
3. 掌握同时观察两个无公共接地端电信号的方法。

二、原理说明

1. 任何变化的物理过程在每一时刻所处的"状态",都可以概括地用若干个被称为"状态变量"的物理量来描述。例如,一辆汽车可以用它在不同时刻的速度和位移来描述它所处的状态。对于电路或控制系统,同样可以用状态变量来表征。例如图 1-21 所示的 RLC 电路,基于电路中有两个储能元件,因此该电路独立的状态变量有两个,如选 u_C 和 i_L 为状态变量,则根据该电路的下列回路方程,求得相应的状态方程为

$$u_C' = \frac{1}{C}i_L \qquad i_L R + L\frac{di_L}{dt} + u_C = u_i \qquad i_L' = -\frac{1}{L}u_C - \frac{R}{L}i_L + \frac{1}{L}u_i \tag{1-5}$$

不难看出,当已知电路的激励电压 u_i 和初始条件 $i_L(t_0)$、$u_C(t_0)$,就可以唯一地确定 $t \geqslant t_0$ 时该电路的电流和电容两端的电压 u_C。"状态变量"的定义是能描述系统动态行为的一组相互独立的变量,这组变量的元素称为"状态变量"。由状态变量为分量组成的空间称为状态空间。如果已知 t_0 时刻的初始状态 $x(t_0)$,在输入量 u 的作用下,随着时间的推移,状态向量 $x(t)$ 的端点将连续地变化,从而在状态空间中形成一条轨迹线,称为状态轨线。一个 n 阶系统,只能有 n 个状态变量,不能多也不可少。

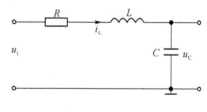

图 1-21　RLC 电路

为便于用双踪示波器直接观察到网络的状态轨迹,本实验仅研究二阶网络,其状态轨迹可在二维状态平面上表示。

2. 不同阻尼比 ζ 时,二阶网络的相轨迹。

将 $i_L = C\dfrac{du_C}{dt}$ 代入式(1-5)中,得

$$LC\frac{d^2 u_C}{dt^2} + RC\frac{du_C}{dt} + u_C = u_i \tag{1-6}$$

二阶网络标准化形成的微分方程为

$$\frac{d^2 u_C}{dt^2} + \frac{R}{L}\frac{du_C}{dt} + \frac{1}{LC}u_C = \frac{1}{LC}u_i \qquad \frac{d^2 u_C}{dt^2} + 2\xi\omega_n\frac{du_C}{dt} + \omega_n^2 u_C = \omega_n^2 u_i \tag{1-7}$$

比较式(1-6)和式(1-7),得

$$\omega_n = \frac{1}{\sqrt{LC}} \qquad \zeta = \frac{R}{L}\sqrt{\frac{C}{L}} \tag{1-8}$$

由式(1-8)可知,改变 R、L 和 C,使电路分别处于 $\zeta=0$、$0<\zeta<1$ 和 $\zeta>1$ 3 种状态。根据式(1-5),

可直接解得 $u_C(t)$ 和 $i_L(t)$。如果以 t 为参变量,求出 $i_L = f(u_C)$ 的关系,并把这个关系画在 u_C-i_L 平面上。显然,后者同样能描述电路的运动情况。

3. 实验原理线路如图 1-22 所示,u_R 与 u_L 成正比,只要将 u_R 和 u_C 加到示波器的两个输入端,其李萨如图形即为该电路的状态轨迹,但示波器的两个输入有一个共地端,而图 1-22 的 u_R 与 u_C 连接取得一个共地端,因此必须将 u_C 通过图 1-23 所示的减法器,将双端输入变为与 u_R 一个公共端的单端输出。这样,电容两端的电压 u_R 和 u_C 有一个公共接地端,从而能正确地观察该电路的状态轨迹。

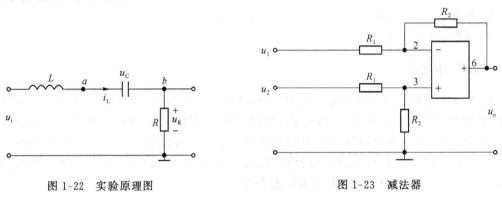

图 1-22 实验原理图   图 1-23 减法器

三、仪器设备

1. 信号与系统实验箱 TKSS-A 型、TKSS-B 型或 TKSS-C 型。
2. 双踪示波器 1 台。

四、预习要求

1. 熟悉用双踪示波器显示李萨如图形的接线方法。
2. 确定实验网络的状态变量,在不同电阻值时,状态轨迹的形状是否相同。

五、实验内容及步骤

1. 在 TKSS-A 型实验箱中,采用了一种简易的方法观察状态轨迹,如图 1-24 所示,由于该电路中的电阻值很小,在 b 点电压仍表现为容性,因此电容两端的电压分别引到示波器 x 轴和 y 轴,就能显示电路的状态轨迹。

2. 调节电阻(或电位器),观察电路在 $\zeta = 0$、$0 < \zeta < 1$ 和 $\zeta > 1$ 3 种情况下的状态轨迹。

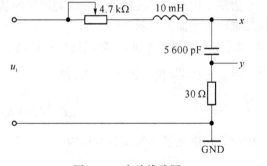

六、思考题

ζ 为什么状态轨迹能表征系统(网络)瞬态响应的特征?

图 1-24 实验线路图

七、实验报告要求

绘制由实验观察到的 $\zeta = 0$、$\zeta > 1$ 和 $0 < \zeta < 1$ 3 种情况下的状态轨迹,并加以分析归纳总结。

实验九 采样定理

一、实验目的

1. 了解电信号的采样方法与过程以及信号恢复的方法。
2. 验证采样定理。

二、原理说明

1. 离散时间信号可以从离散信号源获得,也可以从连续时间信号采样而得。采样信号 $f_s(t)$ 可以看成连续信号 $f(t)$ 和一组开关函数 $s(t)$ 的乘积。$s(t)$ 是一组周期性窄脉冲,如实验图 1-25 所示,T_s 称为采样周期,其倒数 $f_s = 1/T_s$ 称为采样频率。

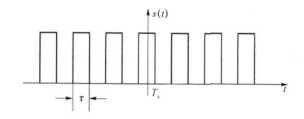

图 1-25 矩形采样脉冲

对采样信号进行傅里叶分析可知,采样信号的频率包括了原连续信号以及无限个经过平移的原信号频率。平移的频率等于采样频率 f_s 及其谐波频率 $2f_s, 3f_s, \cdots$ 当采样信号是周期性窄脉冲时,平移后的频率幅度按 $\sin x/x$ 规律衰减。采样信号的频谱是原信号频谱周期的延拓,占有的频带要比原信号频谱宽得多。

2. 正如测得了足够的实验数据以后,可以在坐标纸上把一系列数据点连起来,得到一条光滑的曲线一样,采样信号在一定条件下也可以恢复到原信号。只要用一截止频率等于原信号频谱中最高频率 f_n 的低通滤波器,滤除高频分量,经滤波后得到的信号包含了原信号频谱的全部内容,故在低通滤波器输出可以得到恢复后的原信号。

3. 但原信号得以恢复的条件是 $f_s \geqslant 2B$,其中 f_s 为采样频率,B 为原信号占有的频带宽度。而 $f_{min} = 2B$ 为最低采样频率,又称"奈奎斯特采样率"。当 $f_s < 2B$ 时,采样信号的频谱会发生混叠,从发生混叠后的频谱中,无法用低通滤波器获得原信号频谱的全部内容。在实际使用中,仅包含有限频率的信号是极少的,因此即使 $f_s = 2B$,恢复后的信号失真还是难免的。图 1-26 画出了当采样频率 $f_s > 2B$(不混叠时)及 $f_s < 2B$(混叠时)两种情况下,冲激采样信号的频谱。

实验中选用 $f_s < 2B$、$f_s = 2B$、$f_s > 2B$ 3 种采样频率对连续信号进行采样,以验证采样定理可知要使信号采样后能不失真地还原,采样频率 f_s 必须大于信号频率中最高频率的两倍。

4. 为了实现对连续信号的采样和采样信号的复原,可用实验原理框图 1-27 的方案。除选用足够高的采样频率外,常采用前置低通滤波器来防止原信号频谱过宽,从而造成采样后信号频谱的混叠,但这也会造成失真。如实验选用的信号频带较窄,则可不设前置低通滤波器。本实验就是如此。

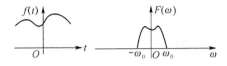
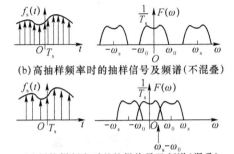

(a)连续信号的频谱

(b)高抽样频率时的抽样信号及频谱(不混叠)

(c)低抽样频率时的抽样信号及频谱(混叠)

图 1-26　冲激采样信号的频谱

图 1-27　采样定理实验方框图

三、实验设备

1. 信号与系统实验箱 TKSS-A 型、TKSS-B 型或 TKSS-C 型。

2. 双踪示波器。

四、预习要求

1. 设计一个二阶 RC 低通滤波器,截止频率为 5 kHz。

2. 若连续时间信号为 50 Hz 的正弦波,开关函数为 $T_s = 0.5$ ms 的窄脉冲,试求采样后信号 $f_s(t)$。

3. 若连续时间信号取频率为 200～300 Hz 的正弦波,计算其有效的频带宽度。该信号经频率为 f_s 的周期脉冲采样后,若希望通过低通滤波后的信号失真较小,则采样频率和低通滤波器的截止频率应取多大? 试设计一满足上述要求的低通滤波器。

五、实验内容及步骤

1. 按预习要求 3 的计算结果,将 $f(t)$ 和 $s(t)$ 送入采样器,观察正弦波经采样后的方波或三角波信号。

2. 改变采样频率为 $f_s \geqslant 2B$ 和 $f_s < 2B$,观察复原后的信号,比较其失真程度。

六、报告要求

1. 整理并绘出原信号、采样信号以及复原信号的波形,能得出什么结论?

2. 总结实验调试中的体会。

3. 若原信号为方波或三角波,可用示波器观察离散的采样信号,但由于本装置难以实现一个理想低通示波器,以及高频窄脉冲(即冲激函数),所以方波或三角波的离散信号经低通示波器后,只能观测到基波分量,无法恢复原信号。

附录　TKSS-A 型信号与系统实验箱使用说明

　　TKSS-A 型信号与系统实验箱是专为信号与系统这门课程而配套设计的。集实验模块、稳压源、50 Hz 非正弦信号发生器、阶跃信号发生器于一体,结构紧凑,性能稳定可靠,实验灵活方便,有利于培养学生的动手能力。

　　本实验箱主要是由一整块单面敷铜印制电路板构成,其正面(非敷铜面)印有清晰的图形、线条、字符,使其功能一目了然。板上提供实验必需的实验模块、稳压源、50 Hz 非正弦信号发生器、阶跃信号发生器等。所以,本实验箱具有结构紧凑、性能稳定、使用灵活、接线可靠、操作快捷、维护简单等优点。实验箱上所有的元器件均经精心挑选,属于优质产品,可放心让学生进行实验。

　　整个实验功能板放置并固定在体积为 0.46 m×0.36 m×0.14 m 的高强度 ABS 工程塑料保护箱内,实验箱净重 6 kg,造型美观大方。

一、组成和使用

　　1. 实验箱的供电。实验箱的后方设有带熔丝管(1 A)的 220 V 单相交流电源三芯插座,另配有三芯插头电源线 1 根。箱内设有 1 只降压变压器,为实验板提供多组低压交流电源。

　　2. 一块大型(430 mm×320 mm)单面敷铜印制电路板,正面印有清晰的各部件及元器件的图形、线条和字符,并焊有实验所需的元器件。

　　该实验板包含着以下各部分内容。

　　(1) 正面左下方装有电源总开关及电源指示灯各一只,控制总电源。

　　(2) 60 多个高可靠的自锁紧式、防转、叠插式插座。它们与固定器件、线路的连接已设计在印刷线路板上。

　　这类锁紧式插件,其插头与插座之间的导电接触面很大,接触电阻极其微小(接触电阻≤0.003 Ω,使用寿命>10 000 次以上),在插头插入时略加旋转后,即可获得极大的轴向锁紧力,拔出时,只要沿反方向略加旋转即可轻松地拔出,无须任何工具便可快捷插拔,同时插头与插头之间可以叠插,从而可形成一个立体布线空间,使用起来极为方便。

　　(3) 提供四路±15 V 和±5 V 直流稳压电源,每路均有短路保护自恢复功能在电源总开关打开的前提下,只要打开信号源开关,就会相应地电压输出。

　　(4) 提供的周期信号有半波整流、全波整流、方波、矩形波、三角波共 5 种 50 Hz 的非正弦信号。

　　(5) 按下按键,可输出幅度 0～±15 V 可调正阶跃和负阶跃信号。

　　(6) 本实验箱附有足够的长短不一的实验专用连接导线 1 套。

　　(7) 提供的实验模块如下。

　　① 无源滤波器和有源滤波器特性的观测。

　　② 50 Hz 非正弦周期信号的分解与合成。

　　③ 二阶网络状态轨迹的显示。

　　④ 信号的采样与恢复。

　　⑤ 二阶网络函数的模拟。

3. 主板上设有可装、卸固定线路实验小板的固定脚 4 只,可采用固定线路及灵活组合进行实验。

二、实验内容

随本实验箱附有一本供 7 个实验项目的详细实验指导书,具有一定的广度和深度,各院校可根据自己的教学需要进行选择,还可以结合自己的要求进行改写、扩充及开发其他新的项目。

本实验指导书所提供的实验项目如下。

(1) 无源滤波器和有源滤波器特性的观测(LPF、HPF、BPF、BEF)。

(2) 基本运算单元(在自由布线区设计电路)。

(3) 50 Hz 非正弦周期信号的分解与合成(同时分析法)。

(4) 二阶网络状态轨迹的显示。

(5) 信号的采样与恢复(采样定理)。

(6) 二阶网络函数的模拟。

(7) 系统时域响应的模拟解(在自由布线区设计电路)。

三、使用注意事项

1. 使用前应先检查各电源是否正常,检查步骤为:先关闭实验箱的所有电源开关,然后用随本实验箱的三芯电源线接通实验箱的 220 V 交流电源;再开启实验箱上的电源总开关,指示灯应被点亮;最后用万用表的直流电压挡测量面板上的 ±15 V 和 ±5 V 是否有异常。

2. 接线前务必熟悉实验线路的原理及实验方法。

3. 实验接线前必须先断开总电源与各分电源开关,严禁带电接线。接线完毕,检查无误后,才可进行实验。

4. 实验自始至终,实验板上要保持整洁,不可随意放置杂物,特别是导电工具和多余的导线等,以免发生短路等故障。

5. 实验完毕,应及时关闭各电源开关,并及时清理实验板面,整理好连接导线并放置到规定的位置。

6. 实验时需用到外部交流供电的仪器,如示波器等,这些仪器的外壳应妥为接地。

第二章　自动控制原理实验

实验一　典型环节的电路模拟

一、实验目的

1. 熟悉各典型环节的阶跃响应特性及其电路模拟。
2. 测量各典型环节的阶跃响应曲线,并了解参数变化对其动态特性的影响。

二、实验设备

1. THBDC-1 型控制理论·计算机控制技术实验平台。
2. 计算机 1 台(含"THBDC-1"软件)、USB 数据采集卡、37 针通信线 1 根、16 芯数据排线、USB 接口线。

三、实验内容

1. 设计并组建各典型环节的模拟电路。
2. 测量各典型环节的阶跃响应,并研究参数变化对其输出响应的影响。
3. 在计算机界面上,填入各典型环节数学模型的实际参数,完成它们对阶跃响应的软件仿真,并与模拟电路测量的结果相比较。

四、实验原理

自动控制系统是由比例、积分、微分、惯性等环节按一定的关系组建而成的。熟悉这些典型环节的结构,及其对阶跃输入的响应,将对系统的设计和分析十分有益。

附录中介绍了典型环节的传递函数和模拟电路图。

五、实验步骤

1. 熟悉实验台,利用实验台上的各电路单元,构建所设计比例环节的模拟电路,并连接好实验电路;待检查无误后,接通实验台的电源总开关,并开启±5 V、±15 V 直流稳压电源。
2. 把采集卡接口单元的输出端 DA1、输入端 AD2 与电路的输入端 u_i 相连,电路的输出端 u_o 则与采集卡接口单元的输入端 AD1 相连。连接好采集卡接口单元与计算机的通信线。待接线完成并检查无误后,操作"THBDC-1"软件。具体操作步骤如下。
（1）打开计算机,运行软件"THBDC-1"。

（2）运行"系统→通道设置"命令，选择相应的数据采集通道（如双通道，通道1－2），然后单击"开始采集"按钮，进行数据采集。

（3）运行"窗口→虚拟示波器"命令，在左边选择 $X\text{-}t$ 显示模式，在右边选择相应的数据显示通道，同时单击相应的"显示"按钮；然后单击"虚拟示波器"左边的"开始"按钮，开始采集实验数据。

（4）运行"窗口→信号发生器"命令，在信号波形类型中选择"周期阶跃信号"，信号幅度为 1 V，信号占空比为 100％，其他选项不变。

（5）改变虚拟示波器的显示量程（μs/div 或 ms/div）及输入波形的放大系数，以便更清晰地观测波形（一般选择 128 ms/div）。

（6）单击"虚拟示波器"上的"暂停"及"存储"按钮，保存实验波形。

3. 参照本实验步骤1、2，依次构建相应的积分环节、比例积分环节、比例微分环节、比例积分微分环节及惯性环节，并观察各个环节实验波形及参数。

注意：凡是带积分环节的，都需要在实验前按下"锁零"按钮对电路的积分电容放电；实验时再次按下"锁零"按钮取消锁零。

4. 单击"仿真平台"按钮，根据环节的传递函数，在"传递函数"栏中填入该环节的相应参数，如比例积分环节的传递函数为：

$$G(s)=\frac{u_\text{o}(s)}{u_\text{i}(s)}=\frac{R_2Cs+1}{R_1Cs}=\frac{0.1s+1}{0.1s}$$

则在"传递函数"栏的分子中填入"0.1,1"，分母中填入"0.1,0"即可，然后单击"仿真"按钮，即可观测到该环节的仿真曲线，并可以与实验观察到的波形相比较。

注意：仿真实验只针对传递函数的分子阶数小于等于分母阶数的情况，若分子阶数大于分母阶数，则不能进行仿真实验，会出错。

5. 根据实验时存储的波形及记录的实验数据完成实验报告。

六、实验报告要求

1. 画出各典型环节的实验电路图，并注明参数。
2. 写出各典型环节的传递函数。
3. 根据测得的典型环节单位阶跃响应曲线，分析参数变化对动态特性的影响。

七、实验思考题

1. 用运放模拟典型环节时，其传递函数是在什么假设条件下近似导出的？
2. 积分环节和惯性环节主要差别是什么？在什么条件下，惯性环节可以近似地视为积分环节？在什么条件下，惯性环节可以近似地视为比例环节？
3. 在积分环节和惯性环节实验中，如何根据单位阶跃响应曲线的波形确定积分环节和惯性环节的时间常数？

八、附录

1. 比例（P）环节

比例环节的传递函数为

$$G(s)=\frac{u_\text{o}(s)}{u_\text{i}(s)}=K$$

其模拟电路(后级为反相器)如图 2-1 所示。其中 $K=\dfrac{R_2}{R_1}$，取 $R_1=100\ \mathrm{k\Omega}$，$R_2=200\ \mathrm{k\Omega}$，$R_0=200\ \mathrm{k\Omega}$，通过改变 R_1、R_2 的阻值，可以改变放大系数。

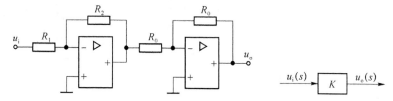

图 2-1　比例环节的模拟电路图

2. 积分(I)环节

积分环节的传递函数为

$$G(s)=\frac{u_o(s)}{u_i(s)}=\frac{1}{Ts}$$

其中 $T=RC$，这里取 $C=10\ \mu\mathrm{F}$，$R=100\ \mathrm{k\Omega}$，$R_0=200\ \mathrm{k\Omega}$ 通过改变 R、C 的值可以改变响应曲线的上升斜率。其模拟电路图如图 2-2 所示。

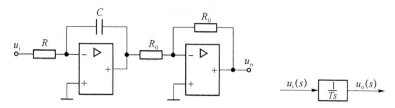

图 2-2　积分环节的模拟电路图

3. 比例积分(PI)环节

比例积分环节的传递函数与方框图分别为

$$G(s)=\frac{u_o(s)}{u_i(s)}=\frac{R_2Cs+1}{R_1Cs}=\frac{R_2}{R_1}+\frac{1}{R_1Cs}=\frac{R_2}{R_1}\left(1+\frac{1}{R_2Cs}\right)$$

其中 $T=R_2C$，$K=R_2/R_1$，这里取 $C=10\ \mu\mathrm{F}$，$R_1=100\ \mathrm{k\Omega}$，$R_2=100\ \mathrm{k\Omega}$，$R_0=200\ \mathrm{k\Omega}$。

通过改变 R_1、R_2、C 的值可以改变比例积分环节的放大系数 K 和积分时间常数 T。

其模拟电路图如图 2-3 所示。

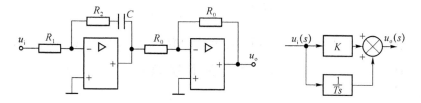

图 2-3　比例积分环节的模拟电路图

4. 比例微分(PD)环节

比例微分环节的传递函数与框图分别为

$$G(s)=K(1+T_ds)=\frac{R_2}{R_1}(1+R_1Cs)$$

其中 $K=R_2/R_1$，$T_d=R_1C$。

这里取 $C=10\ \mu\mathrm{F}$，$R_1=100\ \mathrm{k\Omega}$，$R_2=200\ \mathrm{k\Omega}$，$R_0=200\ \mathrm{k\Omega}$。通过改变 R_2、R_1、C 的值可改变比例微分环节的放大系数 K 和微分时间常数 T。

其模拟电路图如图 2-4 所示。

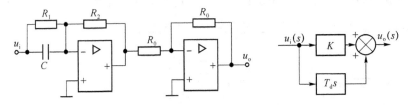

图 2-4　比例微分环节的模拟电路图

5. 比例积分微分(PID)环节

比例积分微分(PID)环节的传递函数为

$$G(s) = K_p + \frac{1}{T_i s} + T_d s$$

其中
$$K_p = \frac{R_1 C_1 + R_2 C_2}{R_1 C_2}, T_i = R_1 C_2, T_d = R_2 C_1$$

$$= \frac{(R_2 C_2 s + 1)(R_1 C_1 s + 1)}{R_1 C_2 s}$$

$$= \frac{R_2 C_2 + R_1 C_1}{R_1 C_2} + \frac{1}{R_1 C_2 s} + R_2 C_1 s$$

这里 $C_1 = 1 \mu F, C_2 = 1 \mu F, R_1 = 100 \text{ k}\Omega, R_2 = 100 \text{ k}\Omega, R_0 = 200 \text{ k}\Omega$，通过改变 R_1、R_2、C_1、C_2 的值可改变比例积分微分环节的放大系数 K、微分时间 T_d 和积分时间常数 T_i。

其电路图如图 2-5 所示。

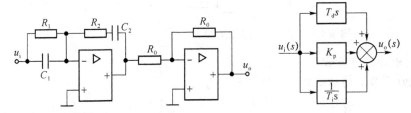

图 2-5　比例积分微分环节的模拟电路图

6. 惯性环节

惯性环节的传递函数为

$$G(s) = \frac{u_o(s)}{u_i(s)} = \frac{K}{Ts + 1}$$

其中 $K = \frac{R_2}{R_1}, T = R_2 C$。这里取 $C = 1 \mu F, R_1 = 100 \text{ k}\Omega, R_2 = 100 \text{ k}\Omega, R_0 = 200 \text{ k}\Omega$。通过改变 R_2、R_1、C 的值可改变惯性环节的放大系数 K 和时间常数 T。

其电路图如图 2-6 所示。

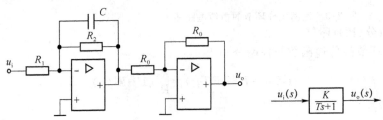

图 2-6　惯性环节模拟电路图

实验二　二阶系统的瞬态响应

一、实验目的

1. 通过实验了解参数 ζ(阻尼比)、ω_n(阻尼自然频率)的变化对二阶系统动态性能的影响。
2. 掌握二阶系统动态性能的测试方法。

二、实验设备

同实验一。

三、实验内容

1. 观测二阶系统的阻尼比分别在 $0<\zeta<1$、$\zeta=1$ 和 $\zeta>1$ 3 种情况下的单位阶跃响应曲线。

2. 调节二阶系统的开环增益 K,使系统的阻尼比 $\zeta=\dfrac{1}{\sqrt{2}}$,测量此时系统的超调量 δ_P、调节时间 t_s($\Delta=\pm0.05$)。

3. ζ 为一定时,观测系统在不同 ω_n 时的响应曲线。

四、实验原理

用二阶常微分方程描述的系统,称为二阶系统,其标准形式的闭环传递函数为

$$\frac{C(s)}{R(s)}=\frac{\omega_n^2}{s^2+2\zeta\omega_n s+\omega_n^2} \tag{2-1}$$

闭环特征方程为

$$s^2+2\zeta\omega_n+\omega_n^2=0$$

其解为

$$s_{1,2}=-\zeta\omega_n\pm\omega_n\sqrt{\zeta^2-1}$$

针对不同的 ζ 值,特征根会出现下列 3 种情况。

(1) $0<\zeta<1$(欠阻尼)$s_{1,2}=-\zeta\omega_n\pm j\omega_n\sqrt{1-\zeta^2}$

此时,系统的单位阶跃响应呈振荡衰减形式。数学表达式为

$$C(t)=1-\frac{1}{\sqrt{1-\zeta^2}}e^{-\zeta\omega_n t}\sin(\omega_d t+\beta)$$

式中 $\omega_d=\omega_n\sqrt{1-\zeta^2}$,$\beta=\arctan\dfrac{\sqrt{1-\zeta^2}}{\zeta}$。

(2) $\zeta=1$(临界阻尼)　　　　$s_{1,2}=-\omega_n$

此时,系统的单位阶跃响应是一条单调上升的指数曲线。

(3) $\zeta>1$(过阻尼)　　　　$s_{1,2}=-\zeta\omega_n\pm\omega_n\sqrt{\zeta^2-1}$

此时系统有两个相异实根,它的单位阶跃响应是一条单调上升的指数曲线。

虽然当 $\zeta=1$ 或 $\zeta>1$ 时,系统的阶跃响应无超调产生,但这种响应的动态过程太缓慢,故控制工程上常采用欠阻尼的二阶系统,一般取 $\zeta=0.6\sim0.7$,此时系统的动态响应过程不仅快

速,而且超调量也小。

五、实验步骤

1.典型的二阶系统结构框图和模拟电路图如图 2-7、图 2-8 所示。

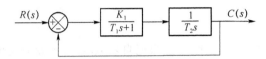

图 2-7　二阶系统的方框图

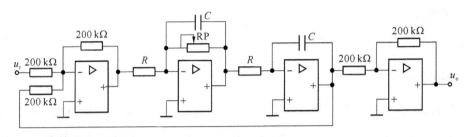

图 2-8　二阶系统的模拟电路图(电路参考单元为 U_7、U_9、U_{11}、U_6)

图 2-8 中最后一个单元为反相器。由图 2-8 可得其开环传递函数为

$$G(s) = \frac{K}{s(T_1 s + 1)}$$

其中,$K = \dfrac{k_1}{T_2}$,$k_1 = \dfrac{R_{RP}}{R}$($T_1 = R_{RP}C$,$T_2 = RC$)。

其闭环传递函数为

$$W(s) = \frac{\dfrac{K}{T_1}}{s^2 + \dfrac{1}{T_1}s + \dfrac{K}{T_1}}$$

与式(2-1)相比较,可得

$$\omega_n = \sqrt{\frac{k_1}{T_1 T_2}} = \frac{1}{RC}, \qquad \xi = \frac{1}{2}\sqrt{\frac{T_2}{k_1 T_1}} = \frac{R}{2R_{RP}}$$

2. 根据图 2-8 所示,选择实验台上的通用电路单元设计并组建模拟电路。

(1) ω_n 值一定时,图 2-8 中取 $C = 1\,\mu\text{F}$,$R = 100\,\text{k}\Omega$(此时 $\omega_n = 10$),R_{RP} 阻值可调范围为 $0 \sim 470\,\text{k}\Omega$。系统输入一单位阶跃信号,在下列几种情况下:

① 若可调电位器 $R_{RP} = 250\,\text{k}\Omega$ 时,$\zeta = 0.2$,系统处于欠阻尼状态,其超调量为 53% 左右;

② 若可调电位器 $R_{RP} = 70.7\,\text{k}\Omega$ 时,$\zeta = 0.707$,系统处于欠阻尼状态,其超调量为 4.3% 左右;

③ 若可调电位器 $R_{RP} = 50\,\text{k}\Omega$ 时,$\zeta = 1$,系统处于临界阻尼状态;

④ 若可调电位器 $R_{RP} = 25\,\text{k}\Omega$ 时,$\zeta = 2$,系统处于过阻尼状态。

用"THBDC-1"软件观测并记录不同 ξ 值时的实验曲线。

(2) ξ 值一定时,图 2-4 中取 $R = 100\,\text{k}\Omega$,$R_p = 250\,\text{k}\Omega$(此时 $\zeta = 0.2$)。系统输入一单位阶跃信号,在下列几种情况下:

① 若取 $C = 10\,\mu\text{F}$ 时,$\omega_n = 1$;

② 若取 $C=0.1\,\mu\mathrm{F}$(将 U_7、U_9 电路单元改为 U_{10}、U_{13})时,$\omega_n=100$。

用"THBDC-1"软件观测并记录不同 ω_n 值时的实验曲线。

注:由于实验电路中有积分环节,实验前一定要用"锁零单元"对积分电容进行锁零。

六、实验报告要求

1. 画出二阶系统线性定常系统的实验电路,并写出闭环传递函数,表明电路中的各参数。

2. 根据测得系统的单位阶跃响应曲线,分析开环增益 K 和时间常数 T 对系统的动态性能的影响。

七、实验思考题

1. 如果阶跃输入信号的幅值过大,会在实验中产生什么后果?

2. 在电路模拟系统中,如何实现负反馈和单位负反馈?

3. 为什么本实验中二阶系统对阶跃输入信号的稳态误差为零?

实验三 高阶系统的瞬态响应和稳定性分析

一、实验目的

1. 通过实验,进一步理解线性系统的稳定性仅取决于系统本身的结构和参数,与外作用及初始条件均无关的特性。

2. 研究系统的开环增益 K 或其他参数的变化对闭环系统稳定性的影响。

二、实验设备

同实验一。

三、实验内容

观测三阶系统的开环增益 K 为不同数值时的阶跃响应曲线。

四、实验原理

三阶系统及三阶以上的系统统称为高阶系统。一个高阶系统的瞬态响应是由一阶和二阶系统的瞬态响应组成。控制系统能投入实际应用必须首先满足稳定的要求。线性系统稳定的充要条件是其特征方程式的根全部位于 S 平面的左方。应用劳斯判断就可以判别闭环特征方程式的根在 S 平面上的具体分布,从而确定系统是否稳定。

本实验是研究一个三阶系统的稳定性与其参数 K 对系统性能的关系。三阶系统的框图和模拟电路图分别如图 2-9、图 2-10 所示。

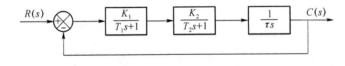

图 2-9 三阶系统的框图

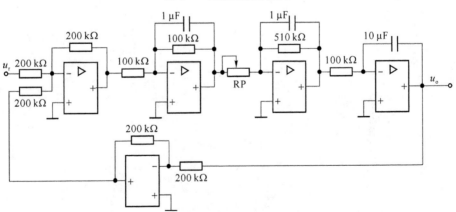

图 2-10 三阶系统的模拟电路图(电路参考单元为 U_7、U_8、U_9、U_{11}、U_6)

图 2-9 的开环传递函数为

$$G(s)=\frac{K}{s(T_1s+1)(T_2s+1)}=\frac{\frac{K_1K_2}{\tau}}{s(0.1s+1)(0.5s+1)}$$

式中，$\tau=1$ s，$T_1=0.1$ s，$T_2=0.5$ s，$K=\frac{K_1K_2}{\tau}$，$K_1=1$，$K_2=\frac{510}{R_{RP}}$，(其中待定电阻 R_{RP} 的单位为 kΩ)，改变 R_{RP} 的阻值，可改变系统的放大系数 K。

由开环传递函数得到系统的特征方程为

$$s^3+12s^2+20s+20K=0$$

由劳斯判据得

① 当 $0<K<12$ 时，系统稳定；

② 当 $K=12$ 时，系统临界稳定；

③ 当 $K>12$ 时，系统不稳定。

五、实验步骤

根据图 2-10 所示的三阶系统的模拟电路图，设计并组建该系统的模拟电路。当系统输入一单位阶跃信号时，在下列几种情况下：

1. 若 $K=5$ 时，系统稳定，此时电路中的 R_{RP} 取 100 kΩ；

2. 若 $K=12$ 时，系统处于临界状态，此时电路中的 R_{RP} 取 42.5 kΩ(实际值为 47 kΩ)；

3. 若 $K=20$ 时，系统不稳定，此时电路中的 R_{RP} 取 25 kΩ。

用"THBDC-1"软件观测并记录不同 K 值时的实验曲线。

六、实验报告要求

1. 画出三阶系统线性定常系统的实验电路，并写出其闭环传递函数，标明电路中的各参数。

2. 根据测得的系统单位阶跃响应曲线，分析开环增益对系统动态特性及稳定性的影响。

七、实验思考题

对三阶系统，为使系统能稳定工作，开环增益 K 应适量取大还是取小？

实验四　线性定常系统的稳态误差

一、实验目的

1. 了解不同典型输入信号对于同一个系统所产生的稳态误差。
2. 了解一个典型输入信号对不同类型系统所产生的稳态误差。
3. 研究系统的开环增益 K 对稳态误差的影响。

二、实验设备

同实验一。

三、实验内容

1. 观测 0 型二阶系统的单位阶跃响应和单位斜坡响应,并实测它们的稳态误差。
2. 观测 Ⅰ 型二阶系统的单位阶跃响应和单位斜坡响应,并实测它们的稳态误差。
3. 观测 Ⅱ 型二阶系统的单位斜坡响应和单位抛物坡,并实测它们的稳态误差。

四、实验原理

通常控制系统的框图如图 2-11 所示。其中 $G(s)$ 为系统前向通道的传递函数,$H(s)$ 为其反馈通道的传递函数。

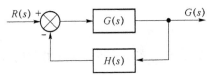

图 2-11　控制系统框图

由图求得

$$E(s) = \frac{1}{1 + G(s)H(s)} R(s) \tag{2-2}$$

由式(2-2)可知,系统的误差 $E(s)$ 不仅与其结构和参数有关,而且也与输入信号 $R(s)$ 的形式和大小有关。如果系统稳定,且误差的终值存在,则可用下列的终值定理求取系统的稳态误差:

$$e_{ss} = \lim_{s \to 0} sE(s) \tag{2-3}$$

本实验就是研究系统的稳态误差与上述因素间的关系。下面叙述 0 型、Ⅰ 型、Ⅱ 型系统对 3 种不同输入信号所产生的稳态误差 e_{ss}。

1. 0 型二阶系统

0 型二阶系统的框图如图 2-12 所示。根据式(2-3),可以计算出该系统对阶跃和斜坡输入时的稳态误差。

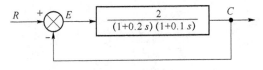

图 2-12　0 型二阶系统的框图

（1）单位阶跃输入$(R(s)=\dfrac{1}{s})$，求得

$$e_{ss}=\lim_{s\to 0}s\times\frac{(1+0.2s)(1+0.1s)}{(1+0.2s)(1+0.1s)+2}\times\frac{1}{s}=\frac{1}{3}$$

（2）单位斜坡输入$(R(s)=\dfrac{1}{s^2})$，求得

$$e_{ss}=\lim_{s\to 0}s\times\frac{(1+0.2s)(1+0.1s)}{(1+0.2s)(1+0.1s)+2}\times\frac{1}{s^2}=\infty$$

上述结果表明 0 型系统只能跟踪阶跃输入，但存在稳态误差，其计算公式为

$$e_{ss}=\frac{R_0}{1+K_{\mathrm{p}}}$$

其中，$K_{\mathrm{p}}\approx\lim\limits_{s\to 0}G(s)H(s)$，$R_0$ 为阶跃信号的幅值。

2．Ⅰ型二阶系统

图 2-13 为Ⅰ型二阶系统的框图。

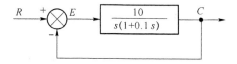

图 2-13　Ⅰ型二阶系统的框图

（1）单位阶跃输入

$$E(s)=\frac{1}{1+G(s)}R(s)=\frac{s(1+0.1s)}{s(1+0.1s)+10}\times\frac{1}{s}$$

$$e_{ss}=\lim_{s\to 0}s\times\frac{s(1+0.1s)}{s(1+0.1s)+10}\times\frac{1}{s}=0$$

（2）单位斜坡输入

$$e_{ss}=\lim_{s\to 0}s\times\frac{s(1+0.1s)}{s(1+0.1s)+10}\times\frac{1}{s^2}=0.1$$

这表明Ⅰ型系统的输出信号完全能跟踪阶跃输入信号，在稳态时其误差为零。对于单位斜坡信号输入，该系统的输出也能跟踪输入信号的变化，且在稳态时两者的速度相等（即 $u_{\mathrm{i}}=u_{\mathrm{o}}=1$），但有位置误差存在，其值为 $V_{\mathrm{o}}/K_{\mathrm{V}}$，其中 $K_{\mathrm{V}}=\lim\limits_{s\to 0}sG(s)H(s)$，$V_{\mathrm{o}}$ 为斜坡信号对时间的变化率。

3．Ⅱ型二阶系统

图 2-14 为Ⅱ型二阶系统的框图。

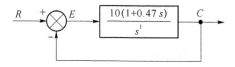

图 2-14　Ⅱ型二阶系统的框图

同理可证明，这种类型的系统输出均无稳态误差地跟踪单位阶跃输入和单位斜坡输入。

当输入信号 $r(t)=\dfrac{1}{2}t^2$，即 $R(s)=\dfrac{1}{s^3}$ 时，其稳态误差为

$$e_{ss}=\lim_{s\to 0}s\times\frac{s^2}{s^2+10(1+0.47s)}\times\frac{1}{s^3}=0.1$$

五、实验步骤

1．0型二阶系统

根据0型二阶系统的框图2-12,选择实验台上的通用电路单元设计并组建相应的模拟电路,如图2-15所示。

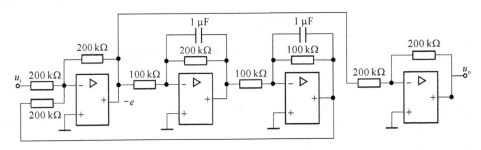

图2-15　0型二阶系统模拟电路图(电路参考单元为 U_7、U_9、U_{11}、U_6)

用"THBDC-1"软件观测该系统的阶跃特性和斜坡特性,保存实验曲线,并分别测出其稳态误差。

注:单位斜坡信号的产生最好通过一个积分环节(时间常数为1 s)和一个反相器完成。

2．Ⅰ型二阶系统

根据Ⅰ型二阶系统的框图2-13,选择实验台上的通用电路单元设计并组建相应的模拟电路,如图2-16所示。

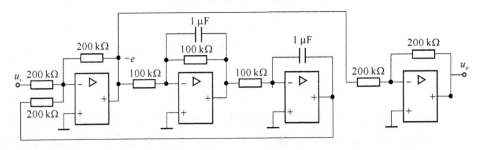

图2-16　Ⅰ型二阶系统模拟电路图(电路参考单元为 U_7、U_9、U_{11}、U_6)

用"THBDC-1"软件观测该系统的阶跃特性和斜坡特性,保存实验曲线,并分别测出其稳态误差。

3．Ⅱ型二阶系统

根据Ⅱ型二阶系统的框图2-14,选择实验台上的通用电路单元设计并组建相应的模拟电路,如图2-17所示。

用"THBDC-1"软件观测该系统的斜坡特性和抛物线特性,保存实验曲线,并分别测出其稳态误差。

注:① 单位抛物波信号的产生最好通过两个积分环节(时间常数均为1 s)来构造。

② 在实验中为了提高偏差 e 的响应带宽,可在二阶系统中的第一个积分环节并联一个510 kΩ的普通电阻。

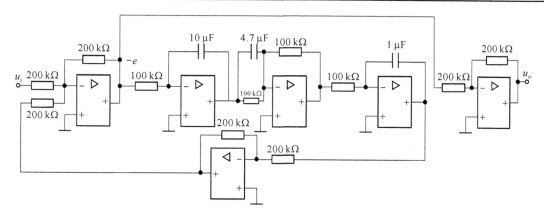

图 2-17 Ⅱ型二阶系统模拟电路图(电路参考单元为 U_7、U_9、U_{10}、U_{11}、U_6)

六、实验报告要求

1. 画出 0 型二阶系统的框图和模拟电路图,并由实验测得系统在单位阶跃和单位斜坡信号输入时的稳态误差。

2. 画出 Ⅰ 型二阶系统的框图和模拟电路图,并由实验测得系统在单位阶跃和单位斜坡信号输入时的稳态误差。

3. 画出 Ⅱ 型二阶系统的框图和模拟电路图,并由实验测得系统在单位斜坡和单位抛物线函数作用下的稳态误差。

4. 观察由改变输入阶跃信号的幅值,斜坡信号的速度,对二阶系统稳态误差的影响,并分析其产生的原因。

七、实验思考题

1. 为什么 0 型系统不能跟踪斜坡输入信号?

2. 为什么 0 型系统在阶跃信号输入时一定有误差存在,决定误差的因素有哪些?

3. 为使系统的稳态误差减小,系统的开环增益应取大些还是小些?

4. 解释为什么系统的动态性能和稳态精度与开环增益 K 的要求是互相矛盾的? 在控制工程中应如何解决这对矛盾?

实验五　典型环节和系统频率特性的测量

一、实验目的

1. 了解典型环节和系统的频率特性曲线的测试方法。
2. 根据实验求得的频率特性曲线求取传递函数。

二、实验设备

同实验一。

三、实验内容

1. 惯性环节的频率特性测试。
2. 二阶系统频率特性测试。
3. 由实验测得的频率特性曲线,求取相应的传递函数。
4. 用软件仿真的方法,求取惯性环节和二阶系统的频率特性。

四、实验原理

设 $G(s)$ 为一最小相位系统(环节)的传递函数。在输入端施加一幅值为 U_m、频率为 ω 的正弦信号,则系统的稳态输出为

$$y = Y_m \sin(\omega t + \varphi) = U_m |G(j\omega)| \sin(\omega t + \varphi) \tag{2-4}$$

由式(2-4)得出系统输出,输入信号的幅值比

$$\frac{Y_m}{U_m} = \frac{U_m |G(j\omega)|}{U_m} = |G(j\omega)| \quad (幅频特性) \tag{2-5}$$

式(2-5)可改写为

$$L(\omega) = 20\lg A(\omega) = 20\lg \frac{2Y_m}{2U_m} \ (dB)$$

其测试框图如图 2-18 所示。

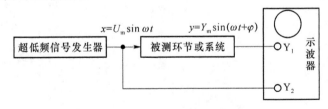

图 2-18　幅频特性的测试图

注:示波器同一时刻只输入一个通道,即系统(环节)的输入或输出。

用虚拟示波器测试(利用计算机提供的虚拟示波器和信号发生器)系统(环节)的频率特性的框图如图 2-19 所示。

图 2-19　用虚拟示波器测试系统(环节)的频率特性

可直接用软件测试出系统(环节)的频率特性,其中 u_i 信号由虚拟示波器的信号发生器产生,并由采集卡 DA1 通道输出。测量频率特性时,被测环节或系统的输出信号接采集卡的 AD1 通道,而 DA1 通道的信号同时接到采集卡的 AD2 通道。

五、实验步骤

1. 惯性环节。传递函数为

$$G(s)=\frac{U_o(s)}{U_i(s)}=\frac{K}{Ts+1}=\frac{1}{0.1s+1}$$

(1)根据图 2-20 惯性环节的电路图,选择实验台上的通用电路单元设计,并组建相应的模拟电路。其中电路的输入端接实验台上信号源的输出端,电路的输出端接数据采集接口单元的 AD2 输入端,同时将信号源的输出端接数据采集接口单元的 AD1 输入端。

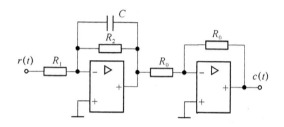

图 2-20 惯性环节的电路图

(2)单击"BodeChart"软件的"开始采集"按钮。

(3)调节"低频函数信号发生器"正弦波输出起始频率至 0.2 Hz,并用交流电压测得其压电有效值为 4 V 左右,等待电路输出信号稳定后,单击"手动单采"按钮,软件即会自动完成该频率点的幅值特性,并单点显示在波形窗口上。

(4)继续增加并调节正弦波输出频率(如 0.3 Hz,本实验终止频率 5 Hz 即可),等输出信号稳定后,单击"手动单采"按钮,软件即会自动完成该频率点的幅值特性,并单点显示在波形窗口上。

(5)继续第(2)、(3)步骤,一直到关键频率点都完成。

(6)单击"停止采集"按钮,结束硬件采集任务。

(7)单击"折线连接"按钮,完成波特图的幅频特性图。

注意事项如下。

① 正弦波的频率在 0.2~2 Hz 时,采样频率设为 1 000 Hz。

② 正弦波的频率在 2~50 Hz 时,采样频率设为 5 000 Hz。

(8)保存波形到画图板。

2. 二阶系统。由图 2-21($R_{RP}=100$ kΩ)可得系统的传递函数为

$$W(s)=\frac{7}{0.2s^2+s+1}=\frac{5}{s^2+5s=5}=\frac{\omega_n^2}{s^2+2\zeta\omega_n s+\omega_n^2}$$

$$\omega_n=\sqrt{5}, \zeta=\frac{5}{2\sqrt{5}}=\frac{\sqrt{5}}{2}=1.12\text{(过阻尼)}$$

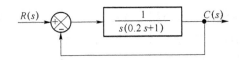

图 2-21　典型二阶系统的框图

根据图 2-22 所示二阶系统的电路图,选择实验台上的通用电路单元设计,并组建相应的模拟电路。

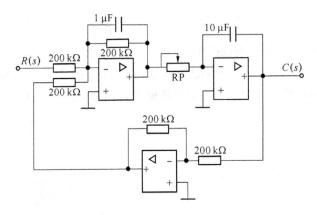

图 2-22　典型二阶系统的电路图(电路参考单元为 U_7、U_9、U_6)

(1) 当 $R_{RP}=100\ k\Omega$ 时,具体步骤请参考惯性环节的相关操作,最后的终止频率 2 Hz 即可。

(2) 当 $R_{RP}=10\ k\Omega$ 时,具体步骤请参考惯性环节的相关操作,最后的终止频率 5 Hz 即可。

3. 利用实验平台上的电路单元,设计一个二阶闭环系统的模拟电路,完成频率特性曲线的测试,并求取传递函数。

4. 单击"仿真平台"按钮,根据环节的传递函数,在"传递函数"栏中填入该传递函数的参数,观测仿真曲线(Bode 图),并与电路模拟研究的结果相比较。

5. 根据实验存储的波形,完成实验报告。

六、实验报告要求

1. 写出被测环节和系统的传递函数,并画出相应的模拟电路图。

2. 根据实验测得的数据和理论计算数据列表,绘出 Bode 图,并分析实测的 Bode 图产生误差的原因。

3. 用计算机实验时,根据由实验测得二阶系统闭环频率特性曲线,写出该系统的传递函数。

七、实验思考题

1. 在实验中如何选择输入正弦信号的幅值?

2. 根据计算机测得的 Bode 图的幅频特性,就能确定系统(或环节)的相频特性,试问这在什么系统时才能实现?

实验六 线性定常系统的串联校正

一、实验目的

1. 通过实验,理解所加校正装置的结构、特性和对系统性能的影响。
2. 掌握串联校正几种常用的设计方法和对系统的实时调试技术。

二、实验设备

同实验一。

三、实验内容

1. 观测未加校正装置时系统的动、静态性能。
2. 按动态性能的要求,用时域法设计串联校正装置。
3. 观测引入校正装置后系统的动、静态性能,并予以实时调试,使动、静态性能均满足设计要求。
4. 利用计算机软件,分别对校正前和校正后的系统进行仿真,并与上述模拟系统实验的结果相比较。

四、实验原理

图 2-23 为加串联校正后系统的框图。图中校正装置 $G_c(s)$ 是与被控对象 $G_o(s)$ 串联连接。

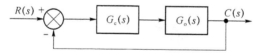

图 2-23 加串联校正后系统的框图

串联校正有以下 3 种形式。

(1) 超前校正,这种校正是利用超前校正装置的相位超前特性来改善系统的动态性能。

(2) 滞后校正,这种校正是利用滞后校正装置的高频幅值衰减特性,使系统在满足稳态性能的前提下又能满足其动态性能的要求。

(3) 滞后超前校正,由于这种校正既有超前校正的特点,又有滞后校正的优点,因而它适用系统需要同时改善稳态和动态性能的场合。校正装置有无源和有源两种。基于后者与被控对象相联结时,不存在着负载效应,故得到广泛地应用。

下面介绍零极点对消法(时域法,采用超前校正)。

所谓零极点对消法就是使校正变量 $G_c(s)$ 中的零点抵消被控对象 $G_o(s)$ 中不希望的极点,以使系统的动、静态性能均能满足设计要求。校正前系统的框图如图 2-24 所示。

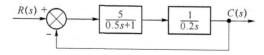

图 2-24 二阶闭环系统的框图

1. 性能要求

静态速度误差系数 $K_V = 25 \ 1/s$，超调量 $\delta_p \leqslant 0.2$，上升时间 $t_s \leqslant 1 \ s$。

2. 校正前系统的性能分析

校正前系统的开环传递函数为

$$G_0(s) = \frac{5}{0.2s(0.5s+1)} = \frac{25}{s(0.5s+1)}$$

系统的速度误差系数为

$$K_v = \lim_{s \to 0} s G_0(s) = 25 ，刚好满足稳态的要求。$$

根据系统的闭环传递函数

$$\Phi(s) = \frac{G_0(s)}{1+G_0(s)} = \frac{50}{s^2+2s+50} = \frac{\omega_n^2}{s^2+2\zeta\omega_n s+\omega_n^2}$$

求得

$$\omega_n = \sqrt{50}, 2\zeta\omega_n = 2, \zeta = \frac{1}{\omega_n} = \frac{1}{\sqrt{50}} = 0.14$$

代入二阶系统超调量 δ_p 的计算公式，即可确定该系统的超调量 δ_p，即

$$\delta_p = e^{-\frac{\zeta\pi}{\sqrt{1-\zeta^2}}} = 0.63, t_s \approx \frac{3}{\zeta\omega_n} = 3(\Delta = \pm0.05)$$

这表明当系统满足稳态性能指标 K_v 的要求后，其动态性能距设计要求甚远。为此，必须在系统中加一合适的校正装置，以使校正后系统的性能同时满足稳态和动态性能指标的要求。

3. 校正装置的设计

校正后系统的性能指标要求，确定系统的 ζ 和 ω_n。即由

$$\delta_p \leqslant 0.2 = e^{-\frac{\zeta\pi}{\sqrt{1-\zeta^2}}}$$

求得 $\zeta \geqslant 0.5$。

由

$$t_s \approx \frac{3}{\zeta\omega_n} \leqslant 1 \quad (\Delta = \pm0.05)$$

解得

$$\omega_n \geqslant \frac{3}{0.5} = 6$$

根据零极点对消法则，令校正装置的传递函数

$$G_c(s) = \frac{0.5s+1}{Ts+1}$$

则校正后系统的开环传递函数为

$$G(s) = G_c(s)G_0(s) = \frac{0.5s+1}{Ts+1} \times \frac{25}{s(0.5s+1)} = \frac{25}{s(Ts+1)}$$

相应的闭环传递函数

$$\Phi(s) = \frac{G(s)}{G(s)+1} = \frac{25}{Ts^2+s+25} = \frac{25/T}{s^2+s/T+25/T} = \frac{\omega_n^2}{s^2+2\zeta\omega_n s+\omega_n^2}$$

于是有

$$\omega_n^2 = \frac{25}{1}, \quad 2\zeta\omega_n = \frac{1}{T}$$

为使校正后系统的超调量 $\delta_p \leqslant 20\%$，这里取 $\zeta = 0.5(\delta_p \approx 16.3\%)$，则

$$2 \times 0.5 \sqrt{\frac{25}{T}} = \frac{1}{T}, \quad T = 0.04 \ s$$

这样所求校正装置的传递函数为

$$G_o(s) = \frac{0.5s+1}{0.04s+1}$$

校正装置 $G_c(s)$ 的模拟电路如图 2-25 或图 2-26(实验时可选其中一种)所示。

图 2-25 中 $R_2 = R_4 = 200 \text{ k}\Omega, R_1 = 400 \text{ k}\Omega, R_3 = 10 \text{ k}\Omega, C = 4.7 \ \mu\text{F}$ 时

$$T = R_3 C = 10 \times 10^3 \times 4.7 \times 10^6 \approx 0.04 \text{ s}$$

$$\frac{R_2 R_3 + R_2 R_4 + R_3 R_4}{R_2 + R_4} \times C = \frac{2\,000 + 40\,000 + 2\,000}{400} \times 4.7 \times 10^{-6} \approx 0.5$$

则有
$$G_o(s) = \frac{R_2 + R_4}{R_1} \times \frac{1 + \dfrac{R_2 R_3 + R_2 R_4 + R_3 R_4}{R_2 + R_4} Cs}{R_3 Cs + 1} = \frac{0.5s+1}{0.04s+1}$$

而图 2-26 中，$R_1 = 510 \text{ k}\Omega, C_1 = 1 \ \mu\text{F}, R_2 = 390 \text{ k}\Omega, C_2 = 0.1 \ \mu\text{F}$ 时有

$$G_o(s) = \frac{R_1 C_1 s + 1}{R_2 C_2 s + 1} = \frac{0.51s+1}{0.039s+1} \approx \frac{0.5s+1}{0.04s+1}$$

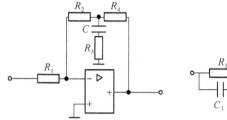 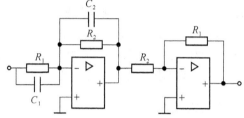

图 2-25　校正装置的电路图 1　　　　图 2-26　校正装置的电路图 2

五、实验步骤

用零极点对消法(时域法)进行串联校正。

1. 校正前

根据图 2-24 二阶闭环系统的框图,选择实验台上的通用电路单元设计,并组建相应的模拟电路,如图 2-27 所示。

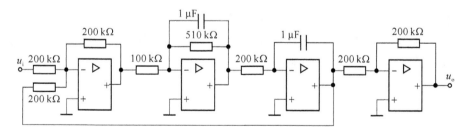

图 2-27　二阶闭环系统的模拟电路图(时域法)(电路参考单元为 U_7、U_9、U_{11}、U_6)

在输入端输入一个单位阶跃信号,用计算机软件观测并记录相应的实验曲线,并与理论值进行比较。

2. 校正后

在图 2-25 的基础上加上一个串联校正装置,如图 2-28 所示。图中 $R_2 = R_4 = 200 \text{ k}\Omega$, $R_1 = 400 \text{ k}\Omega$(实际取 390 kΩ), $R_3 = 10 \text{ k}\Omega, C = 4.7 \ \mu\text{F}$。

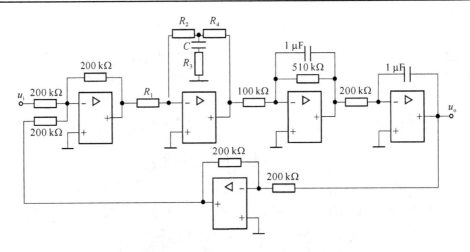

图 2-28　二阶闭环系统校正后的模拟电路图（时域法）（电路参考单元为 U_7、U_2、U_9、U_{11}、U_6）

在系统输入端输入一个单位阶跃信号，用计算机软件观测并记录相应的实验曲线，并与理论值进行比较，观测 δ_p 是否满足设计要求。

注：做本实验时，也可选择图 2-26 中对应的校正装置，此时校正装置使用 U_{10}、U_{16} 单元，但 510 kΩ 和 390 kΩ 电阻需用电位器来设置。

六、实验报告要求

1. 根据对系统性能的要求，设计系统的串联校正装置，并画出它的电路图。

2. 根据实验结果，画出校正前系统的阶跃响应曲线及相应的动态性能指标。

3. 观测引入校正装置后系统的阶跃响应曲线，并将由实验测得的性能指标与理论计算值作比较。

4. 实时调整校正装置的相关参数，使系统的动、静态性能均满足设计要求，并分析相应参数的改变对系统性能的影响。

七、实验思考题

1. 加入超前校正装置后，为什么系统的瞬态响应会变快？

2. 什么是超前校正装置和滞后校正装置，各利用校正装置的什么特性对系统进行校正？

3. 实验时所获得的性能指标为何与设计确定的性能指标有偏差？

第三章　电力电子技术实验

实验一　单结晶体管触发电路实验

一、实验目的

1. 熟悉单结晶体管触发电路的工作原理及电路中各元件的作用。
2. 掌握单结晶体管触发电路的调试步骤和方法。

二、实验所需挂件及附件

实验所需挂件及附件见表 3-1。

表 3-1　实验所需挂件及附件（一）

序号	型　号	备　注
1	DJK01 电源控制屏	该控制屏包含"三相电源输出"等模块
2	DJK03-1 晶闸管触发电路	该挂件包含"单结晶体管触发电路"等模块
3	双踪示波器	自备

三、实验线路及原理

利用单结晶体管（又称双基极二极管）的负阻特性和 RC 的充放电特性，可组成频率可调的自激振荡电路，如图 3-1 所示。

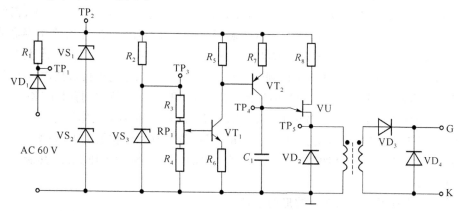

图 3-1　单结晶体管触发电路原理图

图中 VU 为单结晶体管,其常用的型号有 BT33 和 BT35 两种。由 VS_2 和 C_1 组成 RC 充电回路,由 C_1-VU-脉冲变压器组成电容放电回路,调节 RP_1 即可改变 C_1 充电回路中的等效电阻。

工作原理简述如下。

由同步变压器副边输出 60 V 的交流同步电压,经 VD_1 半波整流,再由稳压管 VS_1、VS_2 进行削波,从而得到梯形波电压,其过零点与电源电压的过零点同步,梯形波通过 R_7 及等效可变电阻 VT_2 向电容 C_1 充电,当充电电压达到单结晶体管的峰值电压 U_p 时,单结晶体管 VU 导通,电容通过脉冲变压器原边放电,脉冲变压器副边输出脉冲。同时由于放电时间常数很小,C_1 两端的电压很快下降到单结晶体管的谷点电压 U_v,使 VU 关断,C_1 再次充电,周而复始,在电容 C_1 两端呈现锯齿波形,在脉冲变压器副边输出尖脉冲。在一个梯形波周期内,VU 可能导通、关断多次,但只有输出的第一个触发脉冲对晶闸管的触发时刻起作用。充电时间常数由电容 C_1 和等效电阻等决定,调节 RP_1 改变 C_1 的充电的时间,控制第一个尖脉冲的出现时刻,实现脉冲的移相控制。

电位器 RP_1 已装在面板上,同步信号已在内部接好,所有的测试信号都在面板上引出。

四、实验内容

1. 单结晶体管触发电路的调试。
2. 单结晶体管触发电路各点电压波形的观察并记录。

五、预习要求

阅读《电力电子技术》教材,弄清单结晶体管触发电路的工作原理。

六、思考题

1. 单结晶体管触发电路的振荡频率与电路中 C_1 的数值有什么关系?
2. 单结晶体管触发电路的移相范围能否达到 180°?

七、实验方法

1. 单结晶体管触发电路的观测

将 DJK01 电源控制屏的电源选择开关打到"直流调速"侧,使输出线电压为 200 V(不能打到"交流调速"侧工作,因为 DJK03-1 的正常工作电源电压为 $220(1-\pm10\%)$ V,而"交流调速"侧输出的线电压为 240 V。如果输入电压超出其标准工作范围,挂件的使用寿命将减少,甚至会导致挂件的损坏。在"DZSZ-1 型电机及自动控制实验装置"上使用时,通过操作控制屏左侧的自耦调压器,将输出的线电压调到 220 V 左右,然后才能将电源接入挂件),用两根导线将 200 V 交流电压接到 DJK03-1 的"外接 220 V"端,按下"启动"按钮,打开 DJK03-1 电源开关,这时挂件中所有的触发电路都开始工作,用双踪示波器观察单结晶体管触发电路,经半波整流后"1"点的波形,经稳压管削波得到"2"点的波形,调节移相电位器 RP_1,观察"4"点锯齿波的周期变化及"5"点的触发脉冲波形,最后观测输出的"G、K"触发电压波形,其能否在 30°～170°范围内移相。

2. 单结晶体管触发电路各点波形的记录

当 $\alpha=30°$、60°、90°、120° 时,将单结晶体管触发电路的各观测点波形描绘下来,并与图 1-9

的各波形进行比较。

八、实验报告

画出 $\alpha = 60°$ 时,单结晶体管触发电路各点输出的波形及其幅值。

九、注意事项

双踪示波器有两个探头,可同时观测两路信号,但这两探头的地线都与示波器的外壳相连,所以两个探头的地线不能同时接在同一电路的不同电位的两个点上,否则这两点会通过示波器外壳发生电气短路。为此,为了保证测量的顺利进行,可将其中一根探头的地线取下或外包绝缘,只使用其中一路的地线,这样从根本上解决了这个问题。当需要同时观察两个信号时,必须在被测电路上找到这两个信号的公共点,将探头的地线接于此处,探头各接至被测信号,只有这样才能在示波器上同时观察到两个信号,而不发生意外。

实验二 锯齿波同步移相触发电路实验

一、实验目的

1. 加深理解锯齿波同步移相触发电路的工作原理及各元件的作用。
2. 掌握锯齿波同步移相触发电路的调试方法。

二、实验所需挂件及附件

实验所需挂件及附件见表 3-2。

表 3-2 实验所需挂件及附件(二)

序号	型 号	备 注
1	DJK01 电源控制屏	该控制屏包含"三相电源输出"等模块
2	DJK03-1 晶闸管触发电路	该挂件包含"锯齿波同步移相触发电路"等模块
3	双踪示波器	自备

三、实验线路及原理

锯齿波同步移相触发电路的原理图如图 3-2 所示。

锯齿波同步移相触发电路 I、II 由同步检测、锯齿波形成、移相控制、脉冲形成、脉冲放大等环节组成,其原理图如图 3-2 所示。

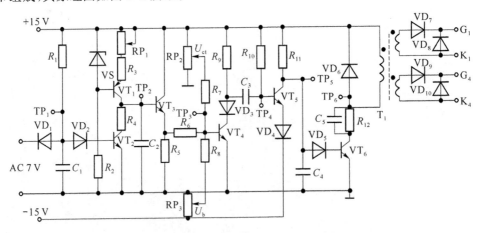

图 3-2 锯齿波同步移相触发电路 I 原理图

锯齿波同步移相触发电路由同步检测、锯齿波形成、移相控制、脉冲形成、脉冲放大等环节组成,其工作原理详见电力电子技术教材中的相关内容。

由 VT_2、VD_1、VD_2、C_1 等元件组成同步检测环节,其作用是利用同步电压 U_T 来控制锯齿波产生的时刻及锯齿波的宽度。由 VS、VT_1 等元件组成的恒流源电路,当 VT_2 截止时,恒流源对 C_2 充电形成锯齿波;当 VT_2 导通时,电容 C_2 通过 R_4、VT_2 放电。调节电位器 RP_1 可以调节恒流源的电流大小,从而改变锯齿波的斜率。控制电压 U_{ct}、偏移电压 U_b 和锯齿波电压在 VT_4 基极综合叠加,从而构成移相控制环节,RP_2、RP_3 分别调节控制电压 U_{ct} 和偏移电压 U_b 的大小。VT_5、VT_6 构成脉冲形成放大环节,C_5 为强触发电容改善脉冲的前沿,由脉冲变压器输出触发脉冲。

本装置有两路锯齿波同步移相触发电路Ⅰ和Ⅱ,在电路上完全一样,只是锯齿波触发电路Ⅱ输出的触发脉冲相位与Ⅰ恰好互差 180°,供单相整流及逆变实验用。

电位器 RP_1、RP_2、RP_3 均已安装在挂箱的面板上,同步变压器副边已在挂箱内部接好,所有的测试信号都在面板上引出。

四、实验内容

1. 锯齿波同步移相触发电路的调试。
2. 锯齿波同步移相触发电路各点波形的观察和分析。

五、预习要求

阅读教材相关内容,掌握锯齿波同步移相触发电路脉冲初始相位的调整方法。

六、思考题

1. 锯齿波同步移相触发电路有哪些特点?移相范围与哪些参数有关?
2. 为什么锯齿波同步移相触发电路的脉冲移相范围比其他触发电路的移相范围要大?

七、实验方法

1. 将 DJK01 电源控制屏的电源选择开关打到"直流调速"侧,使输出线电压为 200 V(不能打到"交流调速"侧工作,因为 DJK03-1 的正常工作电源电压为 220(1±10%)V,而"交流调速"侧输出的线电压为 240 V。如果输入电压超出其标准工作范围,挂件的使用寿命将减少,甚至会导致挂件的损坏。在"DZSZ-1 型电动机及自动控制实验装置"上使用时,通过操作控制屏左侧的自耦调压器,将输出的线电压调到 220 V 左右,然后才能将电源接入挂件),用两根导线将 200 V 交流电压接到 DJK03-1 的"外接 220 V"端,按下"启动"按钮,打开 DJK03-1 电源开关,这时挂件中所有的触发电路都开始工作,用双踪示波器观察锯齿波同步触发电路各观察孔的电压波形。

(1) 同时观察同步电压和"1"点的电压波形,了解"1"点波形形成的原因。

(2) 观察"1"、"2"点的电压波形,了解锯齿波宽度和"1"点电压波形的关系。

(3) 调节电位器 RP_1,观测"2"点锯齿波斜率的变化。

(4) 观察"3"～"6"点电压波形和输出电压的波形,记下各波形的幅值与宽度,并比较"3"点电压 U_3 和"6"点电压 U_6 的对应关系。

2. 调节触发脉冲的移相范围

将控制电压 U_{ct} 调至零(将电位器 RP_2 顺时针旋到底),用示波器观察同步电压信号和"6"点 U_6 的波形,调节偏移电压 U_b(即调 RP_3 电位器),使 $\alpha = 170°$,其波形如图 3-3 所示。

3. 调节 U_{ct}(即电位器 RP_2),使 $\alpha = 60°$,观察并记录 $U_1 \sim U_6$ 及输出"G、K"脉冲电压的波形,标出其幅值与宽度,并记录在表 3-3 中(可在示波器上直接读出,读数时应将示波器的"V/DIV"和"t/DIV"微调旋钮旋到校准位置)。

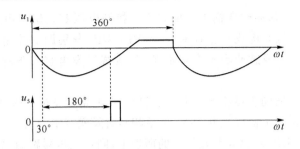

图 3-3　锯齿波同步移相触发电路

表 3-3　实验数据记录表

	U_1	U_2	U_3	U_4	U_5	U_6
幅值/V						
宽度/ms						

八、实验报告

1. 整理、描绘实验中记录的各点波形,并标出其幅值和宽度。

2. 总结锯齿波同步移相触发电路移相范围的调试方法,如果要求在 $U_{ct}=0$ 的条件下,使 $\alpha=90°$,如何调整?

实验三　单相半波可控整流电路实验

一、实验目的

1. 掌握单结晶体管触发电路的调试步骤和方法。
2. 掌握单相半波可控整流电路在电阻负载及电阻电感性负载时的工作。
3. 了解续流二极管的作用。

二、实验所需挂件及附件

实验所需挂件及附件见表 3-4。

表 3-4　实验所需挂件及附件（三）

序号	型　　号	备　　注
1	DJK01 电源控制屏	该控制屏包含"三相电源输出"、"励磁电源"等模块
2	DJK02 晶闸管主电路	该挂件包含"晶闸管"、"电感"等模块
3	DJK03-1 晶闸管触发电路	该挂件包含"单结晶体管触发电路"模块
4	DJK06 给定及实验器件	该挂件包含"二极管"等模块
5	D42 三相可调电阻	
6	双踪示波器	自备
7	万用表	自备

三、实验线路及原理

单结晶体管触发电路的工作原理及线路图已在第三章实验一中作过介绍。如图 3-4 所示，将 DJK03-1 挂件上的单结晶体管触发电路的输出端"G"和"K"接到 DJK02 挂件面板上的反桥中的任意一个晶闸管的门极和阴极，并将相应的触发脉冲的钮子开关关闭（防止误触发），图中的 R 负载用 D42 三相可调电阻，将两个 900 Ω 接成并联形式。二极管 VD_1 和开关 S_1 均在 DJK06 挂件上，电感 L_d 在 DJK02 面板上，有 100 mH、200 mH、700 mH 3 挡可供选择，本实验中选用 700 mH。直流电压表及直流电流表从 DJK02 挂件上得到。

四、实验内容

1. 单结晶体管触发电路的调试。
2. 观察单结晶体管触发电路各点电压波形并记录。
3. 单相半波整流电路带电阻性负载时 $U_d/U_2 = f(\alpha)$ 特性的测定。
4. 单相半波整流电路带电阻电感性负载时，观察续流二极管作用。

五、预习要求

1. 阅读《电力电子技术》教材中有关单结晶体管的内容，弄清单结晶体管触发电路的工作原理。
2. 复习单相半波可控整流电路的有关内容，掌握单相半波可控整流电路接电阻性负载和电阻电感性负载时的工作波形。

3. 掌握单相半波可控整流电路接不同负载时 U_d、I_d 的计算方法。

六、思考题

1. 单结晶体管触发电路的振荡频率与电路中电容 C_1 的数值有什么关系?

2. 单相半波可控整流电路接电感性负载时会出现什么现象,如何解决?

七、实验方法

（1）单结晶体管触发电路的调试

将 DJK01 电源控制屏的电源选择开关打到"直流调速"侧,使输出线电压为 200 V,用两根导线将 200 V 交流电压接到 DJK03-1 的"外接 220 V"端,按下"启动"按钮,打开 DJK03-1 电源开关,用双踪示波器观察单结晶体管触发电路中整流输出的梯形波电压、锯齿波电压及单结晶体管触发电路输出电压等波形。调节移相电位器 RP_1,观察锯齿波的周期变化及输出脉冲波形的移相范围能否在 30°～170°移动?

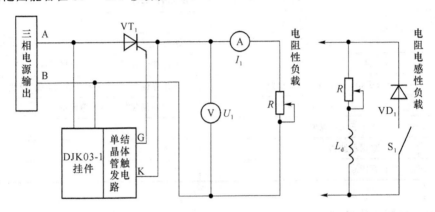

图 3-4　单相半波可控整流电路

（2）单相半波可控整流电路接电阻性负载

触发电路调试正常后,按图 3-4 电路图接线。将电阻器调在最大阻值位置,按下"启动"按钮,用示波器观察负载电压 U_d,晶闸管 VT_1 两端电压 U_{VT} 的波形,调节电位器 RP_1,观察 $\alpha = 30°$、60°、90°、120°、150°时 U_d、U_{VT} 的波形,并测量直流输出电压 U_d 和电源电压 U_2,记录于表 3-5 中。

表 3-5　实验数据记录表

α	30°	60°	90°	120°	150°
U_2					
U_d（记录值）					
U_d/U_2					
U_d（计算值）					

$$U_d = 0.45 U_2 (1 + \cos \alpha)/2$$

（3）单相半波可控整流电路接电阻电感性负载

将负载电阻 R 改成电阻电感性负载（由电阻器与平波电抗器 L_d 串联而成）。暂不接续流二极管 VD_1,在不同阻抗角[阻抗角 $\varphi = \arctan(\omega L/R)$,保持电感量不变,改变 R 的电阻值,注意电流不要超过 1A 情况下,观察 $\alpha = 30°$、60°、90°、120°时的直流输出电压值 U_d 及 U_{VT} 的波形,记录于表 3-6 中。

表3-6　实验数据记录表

α	30°	60°	90°	120°	150°
U_2					
U_d(记录值)					
U_d/U_2					
U_d(计算值)					

接入续流二极管 VD_1，重复上述实验，观察续流二极管的作用，以及 U_{VD1} 波形的变化，记录于表3-7中。

表3-7　实验数据记录表

α	30°	60°	90°	120°	150°
U_2					
U_d(记录值)					
U_d/U_2					
U_d(计算值)					

计算公式：

$$U_d = 0.45U_2(1+\cos\alpha)/2$$

八、实验报告

1. 画出 $\alpha=90°$ 时，电阻性负载和电阻电感性负载的 U_d、U_{VT} 波形。
2. 画出电阻性负载时 $U_d/U_2=f(\alpha)$ 的实验曲线，并与计算值 U_d 的对应曲线相比较。
3. 分析实验中出现的现象，写出体会。

九、注意事项

1. 参照实验一的注意事项。

2. 在本实验中触发电路选用的是单结晶体管触发电路，同样也可以用锯齿波同步移相触发电路来完成实验。

3. 在实验中，触发脉冲是从外部接入 DJK02 面板上晶闸管的门极和阴极，此时，应将所用晶闸管对应的正桥触发脉冲或反桥触发脉冲的开关拨向"断"的位置，避免误触发。

4. 为避免晶闸管意外损坏，实验时要注意以下几点。

（1）在主电路未接通时，首先要调试触发电路，只有触发电路工作正常后，才可以接通主电路。

（2）在接通主电路前，必须先将控制电压 U_{ct} 调到零，且将负载电阻调到最大阻值处；接通主电路后，才可逐渐加大控制电压 U_{ct}，避免过流。

（3）要选择合适的负载电阻和电感，避免过流。在无法确定的情况下，应尽可能选用大的电阻值。

5. 由于晶闸管持续工作时，需要有一定的维持电流，故要使晶闸管主电路可靠工作，其通过的电流不能太小，否则可能会造成晶闸管时断时续，工作不可靠。在本实验装置中，要保证晶闸管正常工作，负载电流必须大于 50 mA。

6. 在实验中要注意同步电压与触发相位的关系，例如在单结晶体管触发电路中，触发脉冲产生的位置是在同步电压的上半周，而在锯齿波触发电路中，触发脉冲产生的位置是在同步电压的下半周，所以在主电路接线时应充分考虑到这个问题，否则实验就无法顺利完成。

7. 使用电抗器时要注意通过的电流不要超过 1 A，保证线性。

实验四　单相桥式半控整流电路实验

一、实验目的

1. 加深对单相桥式半控整流电路带电阻性、电阻电感性负载时各工作情况的理解。
2. 了解续流二极管在单相桥式半控整流电路中的作用,学会解决实验中出现的问题。

二、实验所需挂件及附件

实验所需挂件及附件见表 3-8。

表 3-8　实验所需挂件及附件(四)

序号	型　号	备　注
1	DJK01 电源控制屏	该控制屏包含"三相电源输出"、"励磁电源"等模块
2	DJK02 晶闸管主电路	该挂件包含"晶闸管"、"电感"等模块
3	DJK03-1 晶闸管触发电路	该挂件包含"锯齿波同步触发电路"模块
4	DJK06 给定及实验器件	该挂件包含"二极管"等模块
5	D42 三相可调电阻	
6	双踪示波器	自备
7	万用表	自备

三、实验线路及原理

本实验线路如图 3-5 所示,两组锯齿波同步移相触发电路均在 DJK03-1 挂件上,由同一个同步变压器保持与输入的电压同步,触发信号加到共阴极的两个晶闸管,图中的 R 用 D42 三相可调电阻,将两个 900 Ω 接成并联形式,二极管 VD_1、VD_2、VD_3 及开关 S_1 均在 DJK06 挂件上,电感 L_d 在 DJK02 面板上,有 100 mH、200 mH、700 mH 3 挡可供选择,本实验用700 mH,直流电压表、电流表从 DJK02 挂件获得。

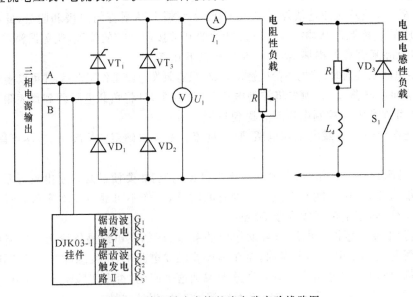

图 3-5　单相桥式半控整流电路实验线路图

四、实验内容

1. 锯齿波同步触发电路的调试。
2. 单相桥式半控整流电路带电阻性负载。
3. 单相桥式半控整流电路带电阻电感性负载。
4. 单相桥式半控整流电路带反电势负载。（选做）

五、预习要求

1. 阅读《电力电子技术》教材中有关单相桥式半控整流电路的有关内容。
2. 了解续流二极管在单相桥式半控整流电路中的作用。

六、思考题

1. 单相桥式半控整流电路在什么情况下会发生失控现象？
2. 在加续流二极管前后,单相桥式半控整流电路中晶闸管两端的电压波形如何？

七、实验方法

1. 将 DJK01 电源控制屏的电源选择开关打到"直流调速"侧,使输出线电压为 200 V,用两根导线将 200 V 交流电压接到 DJK03-1 的"外接 220 V"端,按下"启动"按钮,打开 DJK03-1 电源开关,用双踪示波器观察"锯齿波同步触发电路"各观察孔的波形。

2. 锯齿波同步移相触发电路调试:其调试方法与实验三相同。令 $U_{ct} = 0$ 时,(RP$_2$ 电位器顺时针转到底)$\alpha = 170°$。

3. 单相桥式半控整流电路带电阻性负载:

按原理图 3-5 接线,主电路接可调电阻 R,将电阻器调到最大阻值位置,按下"启动"按钮,用示波器观察负载电压 U_d、晶闸管两端电压 U_{VT} 和整流二极管两端电压 U_{VD_1} 的波形,调节锯齿波同步移相触发电路上的移相控制电位器 RP$_2$,观察在不同 α 角时 U_d、U_{VT}、U_{VD_1} 的波形并记录,测量相应电源电压 U_2 和负载电压 U_d 的数值,记录于表 3-9 中。

表 3-9　实验数据记录表

α	30°	60°	90°	120°	150°
U_2					
U_d(记录值)					
U_d/U_2					
U_d(计算值)					

计算公式:

$$U_d = 0.9U_2(1 + \cos \alpha)/2$$

4. 单相桥式半控整流电路带电阻电感性负载

(1) 断开主电路后,将负载换成将平波电抗器 L_d(700 mH)与电阻 R 串联。

(2) 不接续流二极管 VD$_3$,接通主电路,用示波器观察不同控制角 α 时 U_d、U_{VT}、U_{VD_1}、I_d 的波形,并测定相应的 U_2、U_d 数值,记录于表 3-10 中。

表 3-10　实验数据记录表

α	30°	60°	90°
U_2			
U_d（记录值）			
U_d/U_2			
U_d（计算值）			

（3）当 $\alpha=60°$ 时，移去触发脉冲（将锯齿波同步触发电路上的"G_3"或"K_3"拔掉），观察并记录移去脉冲前后 U_d、U_{VT_1}、U_{VT_3}、U_{VD_1}、U_{VD_2}、I_d 的波形。

（4）接上续流二极管 VD_3，接通主电路，观察不同控制角 α 时 U_d、U_{VD_3}、I_d 的波形，并测定相应的 U_2、U_d 数值，记录于表 3-11 中。

表 3-11　实验数据记录表

α	30°	60°	90°
U_2			
U_d（记录值）			
U_d/U_2			
U_d（计算值）			

（5）在接有续流二极管 VD_3 及 $\alpha=60°$ 时，移去触发脉冲（将锯齿波同步触发电路上的"G_3"或"K_3"拔掉），观察并记录移去脉冲前、后 U_d、U_{VT_1}、U_{VT_3}、U_{VD_2}、U_{VD_1} 和 I_d 的波形。

5．单相桥式半控整流电路带反电势负载（选做）

要完成此实验还应加一只直流电动机。

（1）断开主电路，将负载改为直流电动机，不接平波电抗器 L_d，调节锯齿波同步触发电路上的 RP_2 使 U_d 由零逐渐上升，用示波器观察，并记录不同 α 时输出电压 U_d 和电动机电枢两端电压 U_a 的波形。

（2）接上平波电抗器，重复上述实验。

八、实验报告

1．画出①电阻性负载，②电阻电感性负载时 $U_d/U_2=f(\alpha)$ 的曲线。

2．画出①电阻性负载，②电阻电感性负载，α 角分别为 30°、60°、90° 时 U_d、U_{VT} 的波形。

3．说明续流二极管对消除失控现象的作用。

九、注意事项

1．参照实验四的注意事项。

2．在本实验中，触发脉冲是从外部接入 DJK02 面板上晶闸管的门极和阴极，此时，应将所用晶闸管对应的正桥触发脉冲或反桥触发脉冲的开关拨向"断"的位置，并将 U_{lf} 及 U_{lr} 悬空，避免误触发。

3．带直流电动机做实验时，要避免电枢电压超过其额定值，转速也不要超过 1.2 倍的额定值，以免发生意外，影响电动机功能。

4．带直流电动机做实验时，必须要先加励磁电源，然后加电枢电压，停机时要先将电枢电压降到零后，再关闭励磁电源。

实验五　单相桥式全控整流及有源逆变电路实验

一、实验目的

1. 加深理解单相桥式全控整流及逆变电路的工作原理。
2. 研究单相桥式变流电路整流的全过程。
3. 研究单相桥式变流电路逆变的全过程,掌握实现有源逆变的条件。
4. 掌握产生逆变颠覆的原因及预防方法。

二、实验所需挂件及附件

实验所需挂件及附件见表 3-12。

表 3-12　实验所需挂件及附件(五)

序号	型　号	备　注
1	DJK01 电源控制屏	该控制屏包含"三相电源输出"、"励磁电源"等模块
2	DJK02 晶闸管主电路	该挂件包含"晶闸管"、"电感"等模块
3	DJK03-1 晶闸管触发电路	该挂件包含"锯齿波同步触发电路"模块
4	DJK10 变压器实验	该挂件包含"逆变变压器"、"三相不控整流"等模块
5	D42　三相可调电阻	
6	双踪示波器	自备
7	万用表	自备

三、实验线路及原理

图 3-6 为单相桥式整流带电阻电感性负载,其输出负载 R 用 D42 三相可调电阻器,将两个 900 Ω 接成并联形式,电抗 L_d 用 DJK02 面板上的 700 mH,直流电压、电流表均在 DJK02 面板上。触发电路采用 DJK03-1 组件挂箱上的"锯齿波触发电路Ⅰ"和"锯齿波触发电路Ⅱ"。

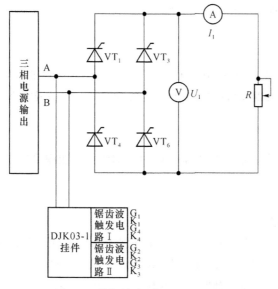

图 3-6　单相桥式整流实验原理图

图 3-7 为单相桥式有源逆变原理图,三相电源经三相不控整流,得到一个上负下正的直流电源,供逆变桥路使用,逆变桥路逆变出的交流电压经升压变压器反馈回电网。"三相不控整流"是 DJK10 上的一个模块,其"心式变压器"在此作为升压变压器用,从晶闸管逆变出的电压接"心式变压器"的中压端 A_m、B_m,返回电网的电压从其高压端 A、B 输出,为了避免输出的逆变电压过高而损坏心式变压器,故将变压器接成Y/Y接法。图中的电阻 R、电抗 L_d 和触发电路与整流所用相同。

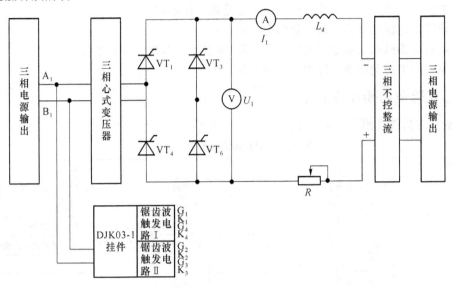

图 3-7　单相桥式有源逆变电路实验原理图

有关实现有源逆变的必要条件等内容可参见《电力电子技术》教材的有关内容。

四、实验内容

1. 单相桥式全控整流电路带电阻电感负载。
2. 单相桥式有源逆变电路带电阻电感负载。
3. 有源逆变电路逆变颠覆现象的观察。

五、预习要求

1. 阅读《电力电子技术》教材中有关单相桥式全控整流电路的有关内容。
2. 阅读《电力电子技术》教材中有关有源逆变电路的内容,掌握实现有源逆变的基本条件。

六、思考题

实现有源逆变的条件是什么？在本实验中是如何保证能满足这些条件？

七、实验方法

1. 触发电路的调试

将 DJK01 电源控制屏的电源选择开关打到"直流调速"侧使输出线电压为 200 V,用两根导线将 200 V 交流电压接到 DJK03-1 的"外接 220 V"端,按下"启动"按钮,打开 DJK03-1 电源开关,用示波器观察锯齿波同步触发电路各观察孔的电压波形。

将控制电压 U_{ct} 调至零(将电位器 RP$_2$ 顺时针旋到底),观察同步电压信号和"6"点 U_6 的波形,调节偏移电压 U_b(即调 RP$_3$ 电位器),使 $\alpha = 180°$。

将锯齿波触发电路的输出脉冲端分别接至全控桥中相应晶闸管的门极和阴极,注意不要把相序接反了,否则无法进行整流和逆变。将 DJK02 上的正桥和反桥触发脉冲开关都打到"断"的位置,并使 U_{lf} 和 U_{lr} 悬空,确保晶闸管不被误触发。

2. 单相桥式全控整流

按图 3-6 接线,将电阻器放在最大阻值处,按下"启动"按钮,保持 U_b 偏移电压不变(即 RP$_3$ 固定),逐渐增加 U_{ct}(调节 RP$_2$),在 $\alpha = 0°$、30°、60°、90°、120° 时,用示波器观察、记录整流电压 U_d 和晶闸管两端电压 U_{VT} 的波形,并记录电源电压 U_2 和负载电压 U_d 的数值于表 3-13 中。

表 3-13　实验数据记录表

α	30°	60°	90°	120°
U_2				
U_d(记录值)				
U_d(计算值)				

计算公式：

$$U_d = 0.9 U_2 (1 + \cos \alpha)/2$$

3. 单相桥式有源逆变电路实验

按图 3-7 接线,将电阻器放在最大阻值处,按下"启动"按钮,保持 U_b 偏移电压不变(即 RP$_3$ 固定),逐渐增加 U_{ct}(调节 RP$_2$),在 $\beta = 30°$、60°、90° 时,观察、记录逆变电流 I_d 和晶闸管两端电压 U_{VT} 的波形,并记录负载电压 U_d 的数值于表 3-14 中。

表 3-14　实验数据记录表

β	30°	60°	90°
U_2			
U_d(记录值)			
U_d(计算值)			

4. 逆变颠覆现象的观察

调节 U_{ct},使 $\alpha = 150°$,观察 U_d 波形。突然关断触发脉冲(可将触发信号拆去),用双踪慢扫描示波器观察逆变颠覆现象,记录逆变颠覆时的 U_d 波形。

八、实验报告

1. 画出 $\alpha = 30°$、60°、90°、120°、150° 时 U_d 和 U_{VT} 的波形。
2. 画出电路的移相特性 $U_d = f(\alpha)$ 曲线。
3. 分析逆变颠覆的原因及逆变颠覆后产生的后果。

九、注意事项

1. 参照实验四的注意事项。

2. 在本实验中,触发脉冲是从外部接入 DJK02 面板上晶闸管的门极和阴极,此时,应将所用晶闸管对应的正桥触发脉冲或反桥触发脉冲的开关拨向"断"的位置,并将 U_{lf} 及 U_{lr} 悬空,避免误触发。

3. 为了保证从逆变到整流不发生过流,其回路的电阻 R 应取比较大的值,但也要考虑到晶闸管的维持电流,保证可靠导通。

实验六　三相半波可控整流电路实验

一、实验目的

了解三相半波可控整流电路的工作原理,研究可控整流电路在电阻负载和电阻电感性负载时的工作情况。

二、实验所需挂件及附件

实验所需挂件及附件如表 3-15 所示。

表 3-15　实验所需挂件及附件(六)

序号	型　号	备　注
1	DJK01 电源控制屏	该控制屏包含"三相电源输出"等模块
2	DJK02 晶闸管主电路	
3	DJK02-1 三相晶闸管触发电路	该挂件包含"触发电路"、"正反桥功放"等模块
4	DJK06 给定及实验器件	该挂件包含"给定"等模块
5	D42 三相可调电阻	
6	双踪示波器	自备
7	万用表	自备

三、实验线路及原理

三相半波可控整流电路用了 3 只晶闸管,与单相电路比较,其输出电压脉动小,输出功率大。不足之处是晶闸管电流即变压器的副边电流在一个周期内只有 1/3 时间有电流流过,变压器利用率较低。图 3-8 中晶闸管用 DJK02 正桥组的 3 个,电阻 R 用 D42 三相可调电阻,将两个 900 Ω 接成并联形式,L_d 电感用 DJK02 面板上的 700 mH,其三相触发信号由 DJK02-1 内部提供,只需外加一个给定电压接到 U_{ct} 端即可。直流电压、电流表由 DJK02 获得。

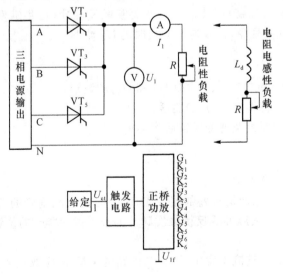

图 3-8　三相半波可控整流电路实验原理图

四、实验内容

1. 研究三相半波可控整流电路带电阻性负载。
2. 研究三相半波可控整流电路带电阻电感性负载。

五、预习要求

阅读《电力电子技术》教材中有关三相半波整流电路的内容。

六、思考题

1. 如何确定三相触发脉冲的相序,主电路输出的三相相序能任意改变吗?
2. 根据所用晶闸管的定额,如何确定整流电路的最大输出电流?

七、实验方法

1. DJK02 和 DJK02-1 上的"触发电路"调试

(1) 打开 DJK01 总电源开关,操作"电源控制屏"上的"三相电网电压指示"开关,观察输入的三相电网电压是否平衡。

(2) 将 DJK01"电源控制屏"上调速电源选择开关"拨至"直流调速"侧。

(3) 用 10 芯的扁平电缆,将 DJK02 的"三相同步信号输出"端和 DJK02-1"三相同步信号输入"端相连,打开 DJK02-1 电源开关,拨动"触发脉冲指示"钮子开关,使"窄"的发光管亮。

(4) 观察 A、B、C 三相的锯齿波,并调节 A、B、C 三相锯齿波斜率调节电位器(在各观测孔左侧),使三相锯齿波斜率尽可能一致。

(5) 将 DJK06 上的"给定"输出 U_g 直接与 DJK02-1 上的移相控制电压 U_{ct} 相接,将给定开关 S_2 拨到接地位置(即 $U_{ct}=0$),调节 DJK02-1 上的偏移电压电位器,用双踪示波器观察 A 相同步电压信号和"双脉冲观察孔" VT_1 的输出波形,使 $\alpha=150°$。

注意:此处的 α 表示三相晶闸管电路中的移相角,它的 0° 是从自然换流点开始计算,前面实验中的单相晶闸管电路的 0°移相角表示从同步信号过零点开始计算,两者存在相位差,前者比后者滞后 30°。

(6) 适当增加给定 U_g 的正电压输出,观测 DJK02-1 上"脉冲观察孔"的波形,此时应观测到单窄脉冲和双窄脉冲。

(7) 用 8 芯的扁平电缆,将 DJK02-1 面板上"触发脉冲输出"和"触发脉冲输入"相连,使得触发脉冲加到正反桥功放的输入端。

(8) 将 DJK02-1 面板上的 U_{lf} 端接地,用 20 芯的扁平电缆,将 DJK02-1 的"正桥触发脉冲输出"端和 DJK02"正桥触发脉冲输入"端相连,并将 DJK02"正桥触发脉冲"的 6 个开关拨至"通",观察正桥 $VT_1 \sim VT_6$ 晶闸管门极和阴极之间的触发脉冲是否正常。

2. 三相半波可控整流电路带电阻性负载

按图 3-8 接线,将电阻器放在最大阻值处,按下"启动"按钮,DJK06 上的"给定"从零开始,慢慢增加移相电压,使 α 能在 30°～180°范围内调节,用示波器观察并记录三相电路中 $\alpha=30°$、60°、90°、120°、150°时整流输出电压 U_d 和晶闸管两端电压 U_{VT} 的波形,并记录相应的电源电压 U_2 及 U_d 的数值于表 3-16 中。

表 3-16　实验数据记录表

α	30°	60°	90°	120°	150°
U_2					
U_d(记录值)					
U_d/U_2					
U_d(计算值)					

计算公式：

$$U_d = 1.17U_2 \cos \alpha \quad \alpha = 0 \sim 30°$$

$$U_d = 0.675U_2 \left[1 + \cos\left(a + \frac{\pi}{6}\right) \right] \quad \alpha = 30° \sim 150°$$

3. 三相半波整流带电阻电感性负载

将 DJK02 上 700 mH 的电抗器与负载电阻 R 串联后接入主电路，观察不同移相角 α 时 U_d、I_d 的输出波形，并在表 3-17 中记录相应的电源电压 U_2 及 U_d、I_d 值，画出 $\alpha = 90°$ 时的 U_d 及 I_d 波形图。

表 3-17　实验数据记录表

α	30°	60°	90°	120°
U_2				
U_d(记录值)				
U_d/U_2				
U_d(计算值)				

八、实验报告

绘出当 $\alpha = 90°$ 时，整流电路供电给电阻性负载、电阻电感性负载时的 U_d 及 I_d 的波形，并进行分析讨论。

九、注意事项

1. 可参考实验五的注意事项 1、2。

2. 整流电路与三相电源连接时，一定要注意相序，必须一一对应。

实验七　三相半波有源逆变电路实验

一、实验目的

研究三相半波有源逆变电路的工作,验证可控整流电路在有源逆变时的工作条件,并比较与整流工作时的区别。

二、实验所需挂件及附件

实验所需挂件及附件见表 3-18。

表 3-18　实验所需挂件及附件(七)

序号	型　号	备　注
1	DJK01 电源控制屏	该控制屏包含"三相电源输出"等模块
2	DJK02 晶闸管主电路	
3	DJK02-1 三相晶闸管触发电路	该挂件包含"触发电路"、"正反桥功放"等模块
4	DJK06 给定及实验器件	该挂件包含"二极管"等模块
5	DJK10 变压器实验	该挂件包含"逆变变压器"、"三相不控整流"等模块
6	D42　三相可调电阻	
7	双踪示波器	自备
8	万用表	自备

三、实验线路及原理

其工作原理详见《电力电子技术》教材中的有关内容。

如图 3-9 所示,晶闸管可选用 DJK02 上的正桥,电感用 DJK02 上的 $L_d = 700$ mH,电阻 R 选用 D42 三相可调电阻,将两个 900 Ω 接成串联形式,直流电源用 DJK01 上的励磁电源,其中 DJK10 中的心式变压器用做升压变压器使用,变压器接成丫/丫接法,逆变输出的电压接心式变压器的中压端 A_m、B_m、C_m,返回电网的电压从高压端 A、B、C 输出。直流电压、电流表均在 DJK02 上。

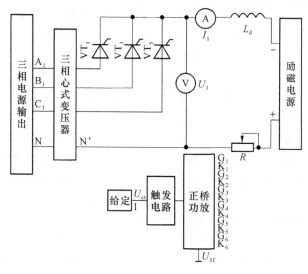

图 3-9　三相半波有源逆变电路实验原理图

四、实验内容

三相半波整流电路在整流状态工作下带电阻电感性负载的研究。

五、思考题

1. 在不同工作状态时可控整流电路的工作波形。
2. 可控整流电路在 $\beta=60°$ 和 $\beta=90°$ 时输出电压有何差异？

六、实验方法

1. DJK02 和 DJK02-1 上的"触发电路"调试

（1）打开 DJK01 总电源开关，操作"电源控制屏"上的"三相电网电压指示"开关，观察输入的三相电网电压是否平衡。

（2）将 DJK01"电源控制屏"上"调速电源选择开关"拨至"直流调速"侧。

（3）用 10 芯的扁平电缆，将 DJK02 的"三相同步信号输出"端和 DJK02-1"三相同步信号输入"端相连，打开 DJK02-1 电源开关，拨动"触发脉冲指示"钮子开关，使"窄"的发光管亮。

（4）观察 A、B、C 三相的锯齿波，并调节 A、B、C 三相锯齿波斜率调节电位器（在各观测孔左侧），使三相锯齿波斜率尽可能一致。

（5）将 DJK06 上的"给定"输出 U_g 直接与 DJK02-1 上的移相控制电压 U_{ct} 相接，将给定开关 S_2 拨到接地位置（即 $U_{ct}=0$），调节 DJK02-1 上的偏移电压电位器，用双踪示波器观察 A 相同步电压信号和"双脉冲观察孔"VT_1 的输出波形，使 $\alpha=120°$。

注意：此处的 α 表示三相晶闸管电路中的移相角，它的 0° 是从自然换流点开始计算，前面实验中的单相晶闸管电路的 0° 移相角表示从同步信号过零点开始计算，两者存在相位差，前者比后者滞后 30°。

（6）适当增加给定 U_g 的正电压输出，观测 DJK02-1 上"脉冲观察孔"的波形，此时应观测到单窄脉冲和双窄脉冲。

（7）用 8 芯的扁平电缆，将 DJK02-1 面板上"触发脉冲输出"和"触发脉冲输入"相连，使得触发脉冲加到正反桥功放的输入端。

（8）将 DJK02-1 面板上的 U_{lf} 端接地，用 20 芯的扁平电缆，将 DJK02-1 的"正桥触发脉冲输出"端和 DJK02"正桥触发脉冲输入"端相连，并将 DJK02"正桥触发脉冲"的 6 个开关拨至"通"，观察正桥 $VT_1 \sim VT_6$ 晶闸管门极和阴极之间的触发脉冲是否正常。

2. 三相半波整流及有源逆变电路

（1）按图 3-9 接线，将负载电阻放在最大阻值处，使输出给定调到零。

（2）按下"启动"按钮，此时三相半波处于逆变状态，$\alpha=150°$，用示波器观察电路输出电压 U_d 波形，缓慢调节给定电位器，升高输出给定电压。观察电压表的指示，其值由负的电压值向零靠近，当到零电压的时候，也就是 $\alpha=90°$，继续升高给定电压，输出电压由零向正的电压升高，进入整流区。在表 3-19 中记录 $\alpha=30°$、$60°$、$90°$、$120°$、$150°$ 时的电压值以及波形。

表 3-19　实验数据记录表

α	30°	60°	90°	120°	150°
U_1					

七、实验报告

1. 画出实验所得的各特性曲线与波形图。

2. 对可控整流电路在整流状态与逆变状态的工作特点作比较。

八、注意事项

1. 可参考实验五的注意事项。

2. 为防止逆变颠覆,逆变角必须安置在 $30°{\leqslant}\beta{\leqslant}90°$ 范围内。即 $U_{ct}=0$ 时, $\beta=30°$,调整 U_{ct} 时,用直流电压表监视逆变电压,待逆变电压接近零时,必须缓慢操作。

3. 在实验过程中调节 β,监视主电路电流,防止 β 的变化引起主电路出现过大的电流。

4. 在实验接线过程中,三相心式变压器高压侧的和中压侧的中线不能接一起。

5. 有时会发现脉冲的相位只要移动到 $120°$ 左右就消失了,这是因为触发电路要求相位关系按 A、B、C 的顺序排列,如果 A、C 两相相位接反,结果就会如此,对整流实验无影响,但在逆变时,由于调节范围只能到 $120°$,实验效果不明显,用户可自行将四芯插头内的 A、C 两相的导线对调,就能保证有足够的移相范围。

实验八　三相桥式全控整流及有源逆变电路实验

一、实验目的

1. 加深理解三相桥式全控整流及有源逆变电路的工作原理。
2. 了解 KC 系列集成触发器的调整方法和各点的波形。

二、实验所需挂件及附件

实验所需挂件及附件见表 3-20。

表 3-20　实验所需挂件及附件(八)

序号	型　号	备　注
1	DJK01 电源控制屏	该控制屏包含"三相电源输出"等模块
2	DJK02 晶闸管主电路	
3	DJK02-1 三相晶闸管触发电路	该挂件包含"触发电路"、"正反桥功放"等模块
4	DJK06 给定及实验器件	该挂件包含"二极管"等模块
5	DJK10 变压器实验	该挂件包含"逆变变压器"、"三相不控整流"等模块
6	D42 三相可调电阻	
7	双踪示波器	自备
8	万用表	自备

三、实验线路及原理

实验线路如图 3-10 及图 3-11 所示。主电路由三相全控整流电路及作为逆变直流电源的三相不控整流电路组成,触发电路为 DJK02-1 中的集成触发电路,由 KC04、KC41、KC42 等集成芯片组成,可输出经高频调制后的双窄脉冲链。三相桥式整流及逆变电路的工作原理可参见《电力电子技术》教材的有关内容。

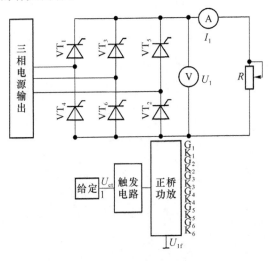

图 3-10　三相桥式全控整流电路实验原理图

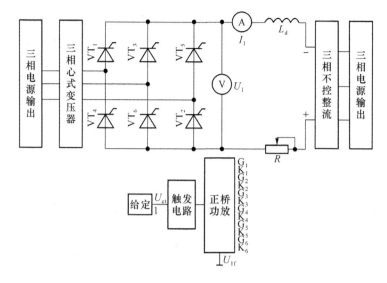

图 3-11 三相桥式有源逆变电路实验原理图

在三相桥式有源逆变电路中,电阻、电感与整流的一致,而三相不控整流及心式变压器均在 DJK10 挂件上,其中心式变压器用做升压变压器,逆变输出的电压接心式变压器的中压端 A_m、B_m、C_m,返回电网的电压从高压端 A、B、C 输出,变压器接成Y/Y接法。图中的 R 均使用 D42 三相可调电阻,将两个 900 Ω 接成并联形式。电感 L_d 在 DJK02 面板上,选用 700 mH,直流电压、电流表由 DJK02 获得。

四、实验内容

1. 三相桥式全控整流电路。

2. 三相桥式有源逆变电路。

3. 在整流或有源逆变状态下,当触发电路出现故障(人为模拟)时观测主电路的各电压波形。

五、预习要求

1. 阅读《电力电子技术》教材中有关三相桥式全控整流电路的有关内容。

2. 阅读《电力电子技术》教材中有关有源逆变电路的有关内容,掌握实现有源逆变的基本条件。

六、思考题

1. 如何解决主电路和触发电路的同步问题?在本实验中主电路三相电源的相序可任意设定吗?

2. 在本实验的整流及逆变时,对 α 角有什么要求?为什么?

七、实验方法

1. DJK02 和 DJK02-1 上的"触发电路"调试

(1) 打开 DJK01 总电源开关,操作"电源控制屏"上的"三相电网电压指示"开关,观察输入的三相电网电压是否平衡。

（2）将 DJK01"电源控制屏"上"调速电源选择开关"拨至"直流调速"侧。

（3）用 10 芯的扁平电缆,将 DJK02 的"三相同步信号输出"端和 DJK02-1"三相同步信号输入"端相连,打开 DJK02-1 电源开关,拨动"触发脉冲指示"钮子开关,使"窄"的发光管亮。

（4）观察 A、B、C 三相的锯齿波,并调节 A、B、C 三相锯齿波斜率调节电位器(在各观测孔左侧),使三相锯齿波斜率尽可能一致。

（5）将 DJK06 上的"给定"输出 U_g 直接与 DJK02-1 上的移相控制电压 U_{ct} 相接,将给定开关 S_2 拨到接地位置(即 $U_{ct}=0$),调节 DJK02-1 上的偏移电压电位器,用双踪示波器观察 A 相同步电压信号和"双脉冲观察孔"VT_1 的输出波形,使 $\alpha=150°$。

注意:此处的 α 表示三相晶闸管电路中的移相角,它的 0° 是从自然换流点开始计算,前面实验中的单相晶闸管电路的 0° 移相角表示从同步信号过零点开始计算,两者存在相位差,前者比后者滞后 30°。

（6）适当增加给定 U_g 的正电压输出,观测 DJK02-1 上"脉冲观察孔"的波形,此时应观测到单窄脉冲和双窄脉冲。

（7）用 8 芯的扁平电缆,将 DJK02-1 面板上"触发脉冲输出"和"触发脉冲输入"相连,使得触发脉冲加到正反桥功放的输入端。

（8）将 DJK02-1 面板上的 U_{lf} 端接地,用 20 芯的扁平电缆,将 DJK02-1 的"正桥触发脉冲输出"端和 DJK02"正桥触发脉冲输入"端相连,并将 DJK02"正桥触发脉冲"的 6 个开关拨至"通",观察正桥 $VT_1 \sim VT_6$ 晶闸管门极和阴极之间的触发脉冲是否正常。

2. 三相桥式全控整流电路

按图 3-10 接线,将 DJK06 上的"给定"输出调到零(逆时针旋到底),使电阻器放在最大阻值处,按下"启动"按钮,调节给定电位器,增加移相电压,使 α 角在 30°～150° 范围内调节同时,根据需要不断调整负载电阻 R,使得负载电流 I_d 保持在 0.6 A 左右(注意 I_d 不得超过 0.65 A)。用示波器观察并记录 $\alpha=30°$、60° 及 90° 时的整流电压 U_d 和晶闸管两端电压 U_{VT} 的波形,并记录相应的 U_d 数值于表 3-21 中。

表 3-21　实验数据记录表

α	30°	60°	90°
U_2			
U_d(记录值)			
U_{d}/U_2			
U_d(计算值)			

计算公式:

$$U_d = 2.34U_2\cos\alpha \quad \alpha = 0 \sim 60°$$

$$U_d = 2.34U_2\left[1+\cos\left(\alpha+\frac{\pi}{3}\right)\right] \quad \alpha = 60° \sim 120°$$

3. 三相桥式有源逆变电路

按图 3-11 接线,将 DJK06 上的"给定"输出调到零(逆时针旋到底),将电阻器放在最大阻值处,按下"启动"按钮,调节给定电位器,增加移相电压,使 β 角在 30°～90° 范围内调节。同时,根据需要不断调整负载电阻 R,使得电流 I_d 保持在 0.6 A 左右(注意 I_d 不得超过 0.65 A)。用示波器观察并记录 $\beta=30°$、60°、90° 时的电压 U_d 和晶闸管两端电压 U_{VT} 的波形,并记录相应

的 U_d 数值于表 3-22 中。

表 3-22　实验数据记录表

β	30°	60°	90°
U_2			
U_d(记录值)			
U_d/U_2			
U_d(计算值)			

计算公式：

$$U_d = 2.34U_2\cos(18°-\beta)$$

4. 故障现象的模拟

当 $\beta=60°$ 时,将触发脉冲钮子开关拨向"断开"位置,模拟晶闸管失去触发脉冲时发生的故障,观察并记录这时的 U_d、U_{VT} 波形的变化情况。

八、实验报告

1. 画出电路的移相特性 $U_d = f(\alpha)$。

2. 画出触发电路的传输特性 $\alpha = f(U_{ct})$。

3. 画出 $\alpha=30°$、$60°$、$90°$、$120°$、$150°$ 时的整流电压 U_d 和晶闸管两端电压 U_{VT} 的波形。

4. 简单分析模拟的故障现象。

九、注意事项

1. 可参考实验六的注意事项 1 和 2。

2. 为了防止过流,启动时将负载电阻 R 调至最大阻值位置。

3. 三相不控整流桥的输入端可加接三相自耦调压器,以降低逆变用直流电源的电压值。

4. 有时会发现脉冲的相位只能移动到 120°左右就消失了,这是因为 A、C 两相的相位接反了,这对整流状态无影响,但在逆变时,由于调节范围只能到 120°,使实验效果不明显,用户可自行将四芯插头内的 A、C 相两相的导线对调,就能保证有足够的移相范围。

实验九 单相交流调压电路实验

一、实验目的

1. 加深理解单相交流调压电路的工作原理。
2. 加深理解单相交流调压电路带电感性负载对脉冲及移相范围的要求。
3. 了解 KC05 晶闸管移相触发器的原理和应用。

二、实验所需挂件及附件

实验所需挂件及附件见表 3-23。

表 3-23 实验所需挂件及附件(九)

序号	型 号	备 注
1	DJK01 电源控制屏	该控制屏包含"三相电源输出"等模块
2	DJK02 晶闸管主电路	该挂件包含"晶闸管"、"电感"等模块
3	DJK03-1 晶闸管触发电路	该挂件包含"单相调压触发电路"等模块
4	D42 三相可调电阻	
5	双踪示波器	自备
6	万用表	自备

三、实验线路及原理

本实验采用 KC05 晶闸管集成移相触发器。该触发器适用于双向晶闸管或两个反向并联晶闸管电路的交流相位控制,具有锯齿波线性好、移相范围宽、控制方式简单、易于集中控制、有失交保护、输出电流大等优点。

单相晶闸管交流调压器的主电路由两个反向并联的晶闸管组成,如图 3-12 所示。

图中电阻 R 用 D42 三相可调电阻,将两个 900 Ω 接成并联接法,晶闸管则利用 DJK02 上的反桥元件,交流电压、电流表由 DJK01 控制屏上得到,电抗器 L_d 从 DJK02 上得到,用 700 mH。

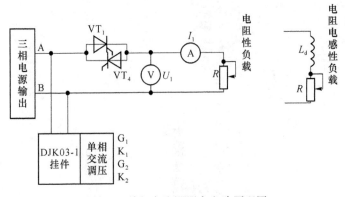

图 3-12 单相交流调压主电路原理图

四、实验内容

1. KC05 集成移相触发电路的调试。
2. 单相交流调压电路带电阻性负载。
3. 单相交流调压电路带电阻电感性负载。

五、预习要求

1. 阅读《电力电子技术》教材中有关交流调压的内容,掌握交流调压的工作原理。
2. 学习本章有关单相交流调压触发电路的内容,了解 KC05 晶闸管触发芯片的工作原理,及在单相交流调压电路中的应用。

六、思考题

1. 交流调压在带电感性负载时可能会出现什么现象？为什么？如何解决？
2. 交流调压有哪些控制方式？有哪些应用场合？

七、实验方法

1. KC05 集成晶闸管移相触发电路调试

将 DJK01 电源控制屏的电源选择开关打到"直流调速"侧,使输出线电压为 200 V,用两根导线将 200 V 交流电压接到 DJK03 的"外接 220 V"端,按下"启动"按钮,打开 DJK03 电源开关,用示波器观察"1"～"5"端及脉冲输出的波形。调节电位器 RP_1,观察锯齿波斜率是否变化,调节 RP_2,观察输出脉冲的移相范围如何变化,移相能否达到 170°,记录上述过程中观察到的各点电压波形。

2. 单相交流调压带电阻性负载

将 DJK02 面板上的两个晶闸管反向并联而构成交流调压器,将触发器的输出脉冲端 G_1、K_1、G_2 和 K_2 分别接至主电路相应晶闸管的门极和阴极。接上电阻性负载,用示波器观察负载电压、晶闸管两端电压 U_{VT} 的波形。调节"单相调压触发电路"上的电位器 RP_2,观察在不同 α 角时各点波形的变化,并记录 $\alpha=30°$、$60°$、$90°$、$120°$ 时的波形。

3. 单相交流调压接电阻电感性负载

(1) 在进行电阻电感性负载实验时,需要调节负载阻抗角的大小,因此应该知道电抗器的内阻和电感量。常采用直流伏安法来测量内阻,如图 3-13 所示。电抗器的内阻为

$$R_L = U_L / I \tag{3-1}$$

电抗器的电感量可采用交流伏安法测量,如图 3-14 所示。由于电流大时,对电抗器的电感量影响较大,采用自耦调压器调压,多测几次取其平均值,从而可得到交流阻抗。

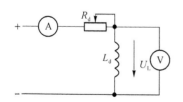

图 3-13　用直流伏安法测电抗器内阻

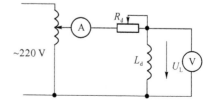

图 3-14　用交流伏安法测定电感量

$$Z_L = \frac{U_L}{I} \tag{3-2}$$

电抗器的电感为

$$L = \frac{\sqrt{Z_L^2 - R_L^2}}{2\pi f}$$

这样,即可求得负载阻抗角

$$\varphi = \arctan \frac{\omega L}{R_d + R_L} \tag{3-3}$$

在实验中,欲改变阻抗角,只需改变滑线变阻器 R 的电阻值即可。

(2) 切断电源,将 L 与 R 串联,改接为电阻电感性负载。按下"启动"按钮,用双踪示波器同时观察负载电压 U_1 和负载电流 I_1 的波形。调节 R 的数值,使阻抗角为一定值,观察在不同 α 角时波形的变化情况,记录 $\alpha > \varphi$、$\alpha = \varphi$、$\alpha < \varphi$ 3 种情况下负载两端的电压 U_1 和流过负载的电流 I_1 波形。

八、实验报告

1. 整理并画出实验中所记录的各类波形。
2. 分析电阻电感性负载时,α 角与 φ 角相应关系的变化对调压器工作的影响。
3. 分析实验中出现的各种问题。

九、注意事项

1. 可参考实验五的注意事项 1 和 2。
2. 触发脉冲是从外部接入 DJK02 面板上晶闸管的门极和阴极。此时,应将所用晶闸管对应的正桥触发脉冲或反桥触发脉冲的开关拨向"断"的位置,并将 U_{lf} 及 U_{lr} 悬空,避免误触发。
3. 可以用 DJK02-1 上的触发电路来触发晶闸管。
4. 由于"G"、"K"输出端受电容影响,故观察触发脉冲电压波形时,需将输出端"G"和"K"分别接到晶闸管的门极和阴极(或者也可用约 100 Ω 阻值的电阻接到"G"、"K"两端,来模拟晶闸管门极与阴极的阻值),否则无法观察到正确的脉冲波形。

实验十　直流斩波电路原理实验

一、实验目的

1. 加深理解斩波器电路的工作原理。
2. 掌握斩波器主电路、触发电路的调试步骤和方法。
3. 熟悉斩波器电路各点的电压波形。

二、实验所需挂件及附件

实验所需挂件及附件见表 3-24。

表 3-24　实验所需挂件及附件(十)

序号	型　号	备　注
1	DJK01 电源控制屏	该控制屏包含"三相电源输出"等模块
2	DJK05 直流斩波电路	该挂件包含触发电路及主电路两个部分
3	DJK06 给定及实验器件	该挂件包含"给定"等模块
4	D42 三相可调电阻	
5	双踪示波器	自备
6	万用表	自备

三、实验线路及原理

本实验采用脉宽可调的晶闸管斩波器,主电路如图 3-15 所示。其中 VT_1 为主晶闸管, VT_2 为辅助晶闸管, C 和 L_1 构成振荡电路,与 VD_2、VD_1、L_2 组成 VT_1 的换流关断电路。当接通电源时,C 经 L_1、VD_1、L_2 及负载充电至 $+U_{do}$,此时 VT_1、VT_2 均不导通,当主脉冲到来时,VT_1 导通,电源电压将通过该晶闸管加到负载上。当辅助脉冲到来时,VT_2 导通,C 通过 VT_2、L_1 放电,然后反向充电,其电容的极性从 $+U_{do}$ 变为 $-U_{do}$,当充电电流下降到零时,VT_2 自行关断,此时 VT_1 继续导通。VT_2 关断后,电容 C 通过 VD_1 及 VT_1 反向放电,流过 VT_1 的电流开始减小,当流过 VT_1 的反向放电电流与负载电流相同的时候,VT_1 关断;此时,电容 C 继续通过 VD_1、L_2、VD_2 放电,然后经 L_1、VD_1、L_2 及负载充电至 $+U_{do}$,电源停止输出电流,等待下一个周期的触发脉冲到来。VD_3 为续流二极管,为反电势负载提供放电回路。

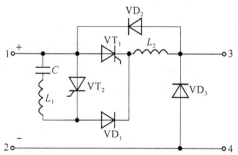

图 3-15　斩波主电路原理图

从以上斩波器工作过程可知,控制 VT_2 脉冲出现的时刻即可调节输出电压的脉宽,从而可达到调节输出直流电压的目的。VT_1、VT_2 的触发脉冲间隔由触发电路控制。实验接线如图 3-16 所示,电阻 R 用 D42 三相可调电阻,用其中一个 900 Ω 的电阻;励磁电源和直流电压、电流表均在控制屏上。

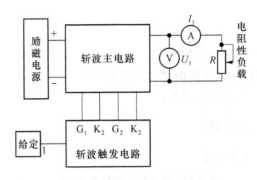

图 3-16   直流斩波器实验线路图

四、实验内容

1. 直流斩波器触发电路调试。

2. 直流斩波器接电阻性负载。

3. 直流斩波器接电阻电感性负载(选做)。

五、预习要求

1. 阅读《电力电子技术》教材中有关斩波器的内容,弄清脉宽可调斩波器的工作原理。

2. 学习有关斩波器及其触发电路的内容,掌握斩波器及其触发电路的工作原理及调试方法。

六、思考题

1. 直流斩波器有哪几种调制方式?本实验中的斩波器为何种调制方式?

2. 本实验采用的斩波器主电路中电容 C 起什么作用?

七、实验方法

1. 斩波器触发电路调试

调节 DJK05 面板上的电位器 RP_1、RP_2,RP_1 调节锯齿波的上下电平位置,而 RP_2 为调节锯齿波的频率。先调节 RP_2,将频率调节到 200~300 Hz,然后在保证三角波不失真的情况下,调节 RP_1 为三角波提供一个偏置电压(接近电源电压),使斩波主电路工作的时候有一定的起始直流电压,供晶闸管一定的维持电流,保证系统可靠工作,将 DJK06 上的给定接入,观察触发电路的第二点波形,增加给定,使占空比从 0.3 调到 0.9。

2. 斩波器带电阻性负载

(1) 按图 3-15 实验线路接线,直流电源由电源控制屏上的励磁电源提供,接斩波主电路(要注意极性),斩波器主电路接电阻负载,将触发电路的输出 G_1、K_1、G_2、K_2 分别接至 VT_1、VT_2 的门极和阴极。

（2）用示波器观察并记录触发电路的 G_1、K_1、G_2、K_2 波形，并记录输出电压 U_d 及晶闸管两端电压 U_{VT_1} 的波形，注意观测各波形间的相对相位关系。

（3）调节 DJK06 上的"给定"值，观察在不同 τ（即主脉冲和辅助脉冲的间隔时间）时 U_d 的波形，并在表 3-25 中记录相应的 U_d 和 τ，从而画出 $U_d = f(\tau/T)$ 的关系曲线，其中 τ/T 为占空比。

表 3-25 实验数据记录表

τ						
U_d						

3. 斩波器带电阻电感性负载（选做）

要完成该实验，需加一电感。关断主电源后，将负载改接成电阻电感性负载，重复上述电阻性负载时的实验步骤。

八、实验报告

1. 整理并画出实验中记录下的各点波形，画出不同负载下 $U_d = f(\tau/T)$ 的关系曲线。

2. 讨论并分析实验中出现的各种现象。

九、注意事项

1. 可参考实验五的注意事项 1。

2. 触发电路调试好后，才能接主电路实验。

3. 将 DJK06 上的"给定"与 DJK05 的公共端相连，以使电路正常工作。

4. 负载电流不要超过 0.5 A，否则容易造成电路失控。

5. 当斩波器出现失控现象时，请先检查触发电路参数设置是否正确，确保无误后重新打开直流电源的开关。

实验十一　SCR、GTO、MOSFET、GTR、IGBT 特性实验

一、实验目的

1. 掌握各种电力电子器件的工作特性。
2. 掌握各器件对触发信号的要求。

二、实验所需挂件及附件

实验所需挂件及附件见表 3-26。

表 3-26　实验所需挂件及附件(十一)

序号	型　　号	备　　注
1	DJK01 电源控制屏	该控制屏包含"三相电源输出"等模块
2	DJK06 给定及实验器件	该挂件包含"二极管"等模块
3	DJK07 新器件特性实验	
4	DJK09 单相调压与可调负载	
5	万用表	自备

三、实验线路及原理

将电力电子器件(包括 SCR、GTO、MOSFET、GTR、IGBT 5 种)和负载电阻 R 串联后接至直流电源的两端,由 DJK06 上的给定为新器件提供触发电压信号,给定电压从零开始调节,直至器件触发导通,从而可测得在上述过程中器件的伏安特性。图中的电阻 R 用 DJK09 上的可调电阻负载,将两个 90 Ω 的电阻接成串联形式,最大可通过电流为 1.3 A。直流电压和电流表可从 DJK01 电源控制屏上获得,5 种电力电子器件均在 DJK07 挂箱上。直流电源从电源控制屏的输出接 DJK09 上的单相调压器,然后调压器输出接 DJK09 上整流及滤波电路,从而得到一个输出可以由调压器调节的直流电压源。

实验线路的具体接线如图 3-17 所示。

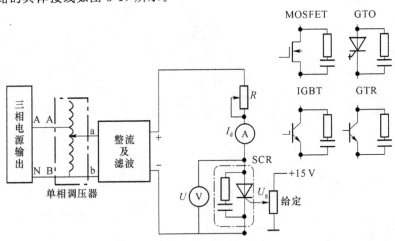

图 3-17　新器件特性实验原理图

四、实验内容

1. 晶闸管(SCR)特性实验。
2. 可关断晶闸管(GTO)特性实验。
3. 功率场效应管(MOSFET)特性实验。
4. 大功率晶体管(GTR)特性实验。
5. 绝缘双极性晶体管(IGBT)特性实验。

五、预习要求

阅读《电力电子技术》教材中有关电力电子器件的章节。

六、思考题

各种器件对触发脉冲要求的异同点。

七、实验方法

1. 按图 3-17 接线,首先将晶闸管(SCR)接入主电路,在实验开始时,将 DJK06 上的给定电位器 RP_1 逆时针旋到底,S_1 拨到"正给定"侧,S_2 拨到"给定"侧,单相调压器逆时针调到底,DJK09 上的可调电阻调到阻值为最大的位置。打开 DJK06 的电源开关,按下控制屏上的"启动"按钮,然后缓慢调节调压器,同时监视电压表的读数,当直流电压升到 40 V 时,停止调节单相调压器(在以后的其他实验中,均不用调节)。调节给定电位器 RP_1,逐步增加给定电压,监视电压表、电流表的读数,当电压表指示接近零(表示管子完全导通),停止调节,在表 3-27 中记录给定电压 U_g 调节过程中,回路电流 I_d 以及器件的管压降 U_v 的值。

表 3-27 实验数据记录表

U_g				
I_d				
U_v				

2. 按下控制屏的"停止"按钮,将晶闸管换成可关断晶闸管(GTO),重复上述步骤,并在表 3-28 中记录数据。

表 3-28 实验数据记录表

U_g				
I_d				
U_v				

3. 按下控制屏的"停止"按钮,换成功率场效应管(MOSFET),重复上述步骤,并在表3-29 中记录数据。

表 3-29   实验数据记录表

U_g					
I_d					
U_v					

4. 按下控制屏的"停止"按钮,换成大功率晶体管,重复上述步骤,并在表 3-30 中记录数据。

表 3-30   实验数据记录表

U_g					
I_d					
U_v					

5. 按下控制屏的"停止"按钮,换成绝缘双极性晶体管,重复上述步骤,并在表 3-31 中记录数据。

表 3-31   实验数据记录表

U_g					
I_d					
U_v					

八、实验报告

根据得到的数据,绘出各器件的输出特性。

九、注意事项

1. 可参考实验六的注意事项 1。

2. 为保证功率器件在实验过程中避免功率击穿,应保证晶体管的功率损耗(即功率器件的管压降与器件流过的电流乘积)小于 8 W。

3. 为使 GTR 特性实验更典型,其电流控制在 0.4 A 以下。

4. 在本实验中,完成的是关于器件的伏安特性的实验项目,教师可以根据自己的实际需要调整实验项目,增加测量器件的导通时间等实验项目。

第四章　电机及拖动基础

实验一　认识实验

一、实验目的

1. 掌握电机实验的基本要求与安全操作注意事项。
2. 认识在直流电机实验中所用的电机、仪表、变阻器等组件及使用方法。
3. 熟悉他励电动机(即并励电动机按他励方式)的接线、起动、改变电动机转向与调速的方法。

二、预习要点

1. 如何正确选择使用仪器仪表,特别是电压表电流表的量程。
2. 直流电动机起动时,为什么在电枢回路中需要串接起动变阻器?不串接会产生什么严重后果?
3. 直流电动机起动时,励磁回路串接的磁场变阻器应调至什么位置?为什么?若励磁回路断开造成失磁时,会产生什么严重后果?
4. 直流电动机调速及改变转向的方法。

三、实验项目

1. 了解 DD01 电源控制屏中的电枢电源、励磁电源、校正过的直流电机、变阻器、多量程直流电压表、电流表及直流电动机的使用方法。
2. 用伏安法测直流电动机和直流发电机的电枢绕组的冷态电阻。
3. 直流他励电动机的起动、调速及改变转向。

四、实验设备及控制屏上挂件排列顺序

1. 实验设备

实验设备见表 4-1。

表 4-1　实验设备(一)

序号	型号	名　称	数量
1	DD03	导轨、测速发电机及转速表	1 台
2	DJ23	校正直流测功机	1 台
3	DJ15	直流并励电动机	1 台

序 号	型 号	名 称	数 量
4	D31	直流数字电压、毫安、安培表	2 件
5	D42	三相可调电阻器	1 件
6	D44	可调电阻器、电容器	1 件
7	D51	波形测试及开关板	1 件
8	D41	三相可调电阻器	1 件

2. 控制屏上挂件排列顺序

D31、D42、D41、D51、D31、D44。

五、实验说明及操作步骤

1. 由实验指导人员介绍 DDSZ-1 型电机、电气技术实验装置各面板布置及使用方法,讲解电机实验的基本要求、安全操作和注意事项。

2. 用伏安法测电枢的直流电阻。

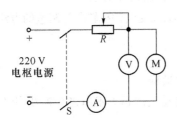

图 4-1　测电枢绕组直流电阻接线图

（1）按图 4-1 接线,电阻 R 用 D44 上 1 800 Ω 和 180 Ω 串联,共 1 980 Ω 阻值调至最大。A 表选用 D31 直流、毫安、安培表,量程选用 5 A 挡。开关 S 选用 D51 挂箱。

（2）经检查无误后接通电枢电源,并调至 220 V。调节 R 使电枢电流达到 0.2 A（如果电流太大,可能由于剩磁的作用使电机旋转,测量无法进行。如果此时电流太小,可能由于接触电阻产生较大误差）,迅速测取电动机电枢两端电压 U 和电流 I。将电机分别旋转 1/3 和 2/3 周,

测取 U、I 3 组数据列表 4-2 中。

（3）增大 R,使电流分别达到 0.15 A 和 0.1 A,用同样方法测 6 组数据列于表 4-2 中。

表 4-2　数据记录表　　　　　　　　　　　　室温_____℃

序号	U/V	I/A	R（平均）/Ω		R_a/Ω	R_{aref}/Ω
1			$R_{a11}=$	$R_{a1}=$		
			$R_{a12}=$			
			$R_{a13}=$			
2			$R_{a21}=$	$R_{a2}=$		
			$R_{a22}=$			
			$R_{a23}=$			
3			$R_{a31}=$	$R_{a3}=$		
			$R_{a32}=$			
			$R_{a33}=$			

取 3 次测量的平均值作为实际冷态电阻值,即

$$R_a = \frac{1}{3}(R_{a1} + R_{a2} + R_{a3})$$

表 4-2 中，$R_{a1}=\dfrac{1}{3}(R_{a31}+R_{a32}+R_{a33})$

$R_{a2}=\dfrac{1}{3}(R_{a21}+R_{a22}+R_{a23})$

$R_{a3}=\dfrac{1}{3}(R_{a11}+R_{a12}+R_{a13})$。

（4）计算基准工作温度时的电枢电阻。

由实验直接测得电枢绕组电阻值，此值为实际冷态电阻值。冷态温度为室温。按下式换算到基准工作温度时的电枢绕组电阻值：

$$R_{aref}=R_a\frac{235+\theta_{ref}}{235+\theta_a}$$

式中，R_{aref} 为换算到基准工作温度时电枢绕组电阻（Ω）；R_a 为电枢绕组的实际冷态电阻（Ω）；θ_{ref} 为基准工作温度，对于 E 级绝缘为 75℃；θ_a 为实际冷态时电枢绕组的温度（℃）。

3. 直流仪表、转速表和变阻器的选择。直流仪表、转速表量程是根据电机的额定值和实验中可能达到的最大值来选择，变阻器根据实验要求来选用，并按电流的大小选择串联、并联或串并联的接法。

（1）电压量程的选择。如测量电动机两端为 220 V 的直流电压，选用直流电压表为 1 000 V 量程挡。

（2）电流量程的选择。因为直流并励电动机的额定电流为 1.2 A，测量电枢电流的电表 A_3 可选用直流电流表的 5 A 量程挡。额定励磁电流小于 0.16 A，电流表 A_1 选用 200 mA 量程挡。

（3）电机额定转速为 1 600 r/min，转速表选用 1 800 r/min 量程挡。

（4）变阻器的选择。变阻器选用的原则是根据实验中所需的阻值和流过变阻器最大的电流来确定。电枢回路 R_1 可选用 D44 挂件的 1.3 A 的 90 Ω 与 90 Ω 串联电阻，磁场回路 R_{fl} 可选用 D44 挂件的 0.41 A 的 900 Ω 与 900 Ω 串联电阻。

4. 直流他励电动机的起动准备。按图 4-2 接线。图中直流他励电动机 M 用 DJ15，其额定功率 $P_N=185$ W，额定电压 $U_N=220$ V，额定电流 $I_N=1.2$ A，额定转速 $n_N=1\,600$ r/min，额定励磁电流 $I_{fN}<0.16$ A。校正直流测功机 MG 作为测功机使用，TG 为测速发电机。直流电流表选用 D31。R_{fl} 用 D44 的 1 800 Ω 阻值作为直流他励电动机励磁回路串接的电阻。R_{f2} 选用 D42 的 1 800 Ω 阻值的变阻器。作为 MG 励磁回路串接的电阻。R_1 选用 D44 的 180 Ω 阻值作为直流他励电动机的起动电阻，R_2 选用 D41 的 90 Ω 电阻 6 只串联和 D42 的 900 Ω 与 900 Ω 并联电阻相串联作为 MG 的负载电阻。接好线后，检查 M、MG 及 TG 之间是否用联轴器直接联结好。

5. 他励直流电动机起动步骤。

（1）检查按图 4-2 的接线是否正确，电表的极性、量程选择是否正确，电动机励磁回路接线是否牢靠。然后，将电动机电枢串联启动电阻 R_1、测功机 MG 的负载电阻 R_2，及 MG 的磁场回路电阻 RP_2 调到阻值最大位置，M 的磁场调节电阻 RP_1 调到最小位置，断开开关 S，并断开控制屏下方右边的电枢电源开关，做好起动准备。

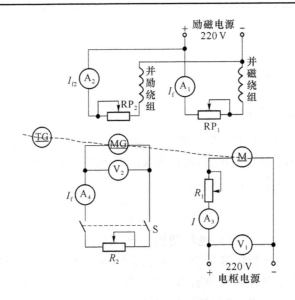

图 4-2 直流他励电动机接线图

（2）开启控制屏上的电源总开关，按下其上方的"开"按钮，接通其下方左边的励磁电源开关，观察 M 及 MG 的励磁电流值，调节 RP_2 使 I_{f2} 等于校正值（100 mA）并保持不变，再接通控制屏右下方的电枢电源开关，使 M 起动。

（3）M 起动后观察转速表指针偏转方向，应为正向偏转。若不正确，可拨动转速表上正反向开关来纠正。调节控制屏上电枢电源"电压调节"旋钮，使电动机端电压为 220 V。减小启动电阻 R_1 阻值，直至短接。

（4）合上校正直流测功机 MG 的负载开关 S，调节 R_2 阻值，使 MG 的负载电流 I_f 改变，即直流电动机 M 的输出转矩 T_2 改变（按不同的 I_f 值，查对应于 $I_{f2}=100$ mA 时的校正曲线 $T_2=f(I_f)$，可得到 M 不同的输出转矩 T_2 值）。

（5）调节他励电动机的转速。

分别改变串入电动机 M 电枢回路的调节电阻 R_1 和励磁回路的调节电阻 RP_1，观察转速变化情况。

（6）改变电动机的转向。

将电枢串联起动变阻器 R_1 的阻值调回到最大值，先切断控制屏上的电枢电源开关，然后切断控制屏上的励磁电源开关，使他励电动机停机。在断电情况下，将电枢（或励磁绕组）的两端接线对调后，再按他励电动机的起动步骤起动电动机，并观察电动机的转向及转速表指针偏转的方向。

六、注意事项

1. 直流他励电动机起动时，须将励磁回路串联的电阻 RP_1 调至最小，先接通励磁电源，使励磁电流最大，同时必须将电枢串联启动电阻 R_1 调至最大，然后方可接通电枢电源。使电动机正常起动。起动后，将启动电阻 R_1 调至零，使电机正常工作。

2. 直流他励电动机停机时，必须先切断电枢电源，然后断开励磁电源。同时必须将电枢串联的起动电阻 R_1 调回到最大值，励磁回路串联的电阻 RP_1 调回到最小值，给下次起动做好准备。

3. 测量前注意仪表的量程、极性及其接法是否符合要求。

4. 若要测量电动机的转矩 T_2，必须将校正直流测功机 MG 的励磁电流调整到校正值 100 mA，以便从校正曲线中查出电动机 M 的输出转矩。

七、实验报告

1. 画出直流他励电动机电枢串电阻起动的接线图。说明电动机起动时，起动电阻 R_1 和磁场调节电阻 RP$_1$ 应调到什么位置？为什么？

2. 在电动机轻载及额定负载时，增大电枢回路的调节电阻，电动机的转速如何变化？增大励磁回路的调节电阻，转速又如何变化？

3. 用什么方法可以改变直流电动机的转向？

4. 为什么要求直流他励电动机磁场回路的接线要牢靠？起动时电枢回路必须串联起动变阻器？

实验二 直流发电机

一、实验目的

1. 掌握用实验方法测定直流发电机的各种运行特性,并根据所测得的运行特性评定该电机的有关性能。

2. 通过实验观察并励发电机的自励过程和自励条件。

二、预习要点

1. 什么是发电机的运行特性? 在求取直流发电机的特性曲线时,哪些物理量应保持不变,哪些物理量应测取?

2. 做空载特性实验时,励磁电流为什么必须保持单方向调节?

3. 并励发电机的自励条件有哪些? 当发电机不能自励时应如何处理?

4. 如何确定复励发电机是积复励还是差复励?

三、实验项目

1. 他励发电机实验

(1) 测空载特性:保持 $n = n_N$,使 $I_L = 0$,测取 $U_0 = f(I_f)$。

(2) 测外特性:保持 $n = n_N$,使 $I_f = I_{fN}$,测取 $U = f(I_L)$。

(3) 测调节特性:保持 $n = n_N$,使 $U = U_N$,测取 $I_f = f(I_L)$。

2. 并励发电机实验

(1) 观察自励过程。

(2) 测外特性:保持 $n = n_N$,使 $RP_2 = $ 常数,测取 $U = f(I_L)$。

3. 复励发电机实验

积复励发电机外特性:保持 $n = n_N$,使 $RP_2 = $ 常数,测取 $U = f(I_L)$。

四、实验设备及挂件排列顺序

1. 实验设备

实验设备见表 4-3。

表 4-3 实验设备(二)

序号	型号	名称	数量
1	DD03	导轨、测速发电机及转速表	1 台
2	DJ23	校正直流测功机	1 台
3	DJ13	直流复励发电机	1 台
4	D31	直流电压表、毫安表、安培表	2 件
5	D44	可调电阻器、电容器	1 件
6	D51	波形测试及开关板	1 件
7	D42	三相可调电阻器	1 件

2. 屏上挂件排列顺序

D31、D44、D31、D42、D51。

五、实验方法

1. 他励直流发电机

按图 4-3 接线。图中直流发电机 G 选用 DJ13，其额定值 $P_N = 100$ W，$U_N = 200$ V，$I_N = 0.5$ A，$n_N = 1\,600$ r/min。校正直流测功机 MG 作为 G 的原动机（按他励电动机接线）。MG、G 及 TG 由联轴器直接连接。开关 S 选用 D51 组件。RP_1 选用 D44 的 1 800 Ω 变阻器，RP_2 选用 D42 的 900 Ω 变阻器，并采用分压器接法。R_1 选用 D44 的 180 Ω 变阻器。R_2 为发电机的负载电阻选用 D42，采用串并联接法（900 Ω 与 900 Ω 电阻串联加上 900 Ω 与 900 Ω 并联），阻值为 2 250 Ω。当负载电流大于 0.4 A 时，用并联部分，而将串联部分阻值调到最小并用导线短接。直流电流表、电压表选用 D31，并选择合适的量程。

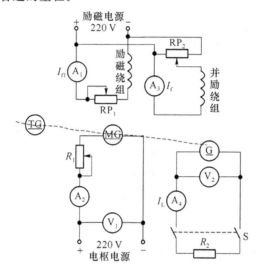

图 4-3　直流他励发电机接线图

（1）测空载特性

① 打开发电机 G 的负载开关 S，接通控制屏上的励磁电源开关，将 RP_2 调至使 G 励磁电压最小的位置。

② 使 MG 电枢串联启动电阻 R_1 阻值最大，RP_1 阻值最小。仍先接通控制屏下方左边的励磁电源开关，在观察到 MG 的励磁电流为最大的条件下，再接通控制屏下方右边的电枢电源开关，起动直流电动机 MG，其旋转方向应符合正向旋转的要求。

③ 电动机 MG 起动正常运转后，将 MG 电枢串联电阻 R_1 调至最小值，将 MG 的电枢电源电压调为 220 V，调节电动机磁场调节电阻 RP_1，使发电机转速达额定值，并在以后整个实验过程中始终保持此额定转速不变。

④ 调节发电机励磁分压电阻 RP_2，使发电机空载电压达 $U_0 = 1.2U_N$ 为止。

⑤ 在保持 $n = n_N = 1\,600$ r/min 条件下，从 $U_0 = 1.2U_N$ 开始，单方向调节分压器电阻 RP_2 使发电机励磁电流逐次减小，每次测取发电机的空载电压 U_0 和励磁电流 I_f，直至 $I_f = 0$（此时测得的电压即为电动机的剩磁电压）。

⑥ 测取数据时，$U_0 = U_N$ 和 $I_f = 0$ 两点必测，并在 $U_0 = U_N$ 附近测点应较密。

⑦ 共测取 7～8 组数据,记录于表 4-4 中。

表 4-4　数据记录表($n=n_N=1\ 600$ r/min,$I_L=0$)

U_0/V								
I_f/mA								

(2)测外特性

① 把发电机负载电阻 R_2 调到最大值,合上负载开关 S。

② 同时调节电动机的磁场调节电阻 RP_1,发电机的分压电阻 RP_2 和负载电阻 R_2,使发电机的 $I_L=I_N$,$U=U_N$,$n=n_N$,该点为发电机的额定运行点,其励磁电流称为额定励磁电流 I_{fN},记录该组数据。

③ 保持 $n=n_N$ 和 $I_f=I_{fN}$ 不变,逐次增加负载电阻 R_2,即减小发电机负载电流 I_L,从额定负载到空载运行点,每次测取发电机的电压 U 和电流 I_L,直到空载(断开开关 S,此时 $I_L=0$),共取 6～7 组数据,记录于表 4-5 中。

表 4-5　数据记录表($n=n_N=$ _____ r/min,$I_f=I_{fN}=$ _____ mA)

U/V							
I_L/A							

(3)测调整特性

① 调节发电机的分压电阻 RF_2,保持 $n=n_N$,使发电机空载达额定电压。

② 在保持发电机 $n=n_N$ 条件下,合上负载开关 S,调节负载电阻 R_2,逐次增加发电机输出电流 I_L,同时相应调节发电机励磁电流 I_f,使发电机端电压保持额定值 $U=U_N$。

③ 从发电机的空载至额定负载,每次测取发电机的输出电流 I_L 和励磁电流 I_f,共取 5～6 组数据,记录于表 4-6 中。

表 4-6　数据记录表($n=n_N=$ _____ r/min,$U=U_N=$ _____ V)

I_L/A							
I_f/mA							

2. 并励发电机实验

(1)观察自励过程。

① 按实验一的注意事项 2 使电动机 MG 停机,在断电的条件下将发电机 G 的励磁方式从他励改为并励,接线如图 4-4 所示。RP_2 选用 D42 的 900 Ω 电阻两只相串联并调至最大阻值,打开开关 S。

② 按实验一中注意事项 1 起动电动机,调节电动机的转速,使发电机的转速 $n=n_N$,用直流电压表量发电机是否有剩磁电压。若无剩磁电压,可将并励绕组改接成他励方式进行充磁。

③ 合上开关 S 逐渐减小 RP_2,观察发电机电枢两端的电压。若电压逐渐上升,说明满足自励条件。如果不能自励建压,将励磁回路的两个端头对调连接即可。

④ 对应着一定的励磁电阻,逐步降低发电机转速,使发电机电压随之下降,直至电压不能建立,此时的转速即为临界转速。

(2)测外特性。

① 按图 4-4 接线。调节负载电阻 R_2 到最大,合上负载开关 S。

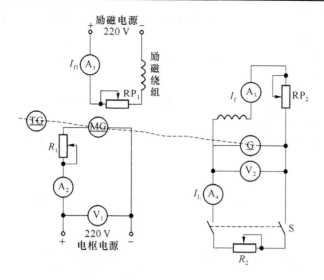

图 4-4 直流并励发电机接线图

② 调节电动机的磁场调节电阻 RP_1、发电机的磁场调节电阻 RP_2 和负载电阻 R_2，使发电机的转速、输出电压和电流三者均达额定值，即 $n = n_N$，$U = U_N$，$I_L = I_N$。

③ 保持 RP_2 的值不变且 $n = n_N$，逐次减小负载，直至 $I_L = 0$，从额定到空载，每次测取发电机的电压 U 和电流 I_L。

④ 共取 6～7 组数据，记录于表 4-7 中。

表 4-7 数据记录表（$n = n_N = $ _____ r/min，$RP_2 = $ 常值）

U/V							
I_L/A							

3. 复励发电机实验

(1) 积复励和差复励的判别。

① 接线如图 4-5 所示，RP_2 选用 D42 的 1 800 Ω 阻值。C_1、C_2 为串励绕组。

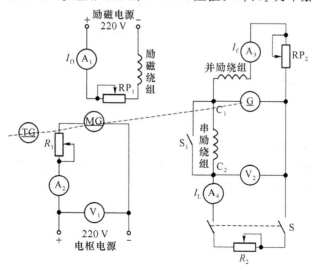

图 4-5 直流复励发电机接线图

② 合上开关 S_1 将串励绕组短接,使发电机处于并励状态运行,按上述并励发电机外特性试验方法,调节发电机输出电流 $I_L=0.5I_N$。

③ 打开短路开关 S_1,在保持发电机 n、RP_2 和 R_2 不变的条件下,观察发电机端电压的变化,若此时电压升高即为积复励,若电压降低则为差复励。

④ 如要把差复励发电机改为积复励,对调串励绕组接线即可。

(2)积复励发电机的外特性。

① 实验方法与测取并励发电机的外特性相同。先将发电机调到额定运行点,$n=n_N$,$U=U_N$,$I_L=I_N$。

② 保持 RP_2 不变且 $n=n_N$,逐次减小发电机负载电流,直至 $I_L=0$。

③ 从额定负载到空载,每次测取发电机的电压 U 和电流 I_L,共取 6~7 组数据,记录于表 4-8 中。

表 4-8　数据记录表($n=n_N=$_____ r/min,$RP_2=$常数)

U/V							
I_L/A							

五、注意事项

1. 直流电动机 MG 起动时,要注意须将 R_1 调到最大,RP_1 调到最小,先接通励磁电源,观察到励磁电流 I_{f1} 为最大后,接通电枢电源,MG 起动运转。起动完毕,应将 R_1 调到最小。

2. 做外特性时,当电流超过 0.4 A 时,R_2 中串联的电阻调至零,并用导线短接,以免电流过大引起变阻器损坏。

六、实验报告

1. 根据空载实验数据,作出空载特性曲线,由空载特性曲线计算出被试电机的饱和系数和剩磁电压的百分数。

2. 在同一坐标纸上绘出他励、并励和复励发电机的 3 条外特性曲线。分别算出 3 种励磁方式的电压变化率:$\Delta U\%=\dfrac{U_0-U_N}{U_N}100\%$,并分析差异原因。

3. 绘出他励发电机调整特性曲线,分析在发电机转速不变的条件下,为什么负载增加时,要保持端电压不变,必须增加励磁电流?

七、思考题

1. 并励发电机不能建立电压有哪些原因?

2. 在发电机-电动机组成的机组中,当发电机负载增加时,为什么机组的转速会变低?为了保持发电机的转速 $n=n_N$,应如何调节?

实验三　直流并励电动机

一、实验目的

1. 掌握用实验方法测取直流并励电动机的工作特性和机械特性。
2. 掌握直流并励电动机的调速方法。

二、预习要点

1. 直流电动机的工作特性和机械特性是什么？
2. 直流电动机调速原理是什么？

三、实验项目

1. 工作特性和机械特性

保持 $U=U_N$ 和 $I_f=I_{fN}$ 不变，测取 n、T_2、$\eta=f(I_a)$、$n=f(T_2)$。

2. 调速特性

(1) 改变电枢电压调速。

保持 $U=U_N$、$I_f=I_{fN}$＝常数，T_2＝常数，测取 $n=f(U_a)$。

(2) 改变励磁电流调速。

保持 $U=U_N$，T_2＝常数，测取 $n=f(I_f)$。

(3) 观察能耗制动过程。

四、实验方法

1. 实验设备

实验设备见表4-9。

表4-9　实验设备(三)

序号	型　号	名　　称	数　量
1	DD03	导轨、测速发电机及转速表	1台
2	DJ23	校正直流测功机	1台
3	DJ15	直流并励电动机	1台
4	D31	直流电压表、毫安表、电流表	2件
5	D42	三相可调电阻器	1件
6	D44	可调电阻器、电容器	1件
7	D51	波形测试及开关板	1件

2. 屏上挂件排列顺序

D31、D42、D51、D31、D44。

3. 并励电动机的工作特性和机械特性

① 按图4-6接线。校正直流测功机 MG 按他励发电机连接,在此作为直流电动机 M 的

负载,用于测量电动机的转矩和输出功率。RP_1 选用 D44 的 1 800 Ω 阻值。RP_2 选用 D42 的 900 Ω 串联 900 Ω,共 1 800 Ω 阻值。R_1 用 D44 的 180 Ω 阻值。R_2 选用 D42 的 900 Ω 串联 900 Ω,再加 900 Ω 并联 900 Ω 共 2 250 Ω 阻值。

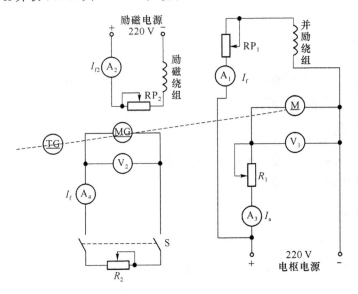

图 4-6　直流并励电动机接线图

　　② 将直流并励电动机 M 的磁场调节电阻 RP_1 调至最小值,电枢串联起动电阻 R_1 调至最大值,接通控制屏下边右方的电枢电源开关使其启动,其旋转方向应符合转速表正向旋转的要求。

　　③ M 起动正常后,将其电枢串联电阻 R_1 调至零,调节电枢电源的电压为 220 V,调节校正直流测功机的励磁电流 I_{f2} 为校正值(50 mA 或 100 mA),再调节其负载电阻 R_2 和电动机的磁场调节电阻 RP_1,使电动机达到额定值:$U=U_N,I=I_N,n=n_N$。此时 M 的励磁电流 I_f 即为额定励磁电流 I_{fN}。

　　④ 保持 $U=U_N,I_f=I_{fN},I_{f2}$ 为校正值不变,逐次减小电动机负载。测取电动机电枢输入电流 I_a,转速 n 和校正电机的负载电流 I_F(由校正曲线查出电动机输出对应转矩 T_2)。共取 9~10 数据组,记录于表 4-10 中。

表 4-10　数据记录表($U=U_N=$＿＿＿＿ V,$I_f=I_{fN}=$＿＿＿＿ mA,$I_{f2}=$＿＿＿＿ mA)

实验数据	I_a/A										
	$n/r \cdot min^{-1}$										
	I_F/A										
	$T_2/N \cdot m$										
计算数据	P_2/W										
	P_1/W										
	$\eta(\%)$										
	$\Delta n(\%)$										

　　4. 调速特性

　　(1) 改变电枢端电压的调速

① 直流电动机 M 运行后,将电阻 R_1 调至零,I_{f2} 调至校正值,再调节负载电阻 R_2、电枢电压及磁场电阻 RP_1,使 M 的 $U=U_N$,$I=0.5I_N$,$I_f=I_{fN}$,记下此时 MG 的 I_f 值。

② 保持此时的 I_f 值(即 T_2 值)不变且 $I_f=I_{fN}$,逐次增加 R_1 的阻值,降低电枢两端的电压 U_a,使 R_1 从零调至最大值,每次测取电动机的端电压 U_a,转速 n 和电枢电流 I_a。共取数据 8~9 组,记录于表 4-11 中。

表 4-11　实验数据记录表($I_f=I_{fN}=$ _____ mA,$T_2=$ _____ N・m)

U_a/V		
n/r・min^{-1}		
I_a/A		

（2）改变励磁电流的调速

① 直流电动机运行后,将 M 的电枢串联电阻 R_1 和磁场调节电阻 RP_1 调至零,将 MG 的磁场调节电阻 I_{f2} 调至校正值,再调节 M 的电枢电源调压旋钮和 MG 的负载,使电动机 M 的 $U=U_N$,$I=0.5I_N$,记下此时的 I_f 值。

② 保持此时 MG 的 I_f 值(T_2 值)和 M 的 $U=U_N$ 不变,逐次增加磁场电阻阻值,直至 $n=1.3n_N$,每次测取电动机的 n、I_f 和 I_a。共取 7~8 组数据,记录于表 4-12 中。

表 4-12　实验数据记录表($U=U_N=$ _____ V,$T_2=$ _____ N・m)

n/r・min^{-1}								
I_f/mA								
I_a/A								

（3）能耗制动

实验设备见表 4-13。

表 4-13　实验设备

序　号	型　号	名　　称	数　量
1	DD03	导轨、测速发电机及转速表	1 台
2	DJ23	校正直流测功机	1 台
3	DJ15	直流并励电动机	1 台
4	D31	直流电压表、毫安表、安培表	2 件
5	D41	三相可调电阻器	1 件
6	D42	三相可调电阻器	1 件
7	D44	可调电阻器、电容器	1 件
8	D51	波形测试及开关板	1 件

① 屏上挂件排列顺序。

D31、D42、D51、D41、D31、D44。

② 按图 4-7 接线,先把 S_1 合向 2 端,合上控制屏下方右边的电枢电源开关,把 M 的 RP_1 调至零,使电动机的励磁电流最大。

③ 把 M 的电枢串联起动电阻 R_1 调至最大,把 S_1 合至电枢电源,使电动机起动,能耗制动电阻 R_L 选用 D41 上 180 Ω 阻值。

④ 运转正常后,从 S_1 任一端拔出一根导线插头,使电枢开路。由于电枢开路,电机处于自由停机,记录停机时间。

⑤ 重复起动电动机,待运转正常后,把 S_1 合向 R_L 端,记录停机时间。

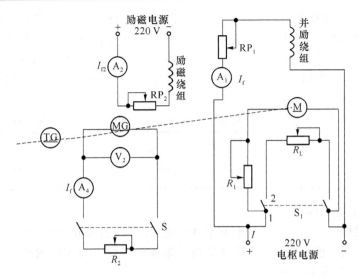

图 4-7　并励电动机能耗制动接线图

⑥ 选择 R_L 不同的阻值,观察对停机时间的影响。

五、实验报告

1. 由表 4-10 计算出 P_2 和 η,并给出 n、T_2、$\eta = f(I_a)$ 及 $n = f(T_2)$ 的特性曲线。

电动机输出功率:

$$P_2 = 0.105nT_2$$

式中,输出转矩 T_2 的单位为 N·m(由 I_{f2} 及 I_f 值,从校正曲线 $T_2 = f(I_F)$ 查得),转速 n 的单位为 r/min。

电动机输入功率:

$$P_1 = UI$$

输入电流:

$$I = I_a + I_{fN}$$

电动机效率:

$$\eta = \frac{P_2}{P_1} \times 100\%$$

由工作特性求出转速变化率:

$$\Delta n\% = \frac{n_0 - n_N}{n_N} \times 100\%$$

2. 绘出并励电动机调速特性曲线 $n = f(U_a)$ 和 $n = f(I_f)$。分析在恒转矩负载时两种调速的电枢电流变化规律,以及两种调速方法的优缺点。

3. 能耗制动时间与制动电阻 R_L 的阻值有什么关系?为什么?该制动方法有什么缺点?

六、思考题

1. 并励电动机的速率特性 $n = f(I_a)$ 为什么略微下降?是否会出现上翘现象?为什么?上翘的速率特性对电动机运行有何影响?

2. 当电动机的负载转矩和励磁电流不变时,减小电枢端电压,为什么会引起电动机转速降低?

3. 当电动机的负载转矩和电枢端电压不变时,减小励磁电流会引起转速的升高,为什么?

4. 并励电动机在负载运行中,当磁场回路断线时,是否一定会出现"飞车"?为什么?

实验四　直流串励电动机

一、实验目的

1. 用实验方法测取串励电动机工作特性和机械特性。
2. 了解串励电动机起动、调速及改变转向的方法。

二、预习要点

1. 串励电动机与并励电动机的工作特性有何差别？串励电动机的转速变化率是如何定义的？
2. 串励电动机的调速方法及其注意问题。

三、实验项目

1. 工作特性和机械特性

在保持 $U=U_N$ 的条件下，测取 n、T_2、$\eta=f(I_a)$，以及 $n=f(T_2)$。

2. 人为机械特性

保持 $U=U_N$ 和电枢回路串入电阻 R_1＝常数的条件下，测取 $n=f(T_2)$。

3. 调速特性

(1) 电枢回路串电阻调速：保持 $U=U_N$ 和 T_2＝常值的条件下，测取 $n=f(U_a)$。

(2) 磁场绕组并联电阻调速：保持 $U=U_N$、T_2＝常数及 $R_1=0$ 的条件下，测取 $n=f(I_f)$。

四、实验线路及操作步骤

1. 实验设备

实验设备见表 4-14。

表 4-14　实验设备（四）

序号	型号	名称	数量
1	DD03	导轨、测速发电机及转速表	1 台
2	DJ23	校正直流测功机	1 台
3	DJ14	直流串励电动机	1 台
4	D31	直流电压表、毫安表、安培表	2 件
5	D41	三相可调电阻器	1 件
6	D42	三相可调电阻器	1 件
7	D51	波形测试及开关板	1 件

2. 屏上挂件排列顺序

D31、D42、D51、D31、D41。

五、实验方法

实验线路如图 4-8 所示,图中直流串励电动机选用 DJ14,校正直流测功机 MG 作为电动机的负载,用于测量 M 的转矩,两者之间用联轴器直接连接。RF$_1$ 也选用 D41 的 180 Ω 和 90 Ω 串联,共 270 Ω 阻值,RF$_2$ 选用 D42 上 1 800 Ω 阻值,R$_1$ 用 D41 的 180 Ω 阻值,R$_2$ 用 D42 上 900 Ω 和 900 Ω 串联,再加上 900 Ω 和 900 Ω 并联,共 2 250 Ω 阻值,直流电压表、电流表选用 D31。

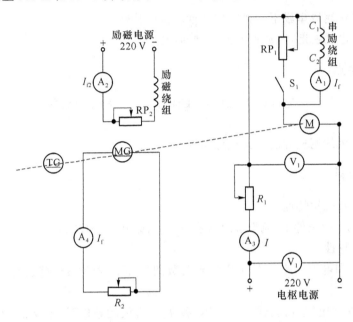

图 4-8　串励电动机接线图

1. 工作特性和机械特性

① 由于串励电动机不允许空载起动,因此校正直流测功机 MG 先加他励电流 I_{f2} 为校正值,并接上一定的负载电阻 R_2,使电动机在起动过程中带上负载。

② 调节直流串励电动机 M 的电枢串联起动电阻 R_1 及磁场分路电阻 RP$_1$ 到最大值,打开磁场分路开关 S$_1$,合上控制屏上的电枢电源开关,起动 M,并观察转向是否正确。

③ M 运转后,调节 R_1 至零,同时调节 MG 的负载电阻值 R_2,控制屏上的电枢电压调压旋钮,使 M 的电枢电压 $U_1=U_N$,$I=1.2I_N$。

④ 在保持 $U_1=U_N$,I_{f2} 为校正值的条件下,逐次减小负载(即增大 R_2)直至 $n<1.4n_N$ 为止,每次测取 I、n、I_f,共取 6～7 数据组,记录于表 4-15 中。

⑤ 若要在实验中使串励电动机 M 停机,须将电枢串联起动电阻 R_1 调回到最大值,断开控制屏上电枢电源开关,使 M 失电而停止。

表 4-15　数据记录表($U_1=U_N=$ _____ V,$I_{f2}=$ _____ mA)

实验数据	I/A							
	n/r·min^{-1}							
	I_f/A							

续 表

计算数据	$T_2/\mathrm{N \cdot m}$						
	P_2/W						
	$\eta(\%)$						

2. 测取电枢串电阻后的人为机械特性

① 保持 MG 的他励电流 I_{f2} 为校正值,调节负载电阻 R_2。断开直流串励电动机 M 的磁场分路开关 S_1,调节电枢串联起动电阻 R_1 到最大值,起动 M(若在上一步,实验中未使 M 停机,可跳过这步接着做)。

② 调节串入 M 电枢的电阻 R_1、电枢电源的调压旋钮和校正电动机 MG 的负载电阻 R_2,使 M 的电枢电源电压等于额定电压(即 $U=U_N$)、电枢电流 $I=I_N$、转速 $n=0.8n_N$。

③ 保持此时的 R_1 不变和 $U=U_N$,逐次减小电动机的负载,直至 $n<1.4n_N$ 为止。每次测取 U_1、I、n、I_F,共取 6～7 组数据,记录于表 4-16 中。

表 4-16　数据记录表($U=U_N=$ _____ V,$R_1=$ 常值,$I_{f2}=$ _____ mA)

实验数据	U_2/V							
	I/A							
	I_F/A							
	$n/\mathrm{r \cdot min^{-1}}$							
计算数据	$T_2/\mathrm{N \cdot m}$							
	P_2/W							
	$\eta(\%)$							

3. 绘出串励电动机恒转矩两种调速的特性曲线

(1) 电枢回路串电阻调速

① 电动机电枢串电阻并带负载起动后,将 R_1 调至零,I_{f2} 调至校正值。

② 调节电枢电压和校正电机的负载电阻,使 $U=U_N$,$I \approx I_N$,记录此时串励电动机的 n、I 和电动机 MG 的 I_f。

③ 在保持 $U=U_N$ 以及 T_2(即保持 I_f)不变的条件下,逐次增加 R_1 的阻值,每次测量 n、I、U_2。共取数据 6～8 组,记录于表 4-17 中。

表 4-17　数据记录表($U=U_N=$ _____ V,$I_{f2}=$ _____ mA,$I_f=$ _____ A)

$n/\mathrm{r \cdot min^{-1}}$								
I/A								
U_2/V								

(2) 磁场绕组并联电阻调速

① 接通电源前,打开开关 S_1,将 R_1 和 RP_1 调至最大值。

② 电动机电枢串电阻并带负载起动后,调节 R_1 至零,合上开关 S_1。

③ 调节电枢电压和负载,使 $U=U_N$,$T_2=0.8T_N$。记录此时电动机的 n、I、I_{f1} 和校正直流测功机电枢电流 I_f。

④ 在保持 $U=U_N$ 及 I_f(即 T_2)不变的条件下,逐次减小的 RP_1 的阻值,注意 RP_1 不能短接,直至 $n<1.4n_N$ 为止。每次测取 n、I、I_{f1},共取 5～6 组数据,记录于表 4-18 中。

表 4-18 数据记录表 $(U=U_N=$ _____ V,$I_{f2}=$ _____ mA,$I_f=$ _____ A)

$n/\text{r} \cdot \text{min}^{-1}$						
I/A						
I_{f1}/A						

六、实验报告

1. 绘出直流串励电动机的工作特性曲线 n、T_2、$\eta=f(I_a)$。

2. 在同一张座标纸上绘出串励电动机的自然和人为机械特性。

3. 绘出串励电动机恒转矩两种调速的特性曲线。试分析在 $U=U_N$ 和 T_2 不变条件下调速时电枢电流变化规律。比较两种调速方法的优缺点。

七、思考题

1. 串励电动机为什么不允许空载和轻载起动?

2. 磁场绕组并联电阻调速时,为什么不允许并联电阻调至零?

实验五 单相变压器

一、实验目的

1. 通过空载和短路实验测定变压器的变比和参数。
2. 通过负载实验测取变压器的运行特性。

二、预习要点

1. 变压器的空载和短路实验有什么特点？实验中电源电压一般加在哪一方较合适？
2. 在空载和短路实验中,各种仪表应怎样连接才能使测量误差最小？
3. 如何用实验方法测定变压器的铁耗及铜耗？

三、实验项目

1. 空载实验

测取空载特性 $U_0 = f(I_0)$,$P_0 = f(U_0)$,$\cos \varphi_0 = f(U_0)$。

2. 短路实验

测取短路特性 $U_k = f(I_k)$,$P_k = f(I_k)$,$\cos \varphi_k = f(I_k)$。

3. 负载实验

(1)纯电阻负载

保持 $U_1 = U_N$,$\cos \varphi_2 = 1$ 的条件下,测取 $U_2 = f(I_2)$。

(2)阻感性负载

保持 $U_1 = U_N$,$\cos \varphi_2 = 0.8$ 的条件下,测取 $U_2 = f(I_2)$。

四、实验方法

1. 实验设备

实验设备见表 4-19。

表 4-19 实验设备(五)

序号	型 号	名 称	数 量
1	D33	交流电压表	1件
2	D32	交流电流表	1件
3	D34-3	单三相智能功率表、功率因数表	1件
4	DJ11	三相组式变压器	1件
5	D42	三相可调电阻器	1件
6	D43	三相可调电抗器	1件
7	D51	波形测试及开关板	1件

2. 屏上排列顺序

D33、D32、D34-3、DJ11、D42、D43。

3. 空载实验

（1）在三相调压交流电源断电的条件下，按图 4-9 接线。被测变压器选用三相组式变压器 DJ11 中的一只作为单相变压器，其额定容量 $P_N = 77$ W，$U_{1N}/U_{2N} = 220$ V/55 V，$I_{1N}/I_{2N} = 0.35$ A/1.4 A。变压器的低压线圈 a、x 接电源，高压线圈 A、X 开路。

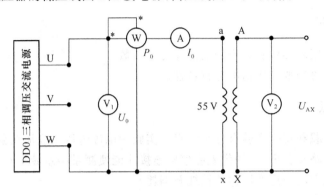

图 4-9　空载实验接线图

（2）选好所有电表量程。将控制屏左侧调压器旋钮向逆时针方向旋转到底，即将其调到输出电压为零的位置。

（3）合上交流电源总开关，按下"开"按钮，便接通了三相交流电源。调节三相调压器旋钮，使变压器空载电压 $U_0 = 1.2 U_N$，然后逐次降低电源电压，在 $1.2 \sim 0.2 U_N$ 的范围内，测取变压器的 U_0、I_0、P_0。

（4）测取数据时，$U = U_N$ 点必须测，并在该点附近测的点较密，共测取 7～8 组数据。记录于表 4-20 中。

（5）为了计算变压器的变比，在 U_N 以下测取原方电压的同时测出副方电压数据，也记录于表 4-20 中。

表 4-20　数据记录表

序号	实验数据				计算数据
	U_0/V	I_0/A	P_0/W	U_{AX}/V	$\cos \varphi_0$

4. 短路实验

（1）按下控制屏上的"关"按钮，切断三相调压交流电源，按图 4-10 接线（以后每次改接线路，都要关断电源）。将变压器的高压线圈接电源，低压线圈直接短路。

（2）选好所有电表量程，将交流调压器旋钮调到输出电压为零的位置。

（3）接通交流电源，逐次缓慢增加输入电压，直到短路电流等于 $1.1 I_N$ 为止，在 $(0.2 \sim 1.1) I_N$ 范围内测取变压器的 U_k、I_k、P_k。

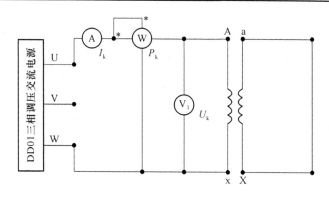

图 4-10　短路实验接线图

（4）测取数据时，$I_k = I_N$ 点必须测，共测取 6～7 组数据，记录于表 4-21 中。实验时记下周围环境温度（℃）。

表 4-21　数据记录表　　　　　　　　　　室温_____℃

序号	实 验 数 据			计 算 数 据
	U_k/V	I_k/A	P_k/W	$\cos \varphi_k$

5. 负载实验

实验线路如图 4-11 所示。变压器低压线圈接电源，高压线圈经过开关 S_1 和 S_2，接到负载电阻 R_L 和电抗 X_L 上。R_L 选用 D42 上 900 Ω 加上 900 Ω，共 1 800 Ω 阻值，X_L 选用 D43，功率因数表选用 D34-3，开关 S_1 和 S_2 选用 D51 挂箱。

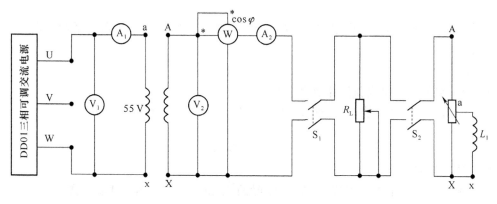

图 4-11　负载实验接线图

（1）纯电阻负载

① 将调压器旋钮调到输出电压为零的位置，S_1、S_2 打开，负载电阻值调到最大。

② 接通交流电源，逐渐升高电源电压，使变压器输入电压 $U_1 = U_N$。

③ 保持 $U_1 = U_N$，合上 S_1，逐渐增加负载电流，即减小负载电阻 R_L 的值，从空载到额定负载，测取变压器的输出电压 U_2 和电流 I_2。

④ 测取数据时，$I_2 = 0$ 和 $I_2 = I_{2N} = 0.35$ A 必测，取 6～7 组数据，记录于表 4-22 中。

表 4-22　数据记录表（$\cos \varphi_2 = 1$，$U_1 = U_N = $ _____ V）

序　号						
U_2/V						
I_2/A						

（2）阻感性负载（$\cos \varphi_2 = 0.8$）

① 用电抗器 X_L 和 R_L 并联作为变压器的负载，S_1、S_2 打开，电阻及电抗值调至最大。

② 接通交流电源，升高电源电压至 $U_1 = U_{1N}$。

③ 合上 S_1、S_2，在保持 $U_1 = U_N$ 及 $\cos \varphi_2 = 0.8$ 条件下，逐渐增加负载电流，从空载到额定负载的范围内，测取变压器 U_2 和 I_2。

④ 测取数据时，其 $I_2 = 0$，$I_2 = I_{2N}$ 两点必测，测取 6～7 组数据，记录于表 4-23 中。

表 4-23　数据记录表（$\cos \varphi_2 = 0.8$，$U_1 = U_N = $ _____ V）

序　号						
U_2/V						
I_2/A						

五、注意事项

1. 在变压器实验中，应注意电压表、电流表、功率表的合理布置及量程选择。

2. 短路实验操作要快，否则线圈发热引起电阻变化。

六、实验报告

1. 计算变比。

由空载实验测变压器的原副方电压的数据，分别计算出变比，然后取其平均值作为变压器的变比 K。

$$K = U_{AX}/U_{ax}$$

2. 绘出空载特性曲线和计算激磁参数。

（1）绘出空载特性曲线 $U_0 = f(I_0)$，$P_0 = f(U_0)$，$\cos \varphi_0 = f(U_0)$。

式中，
$$\cos \varphi_0 = \frac{P_0}{U_0 I_0}$$

（2）计算激磁参数。

从空载特性曲线上查出对应于 $U_0 = U_N$ 时的 I_0 和 P_0 值，并由下式算出激磁参数：

$$r_m = \frac{P_0}{I_0^2}$$

$$Z_m = \frac{U_0}{I_0}$$

$$X_m = \sqrt{Z_m^2 - r_m^2}$$

3. 绘出短路特性曲线和计算短路参数。

(1) 绘出短路特性曲线 $U_k = f(I_k)$、$P_k = f(I_k)$、$\cos \varphi_k = f(I_k)$。

(2) 计算短路参数。

从短路特性曲线上查出对应于短路电流 $I_k = I_N$ 时的 U_k 和 P_k 值,由下式算出实验环境温度为 $\theta(℃)$ 时的短路参数。

$$Z'_k = \frac{U_k}{I_k}$$

$$r'_k = \frac{P_k}{I_k^2}$$

$$X'_k = \sqrt{Z_k'^2 - r_k'^2}$$

折算到低压方:

$$Z_k = \frac{Z'_k}{K^2}$$

$$r_k = \frac{r'_k}{K^2}$$

$$X_k = \frac{X'_k}{K^2}$$

由于短路电阻 r_k 随温度变化,因此,算出的短路电阻应按国家标准换算到基准工作温度 75 ℃时的阻值。

$$r_{k75℃} = r_{k\theta} \frac{234.5 + 75}{234.5 + \theta}$$

$$Z_{k75℃} = \sqrt{r_{k75℃}^2 + X_k^2}$$

式中,234.5 为铜导线的常数,若用铝导线常数应改为 228。

计算短路电压(阻抗电压)百分数:

$$u_k = \frac{I_N Z_{k75℃}}{U_N} \times 100\%$$

$$u_{kr} = \frac{I_N r_{k75℃}}{U_N} \times 100\%$$

$$u_{kX} = \frac{I_N X_k}{U_N} \times 100\%$$

$I_k = I_N$ 时,短路损耗 $P_{kN} = I_N^2 r_{k75℃}$

4. 利用空载和短路实验测定的参数,画出被试变压器折算到低压方的"T"形等效电路。

5. 变压器的电压变化率 Δu。

(1) 绘出 $\cos \varphi_2 = 1$ 和 $\cos \varphi_2 = 0.8$ 两条外特性曲线 $U_2 = f(I_2)$,由特性曲线计算出 $I_2 = I_{2N}$ 时的电压变化率:

$$\Delta u = \frac{U_{20} - U_2}{U_{20}} \times 100\%$$

(2) 根据实验求出的参数,算出 $I_2 = I_{2N}$,$\cos \varphi_2 = 1$ 和 $I_2 = I_{2N}$,$\cos \varphi_2 = 0.8$ 时的电压变化率 Δu:

$$\Delta u = u_{Kr} \cos \varphi_2 + u_{kX} \sin \varphi_2$$

将两种计算结果进行比较,并分析不同性质的负载对变压器输出电压 U_2 的影响。

6. 绘出被试变压器的效率特性曲线。

(1)用间接法算出 $\cos \varphi_2 = 0.8$ 不同负载电流时的变压器效率,记录于表 4-24 中。

$$\eta = \left(1 - \frac{P_0 + I_2^{*2} P_{KN}}{I_2^* P_N \cos \varphi_2 + P_0 + I_2^{*2} P_{KN}}\right) \times 100\%$$

式中,

$$I_2^* P_N \cos \varphi_2 = P_2$$

P_{KN} 为变压器 $I_k = I_N$ 时的短路损耗(W),P_0 为变压器 $U_0 = U_N$ 时的空载损耗(W),$I_2^* = \dfrac{I_2}{I_{2N}}$ 为副边电流标幺值。

表 4-24　数据记录表 $(\cos \varphi_2 = 0.8, P_0 = \underline{\hspace{3em}} \text{W}, P_{KN} = \underline{\hspace{3em}} \text{W})$

I_2^*	P_2/W	η
0.2		
0.4		
0.6		
0.8		
1.0		
1.2		

(2)由计算数据绘出变压器的效率曲线 $\eta = f(I_2^*)$。

(3)计算被试变压器 $\eta = \eta_{\max}$ 时的负载系数 β_m。

$$\beta_m = \sqrt{\frac{P_0}{P_{KN}}}$$

实验六　三相变压器

一、实验目的

1. 通过空载和短路实验,测定三相变压器的变比和参数。
2. 通过负载实验,测取三相变压器的运行特性。

二、预习要点

1. 如何用双瓦特计法测三相功率,空载和短路实验应如何合理布置仪表?
2. 三相心式变压器的三相空载电流是否对称,为什么?
3. 如何测定三相变压器的铁耗和铜耗?
4. 变压器空载和短路实验时应注意哪些问题?一般电源加在哪方比较合适?

三、实验项目

1. 测定变比
2. 空载实验

测取空载特性 $U_{0L} = f(I_{0L})$,$P_0 = f(U_{0L})$,$\cos\varphi_0 = f(U_{0L})$。

3. 短路实验

测取短路特性 $U_{kL} = f(I_{kL})$,$P_k = f(I_{kL})$,$\cos\varphi_k = f(I_{kL})$。

4. 纯电阻负载实验

保持 $U_1 = U_N$,$\cos\varphi_2 = 1$ 的条件下,测取 $U_2 = f(I_2)$。

四、实验方法

1. 实验设备

实验设备见表 4-25。

表 4-25　实验设备(六)

序号	型号	名　称	数量
1	D33	交流电压表	1件
2	D32	交流电流表	1件
3	D34-3	单三相智能功率表、功率因数表	1件
4	DJ12	三相心式变压器	1件
5	D42	三相可调电阻器	1件
6	D51	波形测试及开关板	1件

2. 屏上排列顺序

D33、D32、D34-3、DJ12、D42、D51。

3. 测定变比

实验线路如图 4-12 所示,被测变压器选用 DJ12 三相三线圈心式变压器,额定容量 $P_N=$ 152 W/152 W/152 W,$U_N=220$ V/63.6 V/55 V,$I_N=0.4$ A/1.38 A/1.6 A,$Y/\triangle/Y$接法。实验时只用高、低压两组线圈,低压线圈接电源,高压线圈开路。将三相交流电源调到输出电压为零的位置。开启控制屏上电源总开关,按下"开"按钮,电源接通后,调节外施电压 $U=$ $0.5U_N=27.5$ V,测取高、低线圈的线电压 U_{AB}、U_{BC}、U_{CA}、U_{ab}、U_{bc}、U_{ca},记录于表 4-26 中。

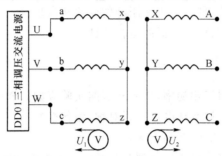

图 4-12　三相变压器变比实验接线图

表 4-26　数据记录表

高压绕组线电压/V		低压绕组线电压/V		变比	
U_{AB}		U_{ab}		K_{AB}	
U_{BC}		U_{bc}		K_{BC}	
U_{CA}		U_{ca}		K_{CA}	

计算变比 K:
$$K_{AB}=\frac{U_{AB}}{U_{ab}} \quad K_{BC}=\frac{U_{BC}}{U_{bc}} \quad K_{CA}=\frac{U_{CA}}{U_{ca}}$$

平均变比:
$$K=\frac{1}{3}(K_{AB}+K_{BC}+K_{CA})$$

4. 空载实验

(1) 将控制屏左侧三相交流电源的调压旋钮调到输出电压为零的位置,按下"关"按钮,在断电的条件下,按图 4-13 接线。变压器低压线圈接电源,高压线圈开路。

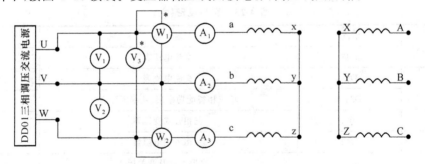

图 4-13　三相变压器空载实验接线图

(2) 按下"开"按钮接通三相交流电源,调节电压,使变压器的空载电压 $U_{0L}=1.2U_N$。

(3) 逐次降低电源电压,在 $(0.2\sim1.2)U_N$ 范围内,测取变压器三相线电压、线电流和功率。

(4) 测取数据时,其中 $U_0=U_N$ 的点必测,且在其附近多测几组。共取 8~9 组数据,记录于表 4-27 中。

表 4-27　数据记录表

序号	实　验　数　据								计　算　数　据			
	U_{0L}/V			I_{0L}/A			P_0/W		U_{0L}/V	I_{0L}/A	P_0/W	$\cos\varphi_0$
	U_{ab}	U_{bc}	U_{ca}	I_{a0}	I_{b0}	I_{c0}	P_{01}	P_{02}				

5. 短路实验

（1）将三相交流电源的输出电压调至零值。按下"关"按钮，在断电的条件下，按图 4-14 接线。变压器高压线圈接电源，低压线圈直接短路。

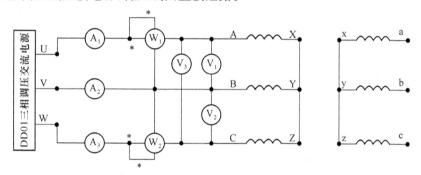

图 4-14　三相变压器短路实验接线图

（2）按下"开"按钮，接通三相交流电源，缓慢增大电源电压，使变压器的短路电流 $I_{KL}=1.1I_N$。

（3）逐次降低电源电压，在 $(0.2\sim1.1)I_N$ 的范围内，测取变压器的三相输入电压、电流及功率。

（4）测取数据时，其中 $I_{KL}=I_N$ 点必测，共取 5～6 组数据，记录于表 4-28 中。实验时记下周围环境温度（℃），作为线圈的实际温度。

表 4-28　实验数据记录表（室温_____℃）

序号	实　验　数　据								计　算　数　据			
	U_{KL}/V			I_{KL}/A			P_k/W		U_{KL}/V	I_{KL}/A	P_k/W	$\cos\varphi_k$
	U_{AB}	U_{BC}	U_{CA}	I_{AK}	I_{BK}	I_{CK}	P_{K1}	P_{K2}				

6. 纯电阻负载实验

(1) 将电源电压调至零值,按下"关"按钮,按图 4-15 接线。变压器低压线圈接电源,高压线圈经开关 S 接负载电阻 R_L,R_L 选用 D42 的 1 800 Ω 变阻器共 3 只,开关 S 选用 D51 挂件。将负载电阻 R_L 阻值调至最大,打开开关 S。

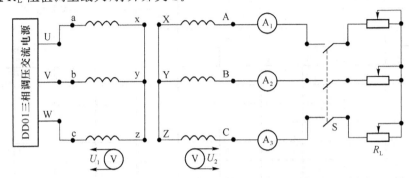

图 4-15　三相变压器负载实验接线图

(2) 按下"开"按钮接通电源,调节交流电压,使变压器的输入电压 $U_1 = U_N$。

(3) 在保持 $U_1 = U_{1N}$ 的条件下,合上开关 S,逐次增加负载电流,从空载到额定负载范围内,测取三相变压器输出线电压和相电流。

(4) 测取数据时,其中 $I_2 = 0$ 和 $I_2 = I_N$ 两点必测。共取 7~8 数据组,记录表 4-29 中。

表 4-29　测试数据记录表($U_1 = U_{1N} = $ _____ V, cos $\varphi_2 = 1$)

序号	U_2/V				I_2/A			
	U_{AB}	U_{BC}	U_{CA}	U_2	I_A	I_B	I_C	I_2

五、注意事项

在三相变压器实验中,应注意电压表、电流表和功率表的合理布置。做短路实验时操作要快,否则线圈发热会引起电阻变化。

六、实验报告

1. 计算变压器的变比。

根据实验数据,计算各线电压之比,然后取其平均值作为变压器的变比。

$$K_{AB} = \frac{U_{AB}}{U_{ab}} \qquad K_{BC} = \frac{U_{BC}}{U_{bc}} \qquad K_{CA} = \frac{U_{CA}}{U_{ca}}$$

2. 根据空载实验数据作空载特性曲线并计算激磁参数。

(1) 绘出空载特性曲线 $U_{0L}=f(I_{0L})$，$P_0=f(U_{0L})$，$\cos\varphi_0=f(U_{0L})$。

表 4-20 中

$$U_{0L}=\frac{U_{ab}+U_{bc}+U_{ca}}{3}$$

$$I_{0L}=\frac{I_a+I_b+I_c}{3}$$

$$P_0=P_{01}+P_{02}$$

$$\cos\varphi_0=\frac{P_0}{\sqrt{3}U_{0L}I_{0L}}$$

(2) 计算激磁参数。

从空载特性曲线查出对应于 $U_{0L}=U_N$ 时的 I_{0L} 和 P_0 值，并由下式求取激磁参数。

$$r_m=\frac{P_0}{3I_{0\varphi}^2}$$

$$Z_m=\frac{U_{0\varphi}}{I_{0\varphi}}=\frac{U_{0L}}{\sqrt{3}I_{0L}}$$

$$X_m=\sqrt{Z_m^2-r_m^2}$$

式中，$U_{0\varphi}=\dfrac{U_{0L}}{\sqrt{3}}$，$I_{0\varphi}=I_{0L}$，$P_0$ 为变压器空载相电压、相电流、三相空载功率（注：Y接法，以后计算变压器和电机参数时都要换算成相电压、相电流）。

3. 绘出短路特性曲线和计算短路参数。

(1) 绘出短路特性曲线 $U_{kL}=f(I_{kL})$，$P_k=f(I_{kL})$，$\cos\varphi_k=f(I_{kL})$。

式中，

$$U_{kL}=\frac{U_{AB}+U_{BC}+U_{CA}}{3}$$

$$I_{kL}=\frac{I_{Ak}+I_{Bk}+I_{Ck}}{3}$$

$$P_k=P_{k1}+P_{k2}$$

$$\cos\varphi_k=\frac{P_k}{\sqrt{3}U_{kL}I_{kL}}$$

(2) 计算短路参数。

从短路特性曲线查出对应于 $I_{kL}=I_N$ 时的 U_{kL} 和 P_k 值，并由下式算出实验环境温度 θ 时的短路参数：

$$r_k'=\frac{P_k}{3I_{k\varphi}^2}$$

$$Z_k'=\frac{U_{k\varphi}}{I_{k\varphi}}=\frac{U_{kL}}{\sqrt{3}I_{kL}}$$

$$X_k'=\sqrt{Z_k^2-r_k^2}$$

式中，$U_{k\varphi}=\dfrac{U_{kL}}{\sqrt{3}}$，$I_{k\varphi}=I_{kL}=I_N$，$P_k$ 为短路时的相电压、相电流、三相短路功率。

折算到低压方

$$Z_k=\frac{Z_k'}{K^2}$$

$$r_k = \frac{r'_k}{K^2}$$

$$X_k = \frac{X'_k}{K^2}$$

换算到基准工作温度下的短路参数 $r_{k75℃}$ 和 $Z_{k75℃}$,计算短路电压百分数:

$$u_k = \frac{I_{N\varphi} Z_{k75℃}}{U_{N\varphi}} \times 100\%$$

$$u_{kr} = \frac{I_N r_{k75℃}}{U_{N\varphi}} \times 100\%$$

$$u_{kX} = \frac{I_N X_k}{U_{N\varphi}} \times 100\%$$

计算 $I_k = I_N$ 时的短路损耗:　　　　$P_{kN} = 3I_{N\varphi}^2 r_{k75℃}$

4. 根据空载和短路实验测定的参数,画出被试变压器的"T"形等效电路。

5. 变压器的电压变化率。

(1) 根据实验数据绘出 $\cos\varphi_2 = 1$ 时的特性曲线 $U_2 = f(I_2)$,由特性曲线计算出 $I_2 = I_{2N}$ 时的电压变化率:

$$\Delta u = \frac{U_{20} - U_2}{U_{20}} \times 100\%$$

(2) 根据实验求出的参数,算出 $I_2 = I_N$, $\cos\varphi_2 = 1$ 时的电压变化率:

$$\Delta u = \beta(u_{kr}\cos\varphi_2 + u_{kX}\sin\varphi_2)$$

6. 绘出被试变压器的效率特性曲线。

(1) 用间接法算出在 $\cos\varphi_2 = 0.8$ 时,不同负载电流时变压器效率,记录于表 4-30 中。

表 4-30　数据记录表($\cos\varphi_2 = 0.8$, $P_0 = $＿＿＿ W, $P_{KN} = $＿＿＿ W)

I_2^*	P_2/W	η
0.2		
0.4		
0.6		
0.8		
1.0		
1.2		

$$\eta = \left(1 - \frac{P_0 + I_2^{*2} P_{KN}}{I_2^* P_N \cos\varphi_2 + P_0 + I_2^{*2} P_{KN}}\right) \times 100\%$$

式中, P_N 为变压器的额定容量; P_{KN} 为变压器 $I_{KL} = I_N$ 时的短路损耗; P_0 为变压器的 $U_{0L} = U_N$ 时的空载损耗。

$$I_2^* P_N \cos\varphi_2 = P_2$$

(2) 计算被测变压器 $\eta = \eta_{\max}$ 时的负载系数 β_m。

$$\beta_m = \sqrt{\frac{P_0}{P_{KN}}}$$

实验七 单相变压器的并联运行

一、实验目的

1. 学习变压器投入并联运行的方法。
2. 研究并联运行时阻抗电压对负载分配的影响。

二、预习要点

1. 单相变压器并联运行的条件。
2. 如何验证两台变压器具有相同的极性? 若极性不同,并联会产生什么后果?
3. 阻抗电压对负载分配的影响。

三、实验项目

1. 将两台单相变压器投入并联运行。
2. 阻抗电压相等的两台单相变压器并联运行,研究其负载分配情况。
3. 阻抗电压不相等的两台单相变压器并联运行,研究其负载分配情况。

四、实验线路和操作步骤

1. 实验设备

实验设备见表 4-31。

表 4-31 实验设备(七)

序号	型号	名　称	数量
1	D33	交流电压表	1件
2	D32	交流电流表	1件
3	DJ11	三相组式变压器	1件
4	D41	三相可调电阻器	1件
5	D51	波形测试及开关板	1件

2. 屏上排列顺序

D33、D32、DJ11、D41、D51。

实验线路如图 4-16 所示。图中单相变压器 1、2 选用三相组式变压器 DJ11 中任意两台,变压器的高压绕组并联接电源,低压绕组经开关 S_1 并联后,再由开关 S_3 接负载电阻 R_L。由于负载电流较大,R_L 可采用并串联接法(选用 D41 的 90 Ω 与 90 Ω 并联,再与 180 Ω 串联,共 225 Ω 阻值)的变阻器。为了人为地改变变压器 2 的阻抗电压,在其副方串入电阻 R(选用 D41 的 90 Ω 与 90 Ω 并联的变阻器)。

3. 两台单相变压器空载投入并联运行步骤

(1) 检查变压器的变比和极性。

① 将开关 S_1、S_3 打开,合上开关 S_2。

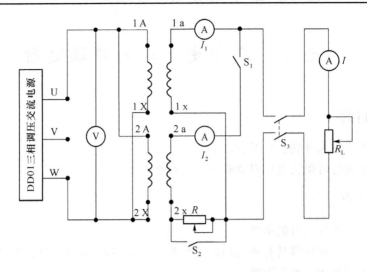

图 4-16　单相变压器并联运行接线图

② 接通电源，调节变压器输入电压至额定值，测出两台变压器副方电压 U_{1a1x} 和 U_{2a2x}，若 $U_{1a1x} = U_{2a2x}$，则两台变压器的变比相等，即 $K_1 = K_2$。

③ 测出两台变压器副方的 1a 与 2a 端点之间的电压 U_{1a2a}，若 $U_{1a2a} = U_{1a1x} - U_{2a2x}$，则首端 1a 与 2a 为同极性端，反之为异极性端。

（2）投入并联。

检查两台变压器的变比相等和极性相同后，合上开关 S_1，即投入并联。若 K_1 与 K_2 不是严格相等，将会产生环流。

4. 阻抗电压相等的两台单相变压器并联运行

（1）投入并联后，合上负载开关 S_3。

（2）在保持原方额定电压不变的情况下，逐次增加负载电流，直至其中一台变压器的输出电流达到额定电流为止。

（3）测取 I、I_1、I_2，共取 4～5 组数据，记录于表 4-32 中。

表 4-32　数据记录表

I_1/A	I_2/A	I/A

5. 阻抗电压不相等的两台单相变压器并联运行

打开短路开关 S_2，变压器 2 的副方串入电阻 R，R 数值可根据需要调节（一般取 5～10 Ω），重复前面实验测出 I、I_1、I_2，共取 5～6 组数据，记录于表 4-33 中。

表 4-33 数据记录表

I_1/A	I_2/A	I/A

五、实验报告

1. 根据实验(2)的数据,画出负载分配曲线 $I_1 = f(I)$ 及 $I_2 = f(I)$。

2. 根据实验(3)的数据,画出负载分配曲线 $I_1 = f(I)$ 及 $I_2 = f(I)$。

3. 分析实验中阻抗电压对负载分配的影响。

实验八　三相变压器的并联运行

一、实验目的

学习三相变压器投入并联运行的方法及阻抗电压对负载分配的影响。

二、预习要点

1. 三相变压器并联运行的条件,不同联接组并联后会出现什么后果?
2. 阻抗电压对负载分配的影响。

三、实验项目

1. 将两台三相变压器空载投入并联运行。
2. 阻抗电压相等的两台三相变压器并联运行。
3. 阻抗电压不相等的两台三相变压器并联运行。

四、实验线路及操作步骤

1. 实验设备

实验设备见表 4-34。

表 4-34　实验设备(八)

序号	型　号	名　　称	数量
1	D33	交流电压表	1件
2	D32	交流电流表	1件
3	DJ12	三相心式变压器	1件
4	D41	三相可调电阻器	1件
5	D43	三相可调电抗器	1件
6	D51	波形测试及开关板	1件

2. 屏上排列顺序

D33、D32、DJ12、DJ12、D51、D43、D41。

实验线路如图 4-17 所示,图中变压器 1 和 2 选用两台三相心式变压器,其中低压绕组不用。确定三相变压器原、副方极性后,根据变压器的铭牌接成Y/Y接法,将两台变压器的高压绕组并联接电源,中压绕组经开关 S_1 并联后,再由开关 S_2 接负载电阻 R_L。R_L 选用 D41 上 180 Ω 阻值。为了人为地改变变压器 2 的阻抗电压,在变压器 2 的副方串入电抗 X_L(或电阻 R)。X_L 选用 D43,要注意选用 R_L 和 X_L(或 R)的允许电流应大于实验时实际流过的电流。

3. 两台三相变压器空载投入并联运行的步骤

(1) 检查变比和连接组。

① 打开 S_1、S_2,合上 S_3。

② 接通电源,调节变压器输入电压至额定电压。

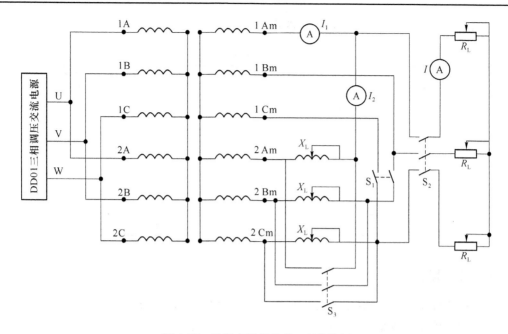

图 4-17　三相变压器并联运行接线图

③ 测出变压器副方电压,若电压相等,则变比相同,测出副方对应相的两端点间的电压若电压均为零,则联结组相同。

(2) 投入并联运行。

在满足变比相等和联结组相同的条件后,合上开关 S_1 ,即投入并联运行。

4. 阻抗电压相等的两台三相变压器并联运行

(1) 投入并联后,合上负载开关 S_2 。

(2) 在保持 $U_1 = U_{1N}$ 不变的条件下,逐次增加负载电流,直至其中一台输出电流达到额定值为止。

(3) 测取 I 、 I_1 、 I_2 ,共取 6~7 组数据,记录于表 4-35 中。

表 4-35　数据记录表

I_1/A	I_2/A	I/A

5. 阻抗电压不相等的两台三相变压器并联运行

(1) 打开短路开关 S_3 ,在变压器 I_2 的副方串入电抗 X_L (或电阻 R), X_L 的数值可根据需要调节。

(2) 重复前面实验,测取 I 、 I_1 、 I_2 。

（3）共取 6～7 数据组，记录于表 4-36 中。

表 4-36　数据记录表

I_1/A	I_2/A	I/A

五、实验报告

1. 根据步骤 4 的数据，画出负载分配曲线 $I_1 = f(I)$ 及 $I_2 = f(I)$。
2. 根据步骤 5 的数据，画出负载分配曲线 $I_1 = f(I)$ 及 $I_2 = f(I)$。
3. 分析实验中阻抗电压对负载分配的影响。

实验九　三相笼型异步电动机的工作特性

一、实验目的

1. 掌握用日光灯法测转差率的方法。
2. 掌握三相异步电动机的空载、堵转和负载试验的方法。
3. 用直接负载法测取三相笼型异步电动机的工作特性。
4. 测定三相笼型异步电动机的参数。

二、预习要点

1. 用日光灯法测转差率是利用了日光灯的什么特性？
2. 异步电动机的工作特性指哪些特性？
3. 异步电动机的等效电路有哪些参数？它们的物理意义是什么？
4. 工作特性和参数的测定方法。

三、实验项目

1. 测定电机的转差率。
2. 测量定子绕组的冷态电阻。
3. 判定定子绕组的首末端。
4. 空载实验。
5. 短路实验。
6. 负载实验。

四、实验方法

1. 实验设备

实验设备见表 4-37。

表 4-37　实验设备（九）

序 号	型 号	名 称	数 量
1	DD03	导轨、测速发电机及转速表	1件
2	DJ23	校正过的直流电机	1件
3	DJ16	三相鼠笼异步电动机	1件
4	D33	交流电压表	1件
5	D32	交流电流表	1件
6	D34-3	单三相智能功率表、功率因数表	1件
7	D31	直流电压表、毫安表、安培表	1件
8	D42	三相可调电阻器	1件
9	D51	波形测试及开关板	1件

2．屏上挂件排列顺序

D33、D32、D34-3、D31、D42、D51。

三相笼型异步电动机的组件编号为 DJ16。

3．用日光灯法测定转差率

日光灯是一种闪光灯，当接到 50 Hz 电源上时，灯光每秒闪亮 100 次，人的视觉暂留时间约为 0.1 s，故用肉眼观察时，日光灯是一直发亮的，利用日光灯这一特性来测量电机的转差率。

（1）异步电动机选用编号为 DJ16 的三相笼型异步电动机（$U_N = 220$ V，△接法），极数 $2P = 4$。直接与测速发电机同轴连接，在 DJ16 和测速发电机联轴器上用黑胶布包 1 圈，再用 4 张白纸条（宽度约为 3 mm），均匀地贴在黑胶布上。

（2）由于电动机的同步转速为 $n_0 = \dfrac{60 f_1}{P} = 1\ 500$ r/min $= 25$ r/s，而日光灯闪亮为 100 次/秒，即日光灯闪亮一次，电动机转动 1/4 圈。由于电动机轴上均匀贴有 4 张白纸条，故电动机以同步转速转动时，肉眼观察图案是静止不动的（这个可以用直流电动机 DJ15、DJ23 和三相同步电动机 DJ18 来验证）。

（3）开启电源，打开控制屏上日光灯开关，调节调压器，升高电动机电压，观察电动机转向，如转向不对，应停机调整相序。转向正确后，升压至 220 V，使电动机起动运转，记录此时电动机转速。

（4）因三相异步电动机转速总是低于同步转速，故灯光每闪亮一次图案沿电动机旋转方向落后一个角度，用肉眼观察图案逆电动机旋转方向缓慢移动。

（5）按住控制屏报警记录"复位"键，手松开之后开始观察图案后移的圈数，计数时间可订的短一些（一般取 30 s）。将观察到的数据记录于表 4-38 中。

（6）停机。将调压器调至零位，关断电源开关。

表 4-38　数据记录表

N/转	t/s	$S(\%)$	n/r·min^{-1}

转差率：

$$S = \frac{\Delta n}{n_0} = \frac{\dfrac{N}{t} 60}{\dfrac{60 f_1}{P}} = \frac{P_N}{t f_1}$$

式中，t 为计数时间，单位为 s；N 为 t 秒内图案转过的圈数；f_1 为电源频率，我国一般为 50 Hz。

（7）将计算出的转差率与实际观测到的转速算出的转差率作比较。

4．测量定子绕组的冷态直流电阻

将电动机在室内放置一段时间，用温度计测量电机绕组端部或铁心的温度。当所测温度与冷却介质温度之差不超过 2 kΩ 时，即为实际冷态。记录此时的温度和测量定子绕组的直流电阻，此阻值即为冷态直流电阻。

（1）伏安法

测量线路图如图 4-18 所示。直流电源用主控屏上电枢电源先调到 50 V。开关 S_1、S_2 选用 D51 挂箱，R 用 D42 挂箱上 1 800 Ω 可调电阻。

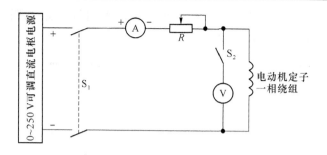

图 4-18 三相交流绕组电阻测定

量程的选择:测量时通过的测量电流应小于额定电流的 20%,约为 50 mA,因而直流电流表的量程用 200 mA 挡。三相笼型异步电动机定子一相绕组的电阻约为 50 Ω,因而当流过的电流为 50 mA 时,二端电压约为 2.5 V,所以直流电压表量程用 20 V 挡。

按图 4-18 接线。把 R 调至最大位置,合上开关 S_1,调节直流电源及 R 阻值,使试验电流不超过电动机额定电流的 20%,以防因试验电流过大而引起绕组的温度上升,读取电流值,再接通开关 S_2,读取电压值。读完后,先打开开关 S_2,再打开开关 S_1。

调节 R 使电流表分别为 50 mA、40 mA、30 mA 测取 3 次,取其平均值,测量定子三绕组的电阻值,记录于表 4-39 中。

表 4-39 数据记录表室温_____℃

	绕组 Ⅰ			绕组 Ⅱ			绕组 Ⅲ		
I/mA									
U/V									
R/Ω									

注意事项如下。

① 在测量时,电动机的转子须静止不动。

② 测量通电时间不应超过 1 min。

(2)电桥法

用单臂电桥测量电阻时,应先将刻度盘旋到电桥大致平衡的位置。然后按下电池按钮,接通电源,等电桥中的电源达到稳定后,方可按下检流计按钮接入检流计。测量完毕,应先断开检流计,再断开电源,以免检流计受到冲击。数据记录于表 4-40 中。

电桥法测定绕组直流电阻准确度及灵敏度高,并有直接读数的优点。

表 4-40 数据记录表

	绕 组 Ⅰ	绕 组 Ⅱ	绕 组 Ⅲ
R/Ω			

5. 判定定子绕组的首末端

先用万用表测出各相绕组的两个线端,将其中的任意两相绕组串联,如图 4-19 所示。将控制屏左侧调压器旋钮调至零位,开启电源总开关,按下"开"按钮,接通交流电源。调节调压旋钮,并在绕组端施以单相低电压 $U=80\sim100$ V,注意电流不应超过额定值,测出第三相绕组的电压,如测得的电压值有一定读数,表示两相绕组的末端与首端相联,如图 4-19(a)所示。反之,如测得电压近似为零,则两相绕组的末端与末端(或首端与首端)相联,如图 4-19(b)所示。用同样方法测出第三相绕组的首末端。

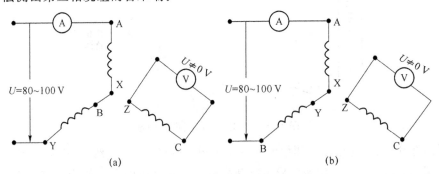

图 4-19　三相交流绕组首末端测定

6. 空载实验

(1) 按图 4-20 接线。电动机绕组为△接法($U_N = 220$ V),直接与测速发电机同轴联结,不接负载电动机 DJ23。

(2) 把交流调压器调至电压最小位置,接通电源,逐渐升高电压,使电动机起动旋转,观察电动机旋转方向。并使电动机旋转方向符合要求(如转向不符合要求需调整相序时,必须切断电源)。

(3) 保持电动机在额定电压下空载运行数分钟,使机械损耗达到稳定后再进行试验。

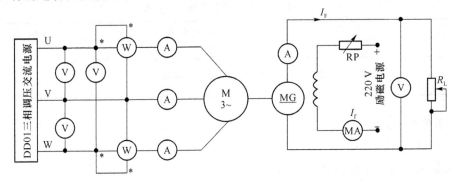

图 4-20　三相笼型异步电动机试验接线图

(4) 调节电压由 1.2 倍额定电压开始逐渐降低电压,直至电流或功率显著增大为止。在这范围内读取空载电压、空载电流、空载功率。

(5) 在测取空载实验数据时,在额定电压附近多测几点,共取 7~9 组数据,记录于表 4-41 中。

表 4-41　数据记录表

序号	U_{0L}/V				I_{0L}/A				P_0/W			$\cos \varphi_0$
	U_{AB}	U_{BC}	U_{CA}	U_{0L}	I_A	I_B	I_C	I_{0L}	P_1	P	P_0	

7. 短路实验

(1) 测量接线图同图 4-20。用制动工具把三相电动机堵住。制动工具可用 DD05 上的圆盘固定在电动机轴上,螺杆装在圆盘上。

(2) 调压器退至零,合上交流电源,调节调压器,使之逐渐升压至短路电流到 1.2 倍额定电流,再逐渐降压至 0.3 倍额定电流为止。

(3) 在这范围内读取短路电压、短路电流、短路功率。

(4) 共取 5～6 组数据记录于表 4-42 中。

表 4-42　数据记录表

序号	U_{kL}/V				I_{kL}/A				P_k/W			$\cos\varphi_k$
	U_{AB}	U_{BC}	U_{CA}	U_{kL}	I_A	I_B	I_C	I_{kL}	P_I	P_{II}	P_k	

8. 负载实验

(1) 测量接线图如图 4-20 所示。同轴连接负载电动机。图中 R_f 用 D42 上 1 800 Ω 阻值,R_L 用 D42 上 1 800 Ω 阻值,加上 900 Ω 并联 900 Ω,共 2 250 Ω 阻值。

(2) 合上交流电源,调节调压器,使之逐渐升压至额定电压,并保持不变。

(3) 合上校正过的直流电机的励磁电源,调节励磁电流至校正值(50 mA 或 100 mA),并保持不变。

(4) 调节负载电阻 R_L(注:先调节 1 800 Ω 电阻,调至零值后用导线短接再调节 450 Ω 电阻),使异步电动机的定子电流逐渐上升,直至电流上升到 1.25 倍额定电流。

(5) 从这负载开始,逐渐减小负载直至空载,在这范围内,读取异步电动机的定子电流、输入功率、转速、直流电机的负载电流 I_F 等数据。

(6) 共取 8～9 组数据,记录于表 4-43 中。

表 4-43　数据记录表($U_{1\varphi}=U_{1N}=220$ V($\triangle$),$I_f=$ ＿＿＿ mA)

序号	I_{1L}/A				P_1/W			I_F/A	$T_2/N\cdot m$	$n/r\cdot min^{-1}$
	I_A	I_B	I_C	I_{1L}	P_I	P_{II}	P_1			

五、实验报告

1. 计算基准工作温度时的相电阻。

由实验直接测得每相电阻值,此值为实际冷态电阻值。冷态温度为室温。按下式换算到基准工作温度时的定子绕组相电阻:

$$r_{1\text{ref}} = r_{1\text{C}} \frac{235 + \theta_{\text{ref}}}{235 + \theta_{\text{C}}}$$

式中,$r_{1\text{ref}}$ 为换算到基准工作温度时定子绕组的相电阻,单位为 Ω;$r_{1\text{C}}$ 为定子绕组的实际冷态相电阻,单位为 Ω;θ_{ref} 为基准工作温度,对于 E 级绝缘为 75 ℃;θ_{C} 为实际冷态时定子绕组的温度,单位为℃。

2. 做空载特性曲线:$I_{0\text{L}}$、P_0、$\cos \varphi_0 = f(U_{0\text{L}})$。

3. 做短路特性曲线:I_{kL}、$P_{\text{k}} = f(U_{\text{kL}})$。

4. 由空载、短路实验数据求异步电动机的等效电路参数。

(1)由短路实验数据求短路参数。

短路阻抗: $$Z_{\text{k}} = \frac{U_{\text{k}\varphi}}{I_{\text{k}\varphi}} = \frac{\sqrt{3} U_{\text{kL}}}{I_{\text{kL}}}$$

短路电阻: $$r_{\text{k}} = \frac{P_{\text{k}}}{3 I_{\text{k}\varphi}^2} = \frac{P_{\text{k}}}{I_{\text{kL}}^2}$$

短路电抗: $$X_{\text{k}} = \sqrt{Z_{\text{k}}^2 - r_{\text{k}}^2}$$

式中,$U_{\text{k}\varphi} = U_{\text{kL}}$,$I_{\text{k}\varphi} = \dfrac{I_{\text{kL}}}{\sqrt{3}}$,$P_{\text{k}}$ 为电动机堵转时的相电压,相电流,三相短路功率(△接法)。

转子电阻的折合值:

$$r_2' \approx r_{\text{k}} - r_{1\text{C}}$$

式中,$r_{1\text{C}}$ 是没有折合到 75 ℃时实际值。

定子、转子漏抗:

$$X_{1\sigma} \approx X_{2\sigma}' \approx \frac{X_{\text{k}}}{2}$$

(2)由空载试验数据求激磁回路参数。

空载阻抗: $$Z_0 = \frac{U_{0\varphi}}{I_{0\varphi}} = \frac{\sqrt{3} U_{0\text{L}}}{I_{0\text{L}}}$$

空载电阻: $$r_0 = \frac{P_0}{3 I_{0\varphi}^2} = \frac{P_0}{I_{0\text{L}}^2}$$

空载电抗: $$X_0 = \sqrt{Z_0^2 - r_0^2}$$

式中,$U_{0\varphi} = U_{0\text{L}}$,$I_{0\varphi} = \dfrac{I_{0\text{L}}}{\sqrt{3}}$,$P_0$ 为电动机空载时的相电压、相电流、三相空载功率(△接法)。

激磁电抗: $$X_{\text{m}} = X_0 - X_{1\sigma}$$

激磁电阻: $$r_{\text{m}} = \frac{P_{\text{Fe}}}{3 I_{0\varphi}^2} = \frac{P_{\text{Fe}}}{I_{0\text{L}}^2}$$

式中,P_{Fe} 为额定电压时的铁耗,由图 4-21 确定。

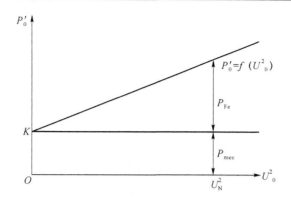

图 4-21　电动机中铁耗和机械耗

5. 做工作特性曲线 P_1、I_1、η、S、$\cos \varphi_1 = f(P_2)$。

由负载试验数据计算工作特性,填入表 4-44 中。

表 4-44　数据记录表 $(U_1 = 220\text{V}(\triangle)$, $I_f = $ _____ mA$)$

序号	电动机输入		电动机输出		计算值			
	$I_{1\varphi}/\text{A}$	P_1/W	$T_2/\text{N} \cdot \text{m}$	$n/\text{r} \cdot \text{min}^{-1}$	P_2/W	$S(\%)$	$\eta(\%)$	$\cos \varphi_1$

计算公式为

$$I_{1\varphi} = \frac{I_{1L}}{\sqrt{3}} = \frac{I_A + I_B + I_C}{3\sqrt{3}}$$

$$S = \frac{1\,500 - n}{1\,500} \times 100\%$$

$$\cos \varphi_1 = \frac{P_1}{3U_{1\varphi}I_{1\varphi}}$$

$$P_2 = 0.105 n T_2$$

$$\eta = \frac{P_2}{P_1} \times 100\%$$

式中,$I_{1\varphi}$ 为定子绕组相电流(A);$U_{1\varphi}$ 为定子绕组相电压(V);S 为转差率;η 为效率。

6. 由损耗分析法求额定负载时的效率。

电动机的损耗包括以下几部分。

铁耗：P_{Fe}

机械损耗：P_{mec}

定子铜耗：$P_{Cu1} = 3I_{1\varphi}^2 r_1$

转子铜耗：$P_{Cu2} = \dfrac{P_{em}}{100}S$

杂散损耗 P_{ad} 取为额定负载时输入功率的 0.5%。

铁耗和机械损耗之和为

$$P_{em} = P_1 - P_{Cu1} - P_{Fe}$$
$$P_0' = P_{Fe} + P_{mec} = P_0 - I_{0\varphi}^2 r_1$$

式中，P_{em} 为电磁功率（W）。

为了分离铁耗和机械损耗，作曲线 $P_0' = f(U_0^2)$，如图 4-21 所示。

延长曲线的直线部分，与纵轴相交于 K 点，K 点的纵坐标即为电动机的机械损耗 P_{mec}，过 K 点作平行于横轴的直线，可得不同电压的铁耗 P_{Fe}。

电动机的总损耗：

$$\sum P = P_{Fe} + P_{Cu1} + P_{Cu2} + P_{ad} + P_{mec}$$

于是求得额定负载时的效率为

$$\eta = \frac{P_1 - \sum P}{P_1} \times 100\%$$

式中，P_1、S、I_1 由工作特性曲线上对应于 P_2 为额定功率 P_N 时查得。

六、思考题

1. 由空载、短路实验数据求取异步电动机的等效电路参数时，有哪些因素会引起误差？

2. 从短路实验数据可以得出哪些结论？

3. 由直接负载法测得的电机效率和用损耗分析法求得的电机效率各有哪些因素会引起误差？

实验十 三相异步电动机的起动与调速

一、实验目的

通过实验掌握异步电动机的起动和调速的方法。

二、预习要点

1. 复习异步电动机有哪些起动方法和起动技术指标?
2. 复习异步电动机的调速方法。

三、实验项目

1. 直接起动。
2. 星形-三角形(丫-△)换接起动。
3. 自耦变压器起动。
4. 线绕式异步电动机转子绕组串入可变电阻器起动。
5. 线绕式异步电动机转子绕组串入可变电阻器调速。

四、实验方法

1. 实验设备

实验设备见表 4-45。

表 4-45 实验设备(十)

序 号	型 号	名 称	数 量
1	DD03	导轨、测速发电机及转速表	1件
2	DJ16	三相笼型异步电动机	1件
3	DJ17	三相线绕式异步电动机	1件
4	DJ23	校正过的直流电动机	1件
5	D31	直流电压表、毫安表、安培表	1件
6	D32	交流电流表	1件
7	D33	交流电压表	1件
8	D43	三相可调电抗器	1件
9	D51	波形测试及开关板	1件
10	DJ17-1	起动与调速电阻箱	1件
11	DD05	测功支架、测功盘及弹簧秤	1套

2. 屏上挂件排列顺序

D33、D32、D51、D31、D43。

3. 三相笼型异步电机直接起动试验

(1) 按图 4-22 接线。电动机绕组为△接法。异步电动机直接与测速发电机同轴连接,不连接负载电机 DJ23。

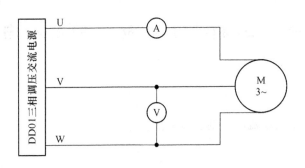

图 4-22　异步电动机直接起动

（2）把交流调压器退到零位，开启电源总开关，按下"开"按钮，接通三相交流电源。

（3）调节调压器，使输出电压达电动机额定电压 220 V，使电动机起动旋转（如电机旋转方向不符合要求，需调整相序时，必须按下"关"按钮，切断三相交流电源）。

（4）再按下"关"按钮，断开三相交流电源，待电动机停止旋转后，按下"开"按钮，接通三相交流电源，使电动机全压起动，观察电机启动瞬间电流值（按指针式电流表偏转的最大位置所对应的读数值定性计量）。

（5）断开电源开关，将调压器退到零位，电机轴伸端装上圆盘（注：圆盘直径为 10 cm）和弹簧秤。

（6）合上开关，调节调压器，使电动机电流为 2～3 倍额定电流，读取电压值 U_k、电流值 I_k，转矩值 T_k（圆盘半径乘以弹簧秤力），试验时通电时间不应超过 10 s，以免绕组过热。对应于额定电压时的启动电流 I_{st} 和起动转矩 T_{st}，按下式计算：

$$T_k = F \times \left(\frac{D}{2}\right)$$

$$I_{st} = \left(\frac{U_N}{U_k}\right) I_k$$

$$T_{st} = \left(\frac{I_{st}^2}{I_k^2}\right) T_k$$

式中，I_k 为起动试验时的电流值，单位为 A；T_k 为起动试验时的转矩值，单位为 N·m。将结果记录在表 4-46 中。

表 4-46　数据记录表

测　量　值			计　算　值		
U_k/V	I_k/A	F/N	$T_k/N \cdot m$	I_{st}/A	$T_{st}/N \cdot m$

4. 星形-三角形（Y-△）起动

（1）按图 4-23 接线。线接好后把调压器退到零位。

（2）三刀双掷开关合向右边（Y接法）。合上电源开关，逐渐调节调压器，使升压至电机额定电压 220 V，打开电源开关，待电机停转。

（3）合上电源开关，观察启动瞬间电流，然后把 S 合向左边，使电动机（△）正常运行，整个起动过程结束。观察起动瞬间电流表的显示值，与其他起动方法作定性比较。

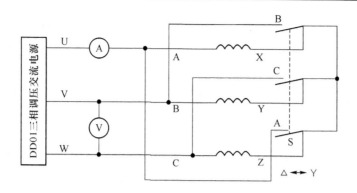

图 4-23　三相笼型异步电机丫-△起动

5. 自耦变压器起动

(1) 按图 4-24 接线。电动机绕组为△接法。

(2) 三相调压器退到零位,开关 S 合向左边。自耦变压器选用 D43 挂箱。

(3) 合上电源开关,调节调压器,使输出电压达电动机额定电压 220 V,断开电源开关,待电动机停转。

(4) 开关 S 合向右边,合上电源开关,使电动机由自耦变压器降压起动(自耦变压器抽头输出电压分别为电源电压的 40%、60% 和 80%),并经一定时间再把 S 合向左边,使电动机按额定电压正常运行,整个起动过程结束。观察起动瞬间电流以作定性的比较。

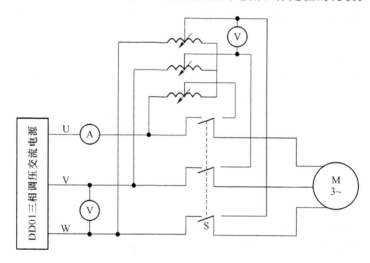

图 4-24　三相笼型异步电动机自耦变压器法启动

6. 线绕式异步电动机转子绕组串入可变电阻器启动

电动机定子绕组丫接法。

(1) 按图 4-25 接线。

(2) 转子每相串入的电阻可用 DJ17-1 启动与调速电阻箱。

(3) 调压器退到零位,轴伸端装上圆盘和弹簧秤。

(4) 接通交流电源,调节输出电压(观察电动机转向应符合要求),在定子电压为 180 V,转子绕组分别串入不同电阻值时,测取定子电流和转矩。

(5) 试验时通电时间不应超过 10 s,以免绕组过热。数据记入表 4-47 中。

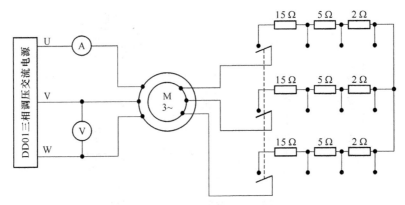

图 4-25　线绕式异步电机转子绕组串电阻启动

表 4-47　数据记录表

R_{st}/Ω	0	2	5	15
F/N				
I_{st}/A				
$T_{st}/N \cdot m$				

7. 线绕式异步电动机转子绕组串入可变电阻器调速

(1) 实验线路图同图 4-25。同轴联接校正直流电动机 MG 作为线绕式异步电动机 M 的负载。电路接好后,将 M 的转子附加电阻调至最大。

(2) 合上电源开关,电动机空载起动,保持调压器的输出电压为电动机额定电压 220 V,转子附加电阻调至零。

(3) 调节校正电动机的励磁电流 I_f 为校正值(100 mA 或 50 mA),再调节直流发电机负载电流,使电动机输出功率接近额定功率,并保持这输出转矩 T_2 不变,改变转子附加电阻(每相附加电阻分别为 0 Ω、2 Ω、5 Ω、15 Ω),测相应的转速记录于表 4-48 中。

表 4-48　数据记录表($U = 220$ V, $I_f =$ _____ mA, $T_2 =$ _____ N · m)

r_{st}/Ω	0	2	5	15
$n/r \cdot min^{-1}$				

五、实验报告

1. 比较异步电动机不同起动方法的优、缺点。

2. 由起动试验数据求下述 3 种情况下的起动电流和起动转矩。

(1) 外施额定电压 U_N。(直接法起动)

(2) 外施电压为:$\dfrac{U_N}{\sqrt{3}}$。(Y-△起动)

(3) 外施电压为:U_K/K_A,式中 K_A 为起动用自耦变压器的变比。(自耦变压器起动)

3. 线绕式异步电动机转子绕组串入电阻对启动电流和启动转矩的影响。

4. 线绕式异步电动机转子绕组串入电阻对电机转速的影响。

六、思考题

1. 启动电流和外施电压成正比,启动转矩和外施电压的平方成正比,在什么情况下才能成立?

2. 起动时的实际情况和上述假定是否相符,不相符的主要因素是什么?

实验十一　直流他励电动机在各种运转状态下的机械特性

一、实验目的

了解和测定他励直流电动机在各种运转状态的机械特性。

二、预习要点

1. 改变他励直流电动机机械特性有哪些方法？

2. 他励直流电动机在什么情况下，从电动机运行状态进入回馈制动状态？他励直流电动机回馈制动时，能量传递关系，电动势平衡方程式及机械特性又是什么情况？

3. 他励直流电动机反接制动时，能量传递关系、电动势平衡方程式及机械特性。

三、实验项目

1. 电动及回馈制动状态下的机械特性。

2. 电动及反接制动状态下的机械特性。

3. 能耗制动状态下的机械特性。

四、实验方法

1. 实验设备

实验设备见表 4-49。

表 4-49　实验设备（十一）

序 号	型 号	名 称	数 量
1	DD03	导轨、测速发电机及转速表	1 件
2	DJ15	直流并励电动机	1 件
3	DJ23	校正直流测功机	1 件
4	D31	直流电压表、毫安表、安培表	2 件
5	D41	三相可调电阻器	1 件
6	D42	三相可调电阻器	1 件
7	D44	可调电阻器、电容器	1 件
8	D51	波形测试及开关板	1 件

2. 屏上挂件排列顺序

D51、D31、D42、D41、D31、D44。

按图 4-26 接线，图中 M 用编号为 DJ15 的直流并励电动机（接成他励方式），MG 用编号为 DJ23 的校正直流测功机，直流电压表 V_1、V_2 的量程为 1 000 V，直流电流表 A_1、A_3 的量程为 200 mA，A_2、A_4 的量程为 5 A。R_1、R_2、R_3 及 R_4 依不同的实验而选不同的阻值。

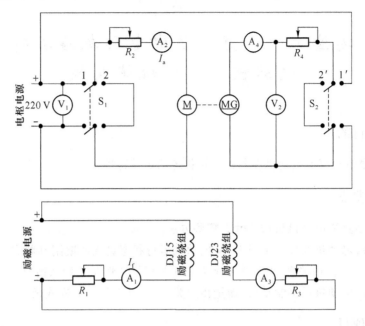

图 4-26　他励直流电动机机械特性测定的实验接线图

3. $R_2 = 0$ 时,电动及回馈制动状态下的机械特性

(1) R_1、R_2 分别选用 D44 的 1 800 Ω 和 180 Ω 阻值,R_3 选用 D42 上 4 只 900 Ω 串联,共 3 600 Ω 阻值,R_4 选用 D42 上 1 800 Ω 再加上 D41 上 6 只 90 Ω 串联,共 2 340 Ω 阻值。

(2) R_1 阻值置最小位置,R_2、R_3 及 R_4 阻值置最大位置,转速表置正向 1 800 r/min 量程。开关 S_1、S_2 选用 D51 挂箱上的对应开关,并将 S_1 合向 1 电源端,S_2 合向 2′短接端(图 4-26)。

(3) 开机时,需检查控制屏下方左、右两边的"励磁电源"开关及"电枢电源"开关都在断开的位置,然后按次序先开启控制屏上的"电源总开关",再按下"开"按钮,随后接通"励磁电源"开关,最后检查 R_2 阻值确在最大位置时,接通"电枢电源"开关,使他励直流电动机 M 起动运转。调节"电枢电源"电压为 220 V。调节 R_2 阻值至零位置,调节 R_3 阻值,使电流表 A_3 为 100 mA。

(4) 调节电动机 M 的磁场调节电阻 R_1 阻值,和电机 MG 的负载电阻 R_4 阻值(先调节 D42 上 1 800 Ω 阻值,调至最小后,用导线短接)。使电动机 M 的 $n = n_N = 1\ 600$ r/min,$I_N = I_f + I_a = 1.2$ A。此时他励直流电动机的励磁电流 I_f 为额定励磁电流 I_{fN}。保持 $U = U_N = 220$ V,$I_f = I_{fN}$,A_3 表为 100 mA。增大 R_4 阻值,直至空载(拆掉开关 S_2 的 2′上的短接线),测取电动机 M 在额定负载至空载范围的 n、I_a,共取 8～9 组数据记录于表 4-50 中。

表 4-50　数据记录表 ($U_N = 220$ V,$I_{fN} = \underline{\hspace{2cm}}$ mA)

I_a/A									
n/r·min^{-1}									

(5) 在确定 S_2 上短接线仍拆掉的情况下,把 R_4 调至零值位置(其中 D42 上 1 800 Ω 阻值调至零值后用导线短接),再减小 R_3 阻值,使 MG 的空载电压与电枢电源电压值接近相等(在开关 S_2 两端测),并且极性相同,把开关 S_2 合向 1′端。

(6) 保持电枢电源电压 $U = U_N = 220$ V,$I_f = I_{fN}$,调节 R_3 阻值,使阻值增加,电动机转速升高,当 A_2 表的电流值为 0 A 时,此时电动机转速为理想空载转速(此时转速表量程应打向正向 3 600 r/min 挡),继续增加 R_3 阻值,使电动机进入第二象限回馈制动状态运行,直至转速约为 1 900 r/min,测取 M 的 n、I_a。共取 8~9 组数据,记录于表 4-51 中。

(7) 停机(先关断"电枢电源"开关,再关断"励磁电源"开关,并将开关 S_2 合向到 $2'$ 端)。

表 4-51　数据记录表($U_N = 220$ V,$I_{fN} = $ _____ mA)

I_a/A									
n/r · min^{-1}									

4. $R_2 = 400$ Ω 时的电动运行,及反接制动状态下的机械特性

(1) 在确保断电条件下,改接图 4-26,R_1 阻值不变,R_2 用 D42 的 900 Ω 与 900 Ω 并联,并用万用表调定在 400 Ω,R_3 用 D44 的 180 Ω 阻值,R_4 用 D42 上 1 800 Ω 阻值,加上 D41 上 6 只 90 Ω 电阻串联,共 2 340 Ω 阻值。

(2) 转速表 n 置正向 1 800 r/min 量程,S_1 合向 1 端,S_2 合向 $2'$ 端(短接线仍拆掉),把电机 MG 电枢的两个插头对调,R_1、R_3 置最小值,R_2 置 400 Ω 阻值,R_4 置最大值。

(3) 先接通"励磁电源",再接通"电枢电源",使电动机 M 起动运转,在 S_2 两端,测量测功机 MG 的空载电压是否和"电枢电源"的电压极性相反,若极性相反,检查 R_4 阻值确在最大位置时,可把 S_2 合向 $1'$ 端。

(4) 保持电动机的"电枢电源"的电压 $U = U_N = 220$ V,$I_f = I_{fN}$ 不变,逐渐减小 R_4 阻值(先减小 D44 上 1 800 Ω 阻值,调至零值后用导线短接),使电机减速,直至为零。把转速表的正、反开关打在反向位置,继续减小 R_4 阻值,使电动机进入"反向"旋转,转速在反方向上逐渐上升,此时电动机工作于电势反接制动状态运行,直至电动机 M 的 $I_a = I_{aN}$,测取电动机在第一、第四象限的 n、I_a,共取 12~13 组数据,记录于表 4-52 中。

(5) 停机(记住必须先关断"电枢电源",而后关断"励磁电源",并随手将 S_2 合向到 $2'$ 端)。

表 4-52　数据记录表($U_N = 220$ V,$I_{fN} = $ _____ mA,$R_2 = 400$ Ω)

I_a/A									
n/r · min^{-1}									

5. 能耗制动状态下的机械特性

(1) 图 4-26 中,R_1 阻值不变,R_2 用 D44 的 180 Ω 固定阻值,R_3 用 D42 的 1 800 Ω 可调电阻,R_4 阻值不变。

(2) S_1 合向 2 短接端,R_1 置最大位置,R_3 置最小值位置,R_4 调定 180 Ω 阻值,S_2 合向 $1'$ 端。

(3) 先接通"励磁电源",再接通"电枢电源",使校正直流测功机 MG 起动运转,调节"电枢电源"电压为 220 V,调节 R_1 使电动机 M 的 $I_f = I_{fN}$,调节 R_3,使电机 MG 励磁电流为 100 mA,先减少 R_4 阻值使电机 M 的能耗制动电流 $I_a = 0.8I_{aN}$,然后逐次增加 R_4 阻值,其间测取 M 的 I_a、n,共取 8~9 组数据,记录于表 4-53 中。

表 4-53　数据记录表($R_2 = 180$ Ω,$I_{fN} = $ _____ mA)

I_a/A									
n/r · min^{-1}									

（4）把 R_2 调定在 90 Ω 阻值，重复上述实验操作步骤（2）、（3），测取 M 的 I_a、n 共取 5～7 组数据，记录于表 4-54 中。

当忽略不变损耗时，可近似认为电动机轴上的输出转矩等于电动机的电磁转矩 $T = C_M \Phi I_a$，他励电动机在磁通 Φ 不变的情况下，其机械特性可以由曲线 $n = f(I_a)$ 来描述。

表 4-54　数据记录表（$R_2 = 90$ Ω，$I_{fN} = \underline{\qquad}$ mA）

I_a/A								
$n/\mathrm{r \cdot min^{-1}}$								

五、实验报告

根据实验数据，绘制他励直流电动机运行在第一、第二、第四象限的电动和制动状态，及能耗制动状态下的机械特性 $n = f(I_a)$（用同一坐标纸绘出）。

六、思考题

1. 回馈制动实验中，如何判别电动机运行在理想空载点？

2. 直流电动机从第一象限运行到第二象限转子旋转方向不变，试问电磁转矩的方向是否也不变？为什么？

3. 直流电动机从第一象限运行到第四象限，其转向反了，而电磁转矩方向不变，为什么？作为负载的 MG，从第一象限到第四象限其电磁转矩方向是否改变？为什么？

实验十二 三相异步电动机在各种运行状态下的机械特性

一、实验目的

了解三相线绕式异步电动机在各种运行状态下的机械特性。

二、预习要点

1. 如何利用现有设备测定三相线绕式异步电动机的机械特性？
2. 测定各种运行状态下的机械特性应注意哪些问题？
3. 如何根据所测出的数据计算被试电机在各种运行状态下的机械特性？

三、实验项目

1. 测定三相线绕式转子异步电动机在 $R_s=0\ \Omega$ 时，电动运行状态和再生发电制动状态下的机械特性。

2. 测定三相线绕转子异步电动机在 $R_s=36\ \Omega$ 时，测定电动状态与反接制动状态下的机械特性。

3. $R_s=36\ \Omega$，定子绕组加直流励磁电流 $I_1=0.6I_N$ 及 $I_2=I_N$ 时，分别测定能耗制动状态下的机械特性。

四、实验方法

1. 实验设备

实验设备见表 4-55。

表 4-55 实验设备(十二)

序号	型号	名称	数量
1	DD03	导轨、测速发电机及转速表	1件
2	DJ23	校正直流测功机	1件
3	DJ17	三相线绕式异步电动机	1件
4	D31	直流电压表、毫安表、安培表	2件
5	D32	交流电流表	1件
6	D33	交流电压表	1件
7	D34-3	单三相智能功率、功率因数表	1件
8	D41	三相可调电阻器	1件
9	D42	三相可调电阻器	1件
10	D44	可调电阻器、电容器	1件
11	D51	波形测试及开关板	1件

2．屏上挂件排列顺序

D33、D32、D34-3、D51、D31、D44、D42、D41、D31。

3．$R_s=0$ 时的电动及再生发电制动状态下的机械特性

（1）按图 4-27 接线，图中 M 用编号为 DJ17 的三相线绕式异步电动机，额定电压为 220 V，丫接法。MG 用编号为 DJ23 的校正直流测功机。S_1、S_2、S_3 选用 D51 挂箱上的对应开关，并将 S_1 合向左边 1 端，S_2 合在左边短接端（即线绕式电机转子短路），S_3 合在 $2'$ 位置。R_1 选用 D44 的 180 Ω 阻值，加上 D42 上 4 只 900 Ω 串联，再加两只 900 Ω 并联，共 4 230 Ω 阻值，R_2 选用 D44 上 1 800 Ω 阻值，R_s 选用 D41 上 3 组 45 Ω 可调电阻（每组为 90 Ω 与 90 Ω 并联），并用万用表调定在 36 Ω 阻值，R_3 暂不接。直流电表 A_2、A_4 的量程为 5 A，A_3 量程为 200 mA，V_2 的量程为 1 000 V，交流电表 V_1 的量程为 150 V，A_1 量程为 2.5 A。转速表 n 置正向 1 800 r/min 量程。

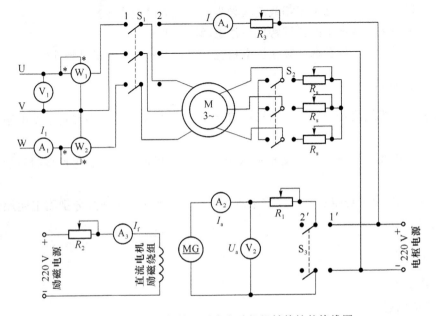

图 4-27　三相线绕转子异步电动机机械特性的接线图

（2）确定 S_1 合在左边 1 端，S_2 合在左边短接端，S_3 合在 $2'$ 位置，M 的定子绕组接成星形的情况下。把 R_1、R_2 阻值置最大位置，将控制屏左侧三相调压器旋钮向逆时针方向旋到底，即把输出电压调到零。

（3）检查控制屏下方"直流电机电源"的"励磁电源"开关，及"电枢电源"开关都需在断开位置。接通三相调压"电源总开关"，按下"开"按钮，旋转调压器旋钮使三相交流电压慢慢升高，观察电机转向是否符合要求。若符合要求则升高到 $U=110$ V，并在以后实验中保持不变。接通"励磁电源"，调节 R_2 阻值，使 A_3 表为 100 mA，并保持不变。

（4）接通控制屏右下方的"电枢电源"开关，在开关 S_3 的 $2'$ 端测量电机 MG 的输出电压的极性，先使其极性与 S_3 开关 $1'$ 端的电枢电源相反。在 R_1 阻值为最大的条件下，将 S_3 合向 $1'$ 位置。

（5）调节"电枢电源"输出电压或 R_1 阻值，使电动机从接近于堵转到接近于空载状态，其间测取电机 MG 的 U_a、I_a、n 及电动机 M 的交流电流表 A_1 的 I_1 值，共取 8～9 组数据，记录于表 4-56 中。

表 4-56 数据记录表($U=110 \text{ V}, R_s=0 \text{ }\Omega, I_f=$ _____ mA)

U_a/V									
I_a/A									
n/r · min^{-1}									
I_1/A									

（6）当电动机接近空载而转速不能调高时，将 S_3 合向 $2'$ 位置，调换 MG 电枢极性（在开关 S_3 的两端换）使其与"电枢电源"同极性。调节"电枢电源"电压值，使其与 MG 电压值接近相等，将 S_3 合至 $1'$ 端。保持 M 端三相交流电压 $U=110 \text{ V}$，减小 R_1 阻值直至短路位置（注：D42 上 6 只 900 Ω 阻值调至短路后应用导线短接）。升高"电枢电源"电压或增大 R_2 阻值（减小电机 MG 的励磁电流）使电动机 M 的转速超过同步转速 n_0，而进入回馈制动状态，在 1 700 r/min～n_0 内测取电机 MG 的 U_a、I_a、n 及电动机 M 的定子电流 I_1 值，共取 6～7 组数据，记录于表 4-57 中。

表 4-57 数据记录表($U=110 \text{ V}, R_s=$ _____ Ω)

U_a/V									
I_a/A									
n/r · min^{-1}									
I_1/A									

4. $R_s=36$ Ω 时的电动及反转性状态下的机械特性

（1）开关 S_2 合向右端 36 Ω 端。开关 S_3 拨向 $2'$ 端，把 MG 电枢接到 S_3 上的两个接线端对调，以便使 MG 输出极性和"电枢电源"输出极性相反。把电阻 R_1、R_2 调至最大。

（2）保持电压 $U=110 \text{ V}$ 不变，调节 R_2 阻值，使 A_3 表为 100 mA。调节"电枢电源"的输出电压为最小位置。在开关 S_3 的 $2'$ 端检查 MG 电压极性须与 $1'$ 的"电枢电源"极性相反。可先记录此时 MG 的 U_a、I_a 值，将 S_3 合向 $1'$ 端与"电枢电源"接通。测量此时电机 MG 的 U_a、I_a、n 及 A_1 表的 I_1 值，减小 R_1 阻值（先调 D42 上 4 个 900 Ω 串联的电阻），或调高"电枢电源"输出电压使电动机 M 的 n 下降，直至 n 为零。把转速表置反向位置，并把 R_1 的 D42 上 4 个 900 Ω 串联电阻调至零值位置后应用导线短接，继续减小 R_1 阻值，或调高电枢电压使电机反向运转。直至 n 为 1 300 r/min 为止，在该范围内测取电机 MG 的 U_a、I_a、n 及 A_1 表的 I_1 值。共取 11～12 组数据，记录于表 4-58 中。

（3）停机（先将 S_2 合至 $2'$ 端，关断"电枢电源"，再关断"励磁电源"，调压器调至零位，按下"关"按钮）。

表 4-58 数据记录表($U=110 \text{ V}, R_s=36 \text{ }\Omega, I_f=$ _____ mA)

U_a/V									
I_a/A									
n/r · min^{-1}									
I_1/A									

5. 能耗制动状态下的机械特性

(1) 确认在"停机"状态下。把开关 S_1 合向右边 2 端，S_2 合向右端(R_s 仍保持 36 Ω 不变)，S_3 合向左边 $2'$ 端，R_1 用 D44 上 180 Ω 阻值并调至最大，R_2 用 D42 上 1 800 Ω 阻值并调至最大，R_3 用 D42 上 900 Ω 与 900 Ω 并联，再加上 900 Ω 与 900 Ω 并联，共 900 Ω 阻值并调至最大。

(2) 开启"励磁电源"，调节 R_2 阻值，使 A_3 表 $I_f = 100$ mA，开启"电枢电源"，调节电枢电源的输出电压 $U = 220$ V，再调节 R_3 使电动机 M 的定子绕组流过 $I = 0.6I_N = 0.36$ A 并保持不变。

(3) 在 R_1 阻值为最大的条件下，把开关 S_3 合向右边 $1'$ 端，减小 R_1 阻值，使电动机 MG 起动运转后转速约为 1 600 r/min，增大 R_1 阻值或减小电枢电源电压(但要保持 A_4 表的电流 I 不变)，使电动机转速下降，直至转速 n 约为 50 r/min，其间测取电动机 MG 的 U_a、I_a 及 n 值，共取 10~11 组数据，记录于表 4-59 中。

表 4-59　数据记录表($R_s = 36$ Ω，$I = 0.36$ A，$I_f =$ _____ mA)

U_a/V										
I_a/A										
n/r·min^{-1}										

(4) 停机。

(5) 调节 R_3 阻值，使电动机 M 的定子绕组流过的励磁电流 $I = I_N = 0.6$ A。重复上述操作步骤，测取电动机 MG 的 U_a、I_a 及 n 值，共取 10~11 组数据，记录于表 4-60 中。

表 4-60　数据记录表($R_s = 36$ Ω，$I = 0.6$ A，$I_f =$ _____ mA)

U_a/V										
I_a/A										
n/r·min^{-1}										

6. 绘制电动机 M-MG 机组的空载损耗曲线 $P_0 = f(n)$

(1) 拆掉三相线绕式异步电动机 M 定子和转子绕组接线端的所有插头，R_1 用 D44 上 180 Ω 阻值并调至最大，R_2 用 D44 上 1 800 Ω 阻值并调至最大。直流电流表 A_3 的量程为 200 mA，A_2 的量程为 5 A，V_2 的量程为 1 000 V，开关 S_3 合向右边 $1'$ 端。

(2) 开启"励磁电源"，调节 R_2 阻值，使 A_3 表 $I_f = 100$ mA，检查 R_1 阻值在最大位置时开启"电枢电源"，使电机 MG 起动运转，调高"电枢电源"输出电压及减小 R_1 阻值，使电动机转速约为 1 700 r/min，逐次减小"电枢电源"输出电压或增大 R_1 阻值，使电动机转速下降直至 $n = 100$ r/min，在其间测量电动机 MG 的 U_{a0}、I_{a0} 及 n 值，共取 10~12 组数据，记录于表 4-61 中。

表 4-61　数据记录表

U_{a0}/V										
I_{a0}/A										
n/r·min^{-1}										

五、实验注意事项

调节串联的可调电阻时，要根据电流值的大小而相应选择调节不同电流值的电阻，防止个别电阻器过流而引起烧坏。

六、实验报告

1. 根据实验数据绘制各种运行状态下的机械特性。

计算公式：

$$T=\frac{9.55}{n}\left[P_0-(U_a I_a-I_a^2 R_a)\right]$$

式中，T 为受试异步电动机 M 的输出转矩，单位为 N·m；U_a 为测功机 MG 的电枢端电压，单位为 V；I_a 为测功机 MG 的电枢电流，单位为 A；R_a 为测功机 MG 的电枢电阻，单位为 Ω，可由实验室提供；P_0 为对应某转速 n 时的某空载损耗单位为 W。

注：上式计算的 T 值为电动机在 $U=110$ V 时的 T 值，实际的转矩值应折算为额定电压时的异步电动机转矩。

2. 绘制电动机 M-MG 机组的空载损耗曲线 $P_0=f(n)$。

第五章　光电检测技术

实验一　光敏电阻特性实验

一、实验目的

通过实验掌握光敏电阻的工作原理,掌握光敏电阻的光照特性、伏安特性及其测试电路的设计。

二、基本原理

在光线的作用下,电子吸收光子的能量从键合状态过渡到自由状态,引起电导率的变化,这种现象称为光电导效应。光电导效应是半导体材料的一种体效应。光照越强,器件本身的阻值越小。基于这种效应的光电器件称为光敏电阻。光敏电阻无极性,其工作特性与入射光的光强、波长和外加电压有关。

三、实验仪器

1. 光电检测与信息处理实验台(1 套)。
2. 光电信息转换器件参数测试实验板。
3. 红外功率可调光源探头。
4. 光敏电阻探头。
5. 光学支架。
6. 万用表。
7. 导线若干。

四、实验内容及步骤

1. 光敏电阻的伏安特性测试实验。

伏安特性测试实验做法:光照度一定时,通过调节变阻器的阻值,读出光敏电阻两端电压和通过光敏电阻的电流。通过欧姆定律计算出光敏电阻的亮电阻和暗电阻。

实验步骤如下。

(1) 按图 5-1 连接实验线路。将光敏电阻探头的 PIN_1、PIN_2 和实验台 $0\sim1\ k\Omega$ 滑动变阻器、$+5\ V$ 电源相连,激光器与激光电源接口相连;用万用表检查实验线路,保证线路连接准确无误后进入下一步。

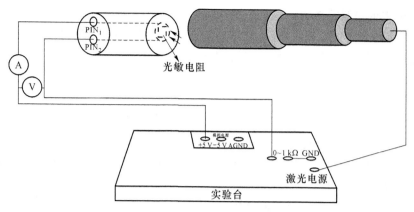

图 5-1　光敏电阻伏安特性测试原理框图

（2）打开试验箱电源，调节激光器的输出功率，使其固定在某个亮度，调节 0～1 kΩ 变阻器的阻值，记录光敏电阻两端电压和通过光敏电阻的电流。

（3）光照度为某值时的伏安特性测试（可以计算出亮阻：$R_亮 = U_亮 / I_亮$）；调节 0～1 kΩ 变阻器的阻值，数据填入表 5-1 中。光照度为零（激光器输出功率为 0，遮挡光敏电阻探头，避免外界光的干扰）时的伏安特性测试（可以计算出暗阻：$R_暗 = U_暗 / I_暗$）；调节 0～1 kΩ 变阻器的阻值，数据填入表 5-2 中。

表 5-1　电压-电流数据表格（照度为某一非 0 值时）

U/V										
I/A										

表 5-2　电压-电流数据表格（照度为 0 值时）

U/V										
I/A										

（4）在图 5-2 中用描点法将接收电压和电流之间的关系绘制成曲线，并对两条曲线进行分析。

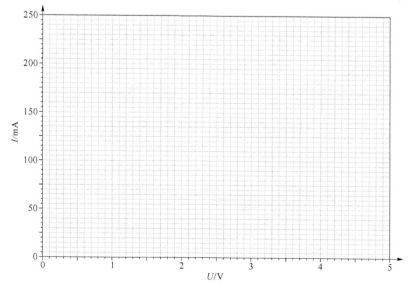

图 5-2　电压-电流特性曲线

2. 光敏电阻的光照特性测试。

光照特性实验采用恒流偏置电路,如图 5-3 所示。调节激光光源的输出功率,记录不同的光功率时光敏电阻的电压值(PLUG-40 测试点)。

实验步骤如下。

(1) 按图 5-1 连接实验线路。

(2) 把光电信息转换器件参数测试实验板插在光电检测与信息处理实验台的总线模块 PLUG64-1、PLUG64-2、PLUG64-3 的任意位置上。

(3) 由光敏电阻探头的两个输出接线端 PIN_1、PIN_2 分别引出导线连接到试验台的总线模块的 30 和 32 接线端。

(4) 在"光电信息转换器件参数测试实验板"上的 JP_2 的"5"、"6"加上跳帽;JP_1 的"3"、"4"加上跳帽。

(5) 用连接导线将总线模块的 40 接线端引出,接万用表作为光敏电阻电压的输出测试点。

(6) 连接总线模块上的 +5 V、−5 V、AGND 和模拟电源的对应接线端子。

(7) 用万用表检查实验线路,保证线路连接准确无误后进入下一步。

(8) 打开电源,调节激光光源的输出功率;对应不同的功率值用万用表测试 40 接线端的光敏电阻的输出电压值。

3. 记录不同激光光源功率时的电压,近似描绘光敏电阻的光照特性。

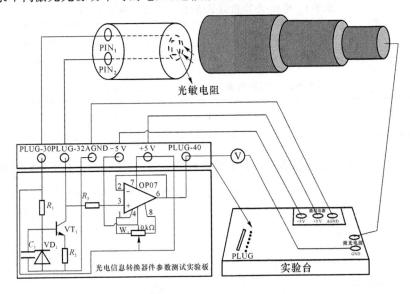

图 5-3　光敏电阻光照特性测试原理框图

五、思考题

在图 5-1 中电路中恒流是怎样实现的?

实验二　光敏二极管特性实验

一、实验目的

通过实验掌握光敏二极管的工作原理及相关特性，了解光敏二极管特性曲线及其测试电路的设计。

二、基本原理

1. 光敏二极管工作原理（详见红外功率可调光源曲线标定实验）。

2. 光敏二极管特性实验原理。

光敏二极管在应用中一般加反向偏压，使得其产生的光电流只与光照度有关。图 5-4 中，当光照为零时，光敏二极管不会产生广生载流子，也没有其他电流流过，整个电路处于截止状态；当有光照时，光敏二极管产生光电流，由于放大器的正负输入端虚短，放大器输出负电压，再二级放大，然后用跟随器输出，并且光照越强，输出电压越大。

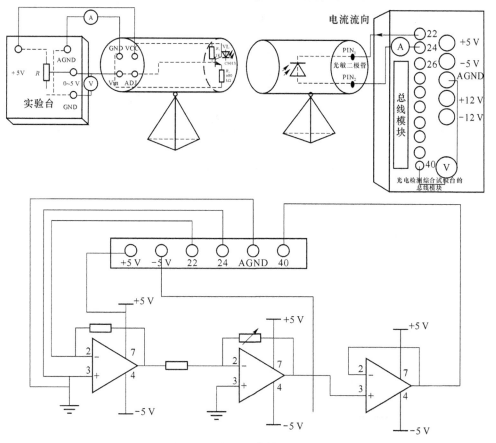

图 5-4　光敏二极管特性测试图

三、实验仪器

1. 光电检测与信息处理实验台（1 套）。

2. 红外功率可调光源探头。

3. 红外接收探头。

4. 光电信息转换器件参数测试实验板。

5. 万用表。

6. 光学支架。

7. 导线若干。

四、实验步骤

1. 按图 5-4 连接实验线路。

（1）把光电信息转换器件参数测试实验板插在光电检测综合试验台的总线模块 PLUG64-1、PLUG64-2、PLUG64-3 的任意位置上。

（2）由光敏二极管探头的两个输出接线端 PIN_1、PIN_2，分别引出导线连接到试验台的总线模块的 22（负极）和 24（正极）接线端。

（3）在光电信息转换器件参数测试实验板上的 JP_2 的"1"、"2"加上跳帽；JP_1 的"1"、"2"加上跳帽。

（4）用连接导线将总线模块的 40 接线端引出，作为光敏二极管电压的输出测试点。

（5）连接总线模块上的 +5 V、−5 V、AGND 和模拟电源的对应接线端。

（6）用万用表检查实验线路，保证线路连接准确无误后进入下一步。

2. 打开电源，调节线性光源的输入电压值，从而改变光源的输出功率；对应不同的功率值用万用表测试 40 接线端的光电池的输出电压值。

3. 将所测得的结果填入表 5-3，并在图 5-5 中绘出功率-电压曲线。

表 5-3　功率-电压数据表格

P/mW											
U/V											

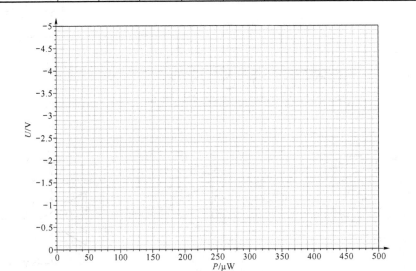

图 5-5　功率-电压特性曲线

五、思考题

光敏二极管在应用时一般加反向偏压，其目的是什么？

实验三 热释电红外报警实验

一、实验目的

了解热释电红外传感器的工作原理及热释电效应,了解热释电红外报警器的的电路设计方法和调试,掌握热释电红外传感器的使用。

二、实验原理

1. 热释电效应原理

当已极化的热电晶体薄片受到辐射热时,薄片温度升高,极化强度 P_s 下降,表面电荷减少,相当于"释放"一部分电荷,所以称作热释电。释放的电荷通过一系列的放大,转化成输出电压。如果继续照射,晶体薄片的温度升高到 T_c(居里温度)值时,自发极化突然消失。不再释放电荷,输出信号为零,热释电效应原理如图 5-6 所示。

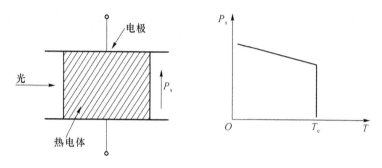

图 5-6 热释电效应

因此,热释电探测器只能探测交流的斩波式的辐射(红外光辐射要有变化量)。当面积为 A 的热释电晶体受到调制加热,而使其温度 T 发生微小变化时,就有热释电电流。$i = AP\dfrac{\mathrm{d}T}{\mathrm{d}t}$,$A$ 为面积,P 为热电体材料热释电系数,$\mathrm{d}T/\mathrm{d}t$ 是温度的变化率。

2. 热释电红外报警实验原理

热释电红外报警电路,由传感器、检测放大电路、比较输出电路、驱动延时电路、继电器等组成,实验原理图如图 5-7 所示。

传感器及放大滤波部分:D 为电压输入端,允许输入电压 1～15 V。S 为信号输出端,与后级电路连接。G 为接地端。因其输出形式为电压信号且非常微弱,故需要进行阻抗变换和信号放大。R_2 作为热释电传感器的负载,通过 C_2 耦合到前级放大器 A_1,A_1 的增益为 27 倍,且由 C_4、R_6 组成了滤波网络对采集信号进行放大滤波。同理 A_2 组成一个低通反馈放大器,增益 150 倍。经此两极放大滤波后信号被放大到 4 000 倍以上。其中 R_1、C_1 为退耦电路,R_3、R_5 为偏置电路。A_1 输出后的信号经 C_5 耦合到后级放大器 A_2,A_2 在静态输出时约为 4.5 V。C_3、C_9 为退耦电容。

比较输出部分:A_3 组成比较电路,当无报警信号输入时,其反向端电压大于同向端电压,比较器输出负电压,不能驱动后级电路产生报警信号,当有人入侵,产生报警信号,比较器翻转输出正电压,驱动后级电路报警。调节 RP 可使比较器同向端电压在 2.5～4 V 变化,从而起到调节灵敏度的作用。

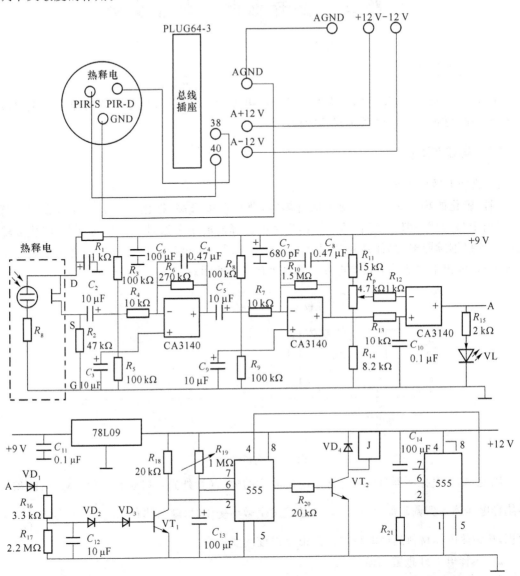

图 5-7 红外报警实验原理图

延时驱动部分:由 T_1、555Ⅰ、T_2 组成驱动电路。当 A 端有信号输入则 C_{12} 将少量充电,若无再来脉冲则通过 R_{17} 放电,若继续输入脉冲则使 C_{12} 充电,当达到一定电压后使 VT_1 导通使 555Ⅰ 的 2 脚为低电平,使 555Ⅰ 组成的单稳态电路触发,使 3 脚输出为高电平,从而使 VT_2 导通,使继电器吸合,控制报警器。

为确保报警的准确性,电路中还加入了延时电路,防止自己人未脱离报警区域,而产生误报。由 555Ⅱ 组成,上电时,由 C_{14} 充电至一定电压,使 2、6 脚仍为高电平,使 3 输出低电平,而使 555Ⅰ 的 4 为低,使单稳态不能工作,而其到上电,有输入信号不报警的作用。延时结束后 555Ⅰ 才能正常工作。延时时间取决于 C_{14}、R_{21}。调节 R_{21} 可调节延时时间。

三、实验仪器

1. 光电检测与信息处理实验台(1 套)。
2. 热释电实验板。
3. 热释电探头。
4. 光学支架。
5. 万用表。
6. 导线若干。
7. 十芯扁平线。

四、实验步骤

1. 按图 5-7 连接实验线路。

(1) 将热释电实验板插在光电检测与信息处理实验台总线模块上的 PLUG64-1、PLUG64-2、PLUG64-3 的任意位置。

(2) 将热释电探头的 PIR-D、PIR-S、GND 端分别接到总线模块的 38、40 和 GND 接线端上。

(3) 用连接导线将总线模块的 32(比较器电路输出信号 A)、34(比较器同向端为基准电压)、36(二级放大器输出信号)接线端引出,作为测试点。

(4) 将总线模块上的 +12 V、-12 V 和 AGND 接线端接到系统资源模块上。

(5) 用万用表检查实验线路,保证线路连接准确无误后进入下一步。

2. 打开电源,热释电实验板上的红灯会闪一下,表示上电。经过 10 s 的延时时间后,调节电位器 R_{19},使得当用手靠近热释电,热释电工作,红灯亮;手离开时,热释电停止工作,红灯熄灭,蜂鸣器报警后停止。

3. 数据记录,调解热释电实验板上的 RP 值,使总线插座的 34 接线端(比较器同向端)为 2.5~4 V 内,可以提高热释电的灵敏度;测量总线插座的 32 接线端的电压,并记录有信号和无信号时的电压值;测量总线插座的 36 接线端的电压,并记录有信号和无信号时的电压值;测量 555I 的 2 脚电压,并在表 5-4 中记录有信号和无信号时的电压值。

表 5-4　热释电实验数据

信号输入/测试点	32 连线端	36 连线端	555I 的 2 脚
无信号			
有信号			

五、思考题

上电后为什么要经过一段延时时间后,热释电方可以正常工作?

实验四　光电密码锁实验

一、实验目的

了解各种光电器件的特性及原理,掌握使用方法。

二、实验原理

1. 器件原理

(1) 反射式光电开关

漫反射光电开关是一种集发射器和接收器于一体的传感器,当有被检测物体经过时,将光电开关发射器发射的足够量的光线反射到接收器,于是光电开关就产生了开关信号。当被检测物体的表面光滑或其反光率极高时,漫反射式的光电开关是首选的检测模式。

(2) 对射式光电开关

对射式光电开关包含在结构上相互分离,且光轴相对放置的发射器和接收器,发射器发出的光线直接进入接收器。当被检测物体经过发射器和接收器之间且阻断光线时,光电开关就产生了开关信号。当检测物体是不透明时,对射式光电开关是最可靠的检测模式。

(3) 光电耦

光电耦合器是以光为媒介传输电信号的一种电—光—电转换器件,它由发光源和受光器两部分组成,把发光源和受光器组装在同一密闭的壳体内,彼此间用透明绝缘体隔离。发光源的引脚为输入端,受光器的引脚为输出端,常见的发光源为发光二极管,受光器为光敏二极管、光敏三极管等。

(4) 光电池(详见光电池特性曲线实验)

(5) 光敏电阻(详见光敏电阻特性曲线实验)

2. 光电密码锁实验原理

反射式光电对管前无障碍物,所以接收管不导通,其输出为高电平,经 74LS04 反向器后 22 脚为低电平,VL_1 发光;当在对管前挡障碍物时,接收管导通,22 脚输出为高电平,VL_1 不发光。22 脚为单片机的输入。

对射式光电对管前无障碍物,接收管可以接收由发射管 L_1 发射的光谱,它处于导通状态,输出低电平,经 74LS04 反向器后 24 脚为高电平,VL_2 不发光;当在两管中间加隔离时,接收管处于截止状态,24 脚输出低电平,VL_2 发光。24 脚为单片机的输入。

若光耦的发射管与接收管之间无障碍物时,接收管导通,其输出为低电平,经一级反向器后 26 脚为高电平,VL_3 不发光;当光耦的发射管与接收管之间有障碍物隔离时,发射管不导通,26 脚输出低电平,VL_3 发光。26 脚为单片机的输入。

对光电池加光照,其两端会产生光生电动势,经 741 放大器放大后加至比较器 LM339 的 6 脚(负输入端),使比较器输出低电平,经 74LS04 反向器后 28 脚为高电平,VL_5 不发光;当没有光照时,光电池不会产生,比较器输出为高电平,28 脚电压为低,VL$_5$ 发光。一般比较器 7 脚(正输人端)悬空,也可将其与 34 脚相连,接可调电源,通过改变比较阈值来调节此实验板对光照强度的感应灵敏度。28 脚为单片机的输人。

对光敏电阻不加光照,其暗阻很高,比较器 LM339 的 4 脚(负输人端)为高电平,所以其 9 脚输出为低电平,经一级反向器后 30 脚为高电平,再经一级反向器后输出低电平,VL$_4$ 发光;当有光线照射光敏电阻时,其亮阻较小,比较器 LM339 的 4 脚(负输人端)为低电平,其 9 脚为高电平,30 脚输出低电平,且 VL$_4$ 不发光。一般比较器 5 脚(正输人端)悬空,也可将其与 38 脚相连,接可调电源,通过改变比较阈值来调节此实验板对光照强度的感应灵敏度。30 脚为单片机的输人。实验原理图如图 5-8 所示。

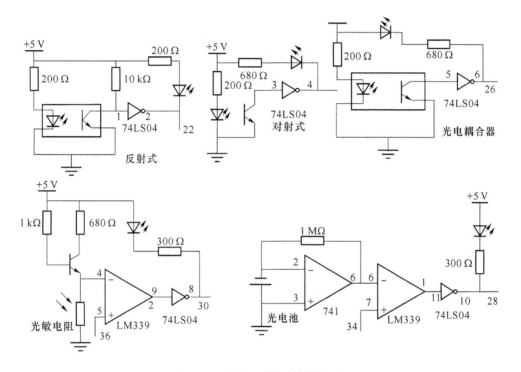

图 5-8 光电密码锁硬件原理图

本实验是应用光电传感器的开关特性,利用光电元件受光照或无光照时"有"、"无"电信号输出的特性,将被测量转换成断续变化的开关信号。在信号处理上代替了单片机的按键置入和开关的抖动。

3. 流程图

流程图如图 5-9 所示。

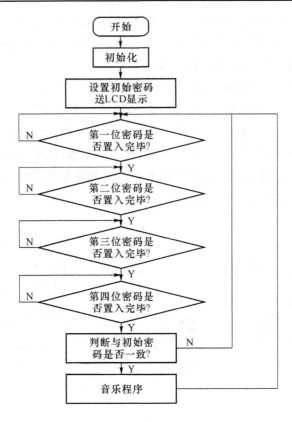

图 5-9　光电密码锁软件流程图

三、实验仪器

1. 光电检测与信息处理实验台(1 套)。

2. 光电密码锁实验板。

3. 示波器。

4. 导线若干。

5. 十芯扁平线。

6. 遮光片。

四、实验步骤

1. 按图 5-10 连接实验线路。

(1) 将光电密码锁实验板插在光电检测综合试验台总线模块上的 PLUG64-1、PLUG64-2、PLUG64-3 的任意位置。

(2) 将电源模块的＋5 V、－5 V、AGND 与总线模块的＋5 V、－5 V、AGND 分别相连,电源模块的模拟地和数字地相连接,将总线模块的 22、24、26、28、30 分别和单片机模块的 PB_3、PB_2、PD_3、PB_1、PB_0 相连,PB_4、PB_5、PB_7 分别连接 CS、SID、CLK,连接 JP_{17} 和 JP_9。

(3) 用万用表检查实验线路保证线路连接准确无误后进入下一步。

2. 打开电源,液晶提示按"S2"进入光电密码锁的设计实验,此时液晶显示"请输入密码0000"为等待密码输入状态。单片机设定密码为"4321"(返回键为"S9")。

（1）反射管前挡四下遮光片,液晶显示"请输入密码 4000"。

（2）对射管前挡三下遮光片,液晶显示"请输入密码 4300"。

（3）改变光电池前的光照强度,液晶显示"请输入密码 4320"。

（4）改变光敏电阻前的光照强度,液晶显示"请输入密码 4321",然后光电耦合器前挡一下遮光片,为当前位输入确定,当 4 位密码均置入成功时扬声器会响起优美的音乐。

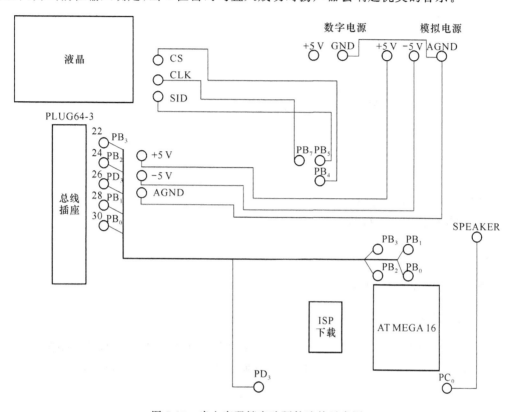

图 5-10　光电密码锁实验硬件连接示意图

五、思考题

试选用其他光电器件设计电路。

第六章　微型计算机原理与接口技术

实验一　WAVE 使用入门

一、实验目的

1. 熟悉 WAVE 的功能及使用方法。
2. 掌握简单程序的运行与诊断。

二、实验要求

编写单字节加法程序，并通过窗口观察结果。

三、实验内容

1. 将地址为 BCD1 和 BCD2 的两个内存单元的内容（单字节数）相加，结果存在 BCD3 中。
2. 编程实现 5+2=7 结果存在 BCD3 中并调整为 ASCII 码，存在 BCD4 中。

四、编程方法

存储器是存放程序和数据的装置，8086 有 20 条地址线，可寻址 2^{20} 即 1 MB 的内存空间，这 1 MB 的空间分成 4 段：代码段、数据段、堆栈段、附加段，每段容量不超过 64 KB。前 3 段是分开的，附加段与数据段完全重叠。以上 4 段编程时，用到哪段编哪段，未涉及的可不编。

每个段都标有段名，编程时用伪指令来定义各段。

段名 SEGMENT

…

…

…

段名 ENDS

数据段的段名为 DATA，其中放置本程序运行时所需的数据及结果；代码段的段名为 CODE，其中放置 ASSUME 语句及程序主体；堆栈段的段名为 STACK，在调用子程序时，为实现正确的返回，需把段点地址压入堆栈；附加段的段名也为 DATA，用于放置字符串。以本次实验所用的程序说明如下。

在数据段定义 3 个内存缓冲区 BCD1、BCD2 和 BCD3、BCD1 和 BCD2 中分别存入单字节数 12H 和 49H，然后计算 BCD1 和 BCD2 的和，结果存入 BCD3 中。

```
DATA    SEGMENT                          ;数据段的开始
BCD1   DB   12H                          ;内存单元 BCD1 中存入 12H
BCD2   DB   49H
BCD3   DB   ?                            ;预留一个内存单元,存结果
DATA    ENDS                             ;数据段结束
STACK   SEGMENT   PARA   STACK'STACK'     ;堆栈段开始
DB   64   DUP(?)
STACK   ENDS                             ;堆栈段结束
CODE    SEGMENT                          ;代码段开始
ASSUME   CS:CODE,DS:DATA,SS:STACK         ;段分配
START   PROC   FAR                       ;本程序是在系统环境下运行,属 FAR 过程。下
                                          面是初始化段寄存器,ASSUME 只给出对应关
                                          系,并未赋值
       MOV   AX,STACK                     ;送堆栈段地址,注意:不能向段寄存器送立即数
                                          STACK 是符号地址,须通过 CPU 的通用寄存器
                                          AX 送给 SS
       MOV   SS,AX
       PUSH   DS                          ;保存返回地址,将数据段的段基值压入堆栈
       XOR   AX,AX                        ;使 AX = 0,作为数据段的偏移量
       PUSH   AX                          ;将数据段的偏移量压入堆栈
       MOV   AX,DATA                      ;初始化 DS
       MOV   DS,AX
       MOV   AL,BCD1                      ;BCD1 的内容传给累加器 AL,CPU 内有 4 个数据
                                          寄存器:AX 作累加器、BX 作基址寄存器、CX 作
                                          计数寄存器、DX 作数据寄存器
       ADD   AL,BCD2                      ;两数相加,结果在 AL 中
       MOV   BCD3,AL                      ;相加的结果存入 BCD3
       NOP                                ;空操作
       RET                                ;段际返回
START   ENDP                             ;过程结束
CODE    ENDS                             ;代码段结束
END   START                             ;汇编结束
END
```

五、使用调试软件 WAVE 进行动态调试

1. 启动调试软件:双击桌面上的 WAVE:进入调试界面,出现 WAVE 仿真器对话框,单击"好"按钮。

2. 设置仿真器:单击仿真器/仿真器设置:在仿真器页面中,选择仿真器,单击 Lab2000p 仿真实验;选择仿真头,单击 8088/8086 实验后,单击"好"按钮。这时,又出现 WAVE 仿真器对话框,单击"好"按钮。

3. 输入源程序：单击"文件/新建文件"，或单击空白纸标志，即可打开编程区。在该区输入源程序。

4. 存盘：单击"文件/另存为"，在根目录中找到 E：盘，并建立文件夹，务必将文件夹的名字改为数字或字母，后在该文件夹下存盘。注意：文件名也必须为数字或字母，其字长不能超过八个字符，且扩展名为 .ASM，如 a.asm。单击"保存"。数立即变红色。

注意：如果程序是从其他界面复制的文本文件，要保证该文本被复制前没有存盘，否则粘贴过去的程序会被默认为存在文本文件存盘的路径。

5. 编译：即将源文件转为目标代码。单击项目/编译，进入系统环境，大约两分钟后，编译结束，出现检查项目文件，如果程序有错，下面的 Massage 中将出现英文提示。双击错误提示行，源程序的错误行将变成棕色，并用感叹号提示。将源程序改正后，另存为另一个名字，重新存盘，重新编译。直至信息窗口没有错误提示为止。

6. 设置断点：把光标放在要设置断点的行，单击"执行/设置断点"，该行将变红色。

7. 运行：单击执行/全速执行，或单击 ▶ 按扭，运行完毕，断点变蓝绿色。观察结果：

（1）单击"窗口/观察窗口"，出现观察窗口，单击＋号，即可看到结果：

A 文件：BCD1 单元数据为 12H，十进制为 18

BCD2 单元数据为 49H，十进制为 73

BCD3 单元数据为 5BH，十进制为 91

START 标号所在地址为 0410H，十进制为 1040

（2）单击"窗口/CPU 窗口"，会弹出反汇编窗口及 Project 文件，此时可单击"执行/复位"，后单击"单步执行"，看单步执行时 CPU 内部寄存器相应变化。

退出 WAVE：单击"关闭"即可，但程序正在运行时，不能退出。此时，单击"OK"按钮，后单击"执行/暂停"，方可退出。

8. 实验结果：运行程序后，在观察窗口可看到 BCD1：12H；BCD2：49H；BCD3：5BH 在 CPU 窗口观察其内部寄存器的相应数值变化。

执行完 PUSHAX 指令，查看并计算 SS：SP，在数据区找到相应存储单元，查看堆栈情况。

实验二 循环程序设计

一、实验目的

1. 学习循环程序的设计方法。
2. 掌握循环程序的调试方法。

二、实验要求

会编写循环程序,并进行软件调试。

三、实验内容

将以 BLOCK 为首地址的连续 256 个内存单元清零,找最大数,存储器的数据段从 X 为首地址的 10 个空间存 10 个无序的无符号数,要求找出最大数并存入 MAX。

1. 用汇编语言设计循环程序的步骤,根据实际问题绘制流程图(如图 6-1 所示)。

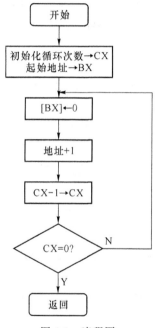

图 6-1 流程图

2. 编程。

(1) 初始化:地址指针及循环次数。

(2) 编写循环体,即循环的全部执行指令。

(3) 修改参数,即修改操作数地址。

(4) 循环控制,修改循环次数或其他控制条件,决定是否跳出循环。

3. 上机调试,运行程序,分析结果。

四、实验结果

1. 通过单步运行,跟踪观察循环程序的执行情况,从窗口观察 CPU 相应的变化。
2. 通过 WATCH 窗口观察最终结果。

实验三　8088 实验系统基础知识

一、系统安装

本系统的计算机和实验机是通过 RS-232 电缆通过串行的方式传送数据的,串行监控配置方式是利用微机向实验机发送串行监控命令,实验机上的微处理器 8088 根据监控命令做相应的动作。在该配置方式下,做实验时用到的微处理器是实验机上的微处理器。

二、开关和连线设置

(1) 用 40 芯电缆将实验机上的 J_2 和 J_3 插座连接起来,用 RS-232 通信电缆将实验机上的 9 芯插座 J_4 与微机的串口 1 或串口 2 连接起来,J_1 插座为空。

(2) 短路套 $JP_0 \sim JP_4$ 插入 RAM 侧,JP_5 插入 AEDK 侧。

(3) K_{10} 用短路套插入 VOUT 侧,K_{11}、K_{12} 拨至 RAM 侧。

(4) 电源开关 K_{13} 拨至左端,用外接电源供电。

三、插座与开关定义和用途

$JP_0 \sim JP_4$:DMA 和 RAM 实验的读写与片选信号选择开关。插向 DMA 侧做 DMA 实验;插向 RAM 侧做 RAM 实验。

JP_5:配置方式选择开关。插至 PC 侧,实验机工作于 ISA 总线方式,插至 AEDK 侧,实验机工作于串行监控或单板机方式。

$K_1 \sim K_8$:8 个小拨动开关,用于开关状态输入实验。

K_9:单脉冲按键。

K_{10}:8279 和 8255 键盘实验的选择开关。短路套插上,利用 8279 控制键盘和数码管;短路套拔掉,利用 8255,通过连线,控制键盘。

$K_{11} \sim K_{12}$:RAM 和 DMA 实验选择开关。拨向 DMA 侧时,做 DMA 实验;拨向 RAM 侧时,做 RAM 实验。

K_{13}:电源选择开关。拨向右端时,微机向实验机提供电源;拨向左端时,外接电源向实验机提供电源。

K_{14}:波特率选择开关。

K_{15}:8259 中断请求的线通/断选择开关。

K_{16}:74LS221 输出脉冲宽度调节开关。当插上短路套时,输出脉冲宽度加宽。该短路套只有做 DMA 实验时,才可能用到。

K_{17}:+12 V 电源引出线。在做步进电动机实验时,插上短路套。

J_1:60 芯电缆插座。仅在 ISA 总线方式下,接上 60 芯电缆。

J_2,J_3:40 芯电缆插座。仅在串行监控和单板机工作方式下,接上 40 芯电缆;在 ISA 总线方式下 J_2、J_3 插座为空。

J_4:9 芯插座。在串行监控方式下,用 RS-232 通信电缆将其与微机串口 1 或串口 2 连接。

J_5:外接电源针形插座。

J_6：维修总线接口插座。接上维修测试板，在 ISA 方式下，进行实验机自诊断测试。

J_7：ISA 总线扩展槽，用于扩展外围接口实验。

J_8：机电实验平台接口插座。配机电平台，可以做机电一体化实验。

四、AEDK8688ET 实验机模块原理

AEDK8688ET 实验机主板由许多独立的硬件实验模块组成，主要包括频率源模块、存储器 RAM 模块、DMA 模块、8255 并行口模块、双色灯模块、单色灯模块、参考电压模块、键盘及显示模块(8279)、分频器模块、A/D 转换模块、D/A 转换模块、串行通信 8251 模块、定时/计数器 8253 模块、8259 中断控制器模块、8088 CPU 及监控模块、单脉冲触发模块和地址译码模块等 20 多个模块。

下面简单介绍各个模块的逻辑图及其功能与用途。

1. 频率源电路(波特率发生器)

该电路对从 8284 的第五脚来的振荡信号的频率进行分频以产生适合串行通信波特率的频率以及供其他分频器和 A/D 转换器等电路使用的频率。

在接口实验中，编程在 PC 上进行，编译结束后下载到实验机，这就要求 PC 与实验机预先规定通信协议，即 PC 以什么速度发送数据，同时实验机以同样速度接收数据。这个速度用波特率来衡量，波特率即每秒钟传送的字节数。实际上，它就是一个时钟源，每来一个时钟传一个字节，时钟源的频率在数值上等于波特率。本电路对 8284-5 的信号用 74LS393 进行分频产生 4 个时钟源，作为供同学们设置的波特率。实验中，将波特率设置为 9 600，即将 K14-2 打到右侧。

PC 的波特率设置方法：在 LCA88ET 界面单击设置/通信口，在弹出的对话框中，波特率点 9 600 即可。

2. I/O 译码电路

外设的地址如图 6-2 所示。

8088 有 20 条地址线，其中，$A_3 A_4 A_5$ 连 74LS138 的地址端 ABC，A_9 连使能端 G_1，因此，Y_0 为低电平的条件为

A_{19}	A_{18}	A_{17}	A_{16}	A_{15}	A_{14}	A_{13}	A_{12}	A_{11}	A_{10}
A_9	A_8	A_7	A_6	A_5	A_4	A_3	A_2	A_1	A_0
×	×	×	×	×	×	×	×	×	×
1	×	×	×	0	0	0	0	0	0
⋮	⋮	⋮	⋮	⋮	⋮	⋮	⋮	⋮	⋮
×	×	×	×	×	×	×	×	×	×
×	×	×	×	×	×	×	1	1	1

设×＝0，则

$Y_1 = 0$ 的地址空间为 207～20F；

⋮

$Y_7 = 0$ 的地址空间为 238～23F。

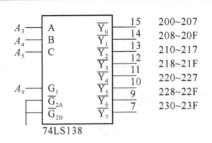

图 6-2 I/O 译码电路

因此,本电路提供的 I/O 空间为 200～23F。

如果 8088 的空余地址线只有 3 条,若不用 138,只能同时最多连 3 个外设,用 138 译码器可把这 3 条地址线作为 138 的地址端,138 的输出端就可同时连 8 个外设。

五、串行监控方式下的调试方法

1. 打开实验箱侧面及实验箱上面的电源,实验箱的数码管显示 AEDK8688,说明实验箱正常。

2. 双击桌面上的 LCA88ET 图标进入主窗口。第一行是主菜单条,它包括文件、查看、设置、工具、帮助 5 个选项。

3. 设置通信口。单击设置/通信口弹出对话框,通信口选择 COM1 或 COM2,波特率选择 9 600,单击"确定"按钮,测试通过,则实验箱上数码管显示 8688。

4. 输入源程序。单击"文件/新建",进入编程区。

5. 在编程区输入源程序。

6. 存盘。单击"文件/另存为"。

7. 编译。单击"编译/编译当前文件"。

8. 下载。单击"调试/加载调试"。

9. 运行。单击"调试/全速运行"。

10. 在实验箱上,观察相应结果。

实验四　开关状态显示实验

一、实验目的

1. 学习 8255 的硬件连接及芯片编程。
2. 学习并口的数据输入/输出设计方法。

二、实验要求

编写程序,设定 8255 工作于方式 0,A 口为开关量输入,C 口为开关量输出,要求能随时将 A 口的开关状态通过 C 口的发光二极管显示出来。

三、8255 芯片介绍

8255 芯片的引脚如图 6-3 所示。

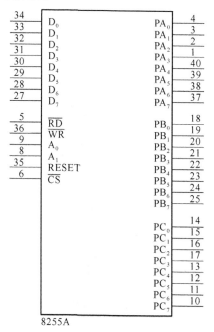

8255A

图 6-3　8255 芯片

1. 8255A 是可编程并行 I/O 接口芯片,它连接在 CPU 与外设之间。
2. 面向 CPU。
(1) DB:$D_0 \sim D_7$,双向。
(2) AB:$A_1 A_0$ 端口选择。
① 0 0:A 口。
② 0 1:B 口。
③ 1 0:C 口。
④ 1 1:控制口。

(3) CB:$\overline{RD}$、$\overline{WR}$、RESET、$\overline{CS}$。

3. 面向外设。

$$\begin{cases} A\ \square \\ B\ \square \\ C\ \square \end{cases}$$ 双向传输 8 条状态一致分上半口和下半口。

4. 8255 的工作方式。

方式 0——基本输入/输出方式。

方式 1——选通输入/输出方式。

方式 2——双向总线 I/O 方式。

5. 方式选择控制字。

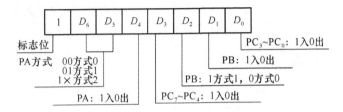

流程图如图 6-4 所示。

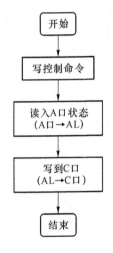

图 6-4　流程图

6. 编程。

第一步:写控制命令,即将控制字写入控制口。

MOV　DX,203H　　　;控制口的地址为 203H

MOV　AL,10010000B ;设置为 8255 工作于方式 0,A 口输入,C 口输出

OUT　DX,AL

第二步:根据题目要求进行 I/O 控制。

MOV　DX,200H　　　; A 口地址

IN 　AL,DX　　　　;读入 A 口状态

MOV　DX,202H　　　;C 口地址

OUT　DX,AL　　　　;A 口状态通过 CPU 由 C 口输出

四、实验说明

实验工作要求 8255 工作于方式 0,8255 地址为 200H~203H,PA 口设置为输入,PC 口设置为输出,输入量为开关量,通过 8255 实现 LED 的显示,如图 6-5 所示。

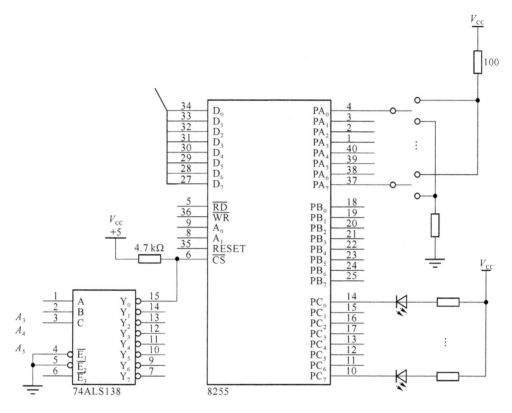

图 6-5　通过 8255 实现 LED 显示

五、实验电路

将 K_1~K_8 用连线连至 8255 的 PA_0~PA_7,将 DL_1~DL_8 连至 PC_0~PC_7,8255 的片选信号 CS 连至译码器 200~207 的插孔。

当 K_1 打到上边时,CPU 从 8255 的 PA0 口读入高电平,后 CPU 又从 8255 的 PC_0 口输出高电平,则 DL_1 灭。同理,K_1 打到下边时,DL_1 亮。

六、实验结果

将程序下载到实验箱,运行后,手动改变 K_1~K_8 的开关状态,可看到相应的 LED 显示,开关打到上面时,相应 LED 灭,打到下面时,LED 亮。

实验五　双色灯实验

一、实验目的

1. 进一步学习利用 8255 扩展简单 I/O 接口的方法。
2. 学习数据输出程序的设计方法。

二、实验要求

编写程序，以 8255 的 PC 口为输出口，控制 4 个双色灯按实验说明中的要求发光。

三、实验电路及原理

双色灯是由 1 个红色 LED 管芯和 1 个绿色 LED 管芯封装在一起，有共阳极和共阴极之分。图 6-6 所示采用的是共阳极双色灯。即把红色 LED 管芯和 1 个绿色 LED 管芯的正极连接在一起，且接高电平。当红色 LED 负端为低电平，绿色负端为高电平时，红灯点亮，双色灯显示红色；当红色 LED 负端为高电平，绿色负端为低电平时，绿灯点亮，双色灯显示红色；两端都为低电平时，发光为黄色。

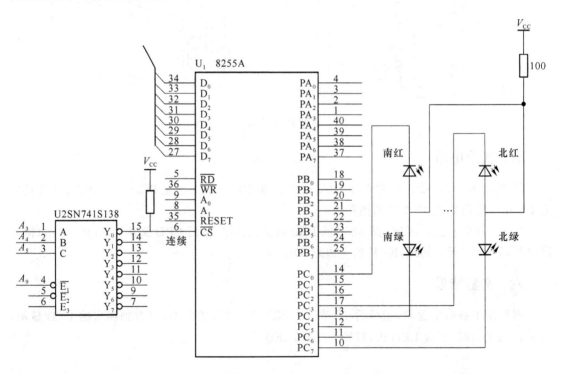

图 6-6　光阳极双色灯

本次实验用 PC 口的 8 条线控制 4 个双色灯，4 个双色灯可作为交通灯分别放在东、西、南、北 4 个方向。具体连接如下。

PC_7	PC_6	PC_5	PC_4	PC_3	PC_2	PC_1	PC_0
北绿	东绿	西绿	南绿	北红	东红	西红	南红
0	1	1	0	1	0	0	1

假如我们想设置南北绿,东西红,则使 C 口输出 01101001,如上所示。将 $DR_1 \sim DR_4$,$DG_1 \sim DG_4$ 导线连至 8255 的 $PC_0 \sim PC_7$,8255 的片选 CS 连至译码器 74LS138 的 200H ～ 207H 插孔。

四、实验说明

实验工作要求 8255 工作于方式 0,8255 的地址为 200H～203H,即 PA 口地址为 200H,PB 口地址为 201H,PC 口地址为 202H,控制口为 203H。PC 口设置为输出。4 个双色灯按照如下变化:4 红——南北绿,东西红——南北由黄到绿闪 3 次,东西红不变——南北灭,东西红不变——南北红,东西绿——南北红不变,东西由黄到绿闪 3 次,——南北红不变,东西灭——南北绿,东西红,如此循环。

五、编写流程图

(略)

六、编写程序

(略)

七、实验结果

按程序框图编程,下载到实验机,运行后,可看到双色灯按实验说明的状态循环显示。

八、编程练习

改变延时子程序,使延时时间更长、更清楚地看出交通灯的变化过程。使 8255 的地址为 210～213H,其他不变。数据从 B 口输出,其他不变。4 个双色灯实现:东为红,其他方向均为绿—南为红,其他方向均为绿—西为红,其他方向均为绿—北为红,其他方向均为绿。循环执行。

实验六　定时器/计数器实验

一、实验目的

1. 了解 8253 定时器的硬件连接及时序关系。
2. 掌握 8253 的各种工作方式的编程方法。

二、实验要求

编写程序,将 8253 定时器 0 输出的方波作为定时器 1 的输入,将定时器 1 的分频输出作为定时器 2 的输入,将定时器 2 的分频输出接在一个 LED 上,运行后观察到该 LED 在不停地闪烁。

三、定时器/计数器芯片 8253 简介

1. 8253 是可编程减 1 计数器,内部有 3 个完全相同的计数器通道。每个通道都有 6 种工作方式,如图 6-7 所示。

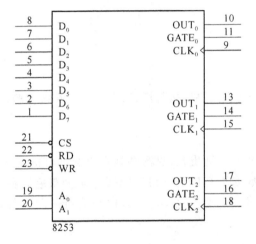

图 6-7　8253 的工作方式

2. 引脚。

(1) DB:$D_7 \sim D_0$。

AD:A_1A_0 端口选择。

① 0 0:计数器 0。

② 0 1:计数器 1。

③ 1 0:计数器 2。

④ 1 1:控制口。

(3) 计数器:GATE 为门控信号,CLK 为时钟信号。

3. 8253 的工作方式。

方式 0——计数结束中断方式。

方式 1——可编程单稳态输出方式。

方式 2——比率发生器(分频器)。

方式 3——方波发生器。

方式 4——软件触发选通。

方式 5——硬件触发选通。

4. 控制字的格式如图 6-8 所示。

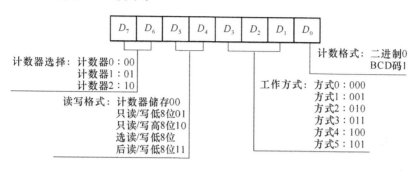

图 6-8　控制字格式

5. 方式 2 时序图(分频器)如图 6-9 所示,OUT 为 CLK 频率的 $1/N$。

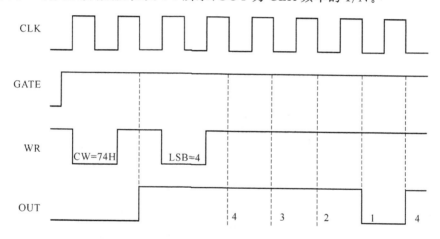

图 6-9　时序图

如果门控信号为高电平,对某一计数通道写入控制字后,该计数器 OUT 端在下一个时钟的下降沿输出高电平,写入计数值 N 后,OUT 在下一个时钟的下降沿开始减 1 计数,计到 1 时,OUT 变为低电平,后在下一个时钟的下降沿重新从 N 计数。计到 1 时,OUT 又变为低电平。因此,OUT 的频率为输入时钟频率的 $1/N$。故称方式 2 为分频器。

6. 方式 3 时序图(方波发生器)如图 6-10 所示。

如果门控信号为高电平,对某一计数通道写入控制字后,该计数器 OUT 端在下一个时钟的下降沿输出高电平,写入计数值 N 后,OUT 在下一个时钟的下降沿开始减 1 计数,计到 $N/2$ 时,输出低电平继续计数,计到 0 时,又输出高电平,开始一个新的计数过程,如果 N 为偶数,输出完全对称的方波。如果 N 为奇数,OUT 的波形前 $(N+1)/2$ 高电平,后 $(N-1)/2$ 为低电平,只不过高电平比低电平宽仅仅一个时钟周期,接近方波,故称方式 3 为方波发生器。

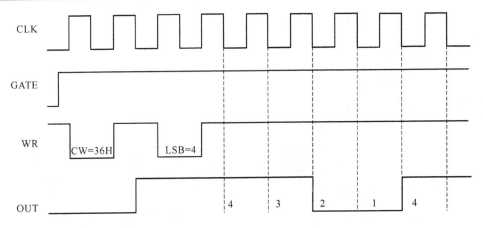

图 6-10 时序图(方波发生器)

四、实验电路

8253 的片选 CS 用连线连至译码器 228～22F 插孔,CATE$_0$～GATE$_2$ 连至电源＋5 V,从 F 插孔用连线连至 CLK$_0$。OUT$_0$ 用连线连至 CLK$_1$,OUT$_1$ 用连线连至 CLK$_2$,OUT$_2$ 用连线连至一个发光二极管(DL$_1$)。

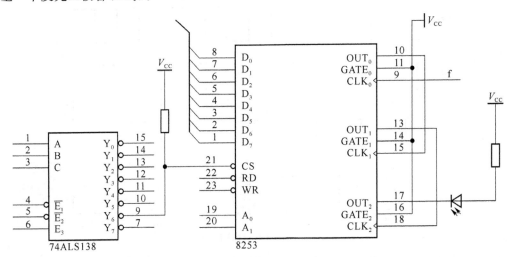

图 6-11 实验电路图

五、实验说明

1. 8253 定时器 0 设定为方式 3,定时器 1 设定为方式 2,定时器 2 设定为方式 2。

2. 定时器 0 的输出作为定时器 1 的输入,定时器 1 的输出作为定时器 2 的输入,定时器 2 的输出接在一个 LED 上。

3. 8253 的工作频率为 0～2 MHz,因此输入的 CLK 频率必须在 2 MHz 以下。实验机上的晶振是 14.745 6 MHz,经 8284 和 393 分频后作为 8253 的 CLK 输入(一般可将波特率开关拨至 9600),可从波特率开关边上 F 插孔引至定时器 0 的输入。

六、编程

1. 写控制命令:将控制字写到控制口。

```
MOV   DX,TIM_CTL           ;TIM_CTL 是控制口的地址
MOV   AL,MODE03            ;MODE03 是控制字
OUT   DX,AL
```

2. 初始化计数器低 8 位。

```
MOV   DX,TIMER0            ;TIMER0 为定时器 0 的地址
MOV   AL,00H               ;低 8 位为 00H
OUT   DX,AL
```

3. 初始化计数器高 8 位。

```
MOV   AL,01H               ;高 8 位为 01H
OUT   DX,AL
```

七、实验结果

按照程序框图编程,运行后,肉眼可观察到连接在 OUT_2 的 LED 在不停闪烁。说明 OUT_2 的频率已经低到人眼能分辨的频率范围。用示波器分别观察 8253 的 OUT_0、OUT_1、OUT_2 的输出波形。

八、流程图

实验流程图如图 6-12 所示。

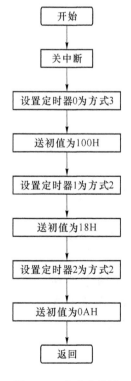

图 6-12　实验流程图

实验七　D/A 转换实验

一、实验目的

1. 掌握 D/A 转换芯片 DAC0832 的工作原理和转换性能。
2. 学习 D/A 转换芯片的使用方法、接口方法以及编程方法。

二、实验要求

编写程序,使 D/A 转换模块循环输出三角波和锯齿波。用示波器观察输出结果。

三、D/A 转换芯片介绍

1. DAC0832 是 8 位数/模转换器,内部有一个 8 位输入寄存器和一个 DAC 寄存器,输出的模拟量为差动电流,如图 6-13 所示。

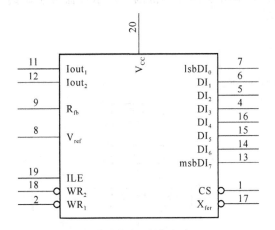

图 6-13　DAC0832

2. 引脚。

$DI_0 \sim DI_7$:数据输入端,连数据线。

$Iout_1$,$Iout_2$:差动电流输出端。

R_{fb}:片内反馈电阻,与运放构成 I/V 转换器。

V_{ref}:参考电压。

ILE:输入锁存使能端,同时有效,数据被锁存。

$\overline{WR_1}$:写命令输入端,在输入寄存器的输出端。

X_{fer}:传输控制端,同时有效,数据进行 D/A。

$\overline{WR_2}$:写命令输入端,转换。

3. 工作方式。

直通方式:控制端全部有效,数字量到达输入端,立即被转换成模拟量。

单缓冲方式:两个寄存器任一个接成直通方式,另一个锁存。

双缓冲方式:两个寄存器分时选通。

四、实验电路

将 DAC0832 的 CS 插孔接译码器 228～22F 的插孔,示波器正极接 AOUT,如图 6-14 所示。

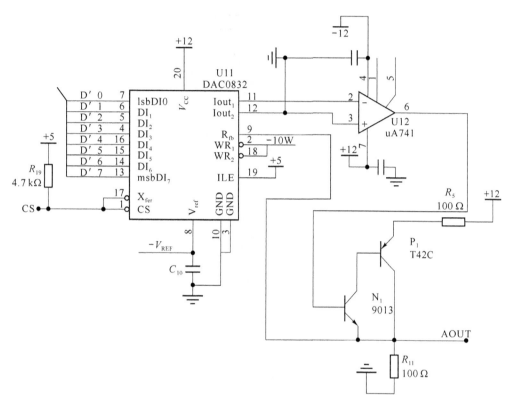

图 6-14　实验电路图

五、实验说明

1. D/A 转换是把数字量转化成模拟量的过程,实验中将输出模拟电流转换成模拟电压,送示波器观察。

2. 连续生成 1FFH 个锯齿波,再连续生成 1FFH 个三角波,如此循环。

六、编程方法

下面为生成两个锯齿波的程序。

```
MOV  DX,228H        ;228 为 0832 的地址
MOV  AL,00H         ;00H 为待转换的数字量
BB:OUT  DX,AL       ;数字量送到 0832
ADD  AL,01H         ;AL 的内容加 1
```

```
CM   PAL,00H
JNZ  BB                ;不为 0,跳到 BB
nop
```

七、流程图

实验流程图如图 6-15 所示。

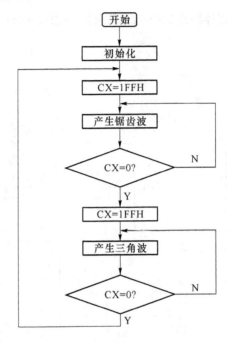

图 6-15　流程图

实验八 A/D转换实验

一、实验目的

1. 掌握A/D转换芯片ADC0809的转换性能及编程方法。

2. 学习A/D转换芯片与其他芯片的接口方法,初步建立系统的概念。

二、实验要求

编写程序,用查询方式采样电位器输入电压,并将采样得到的结果实时地通过8279显示在数码管上。

三、芯片介绍

1. ADC0809引脚

(1) ADC0809是8位A/D转换芯片,它是采用逐次逼近的方法完成A/D转换的,如图6-16所示。

(2) 引脚。

$IN_0 \sim IN_7$:8路模拟量输入端。

ref(+):正参考电压。

ref(−):负参考电压。

msb~lsb:8位数字量输出。

EOC:转换结束信号,结束为1。

ADD_CBA:地址端。

　　　　000:通道0;

　　　　001:通道1;

　　　　010:通道2;

　　　　011:通道3;

　　　　100:通道4;

　　　　101:通道5;

　　　　110:通道6;

　　　　111:通道7。

ALE:地址锁存允许启动AD。

START:启动信号。

ENABLE:输出允许控制端,三态门控制端。

CLOCK:时钟信号。

2. 8279简介

(1) 8279是可编程键盘/显示接口芯片,如图6-17所示。

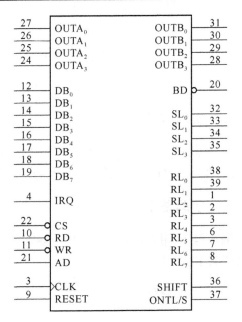

图 6-16　ADC0809　　　　　　　　　　图 6-17　8279

（2）引脚。

$DB_0 \sim DB_7$：数据线，与 CPU 相连。

A_0：地址线。

1：命令状态口。

0：数据口。

CS、RD、WR、RESET：控制线。

CLK：时钟信号。

IRQ：中断请求，CPU 读取数据。

SHIFT：CNTL/STB 控制键输入线。

$RL_0 \sim RL_7$：键输入线（数据输入）。

BD：显示消隐输出线

$SL_0 \sim SL_3$：位数据输出线

$OUTB_{0\sim3}$、$OUTA_{0\sim3}$：段数据输出线

（3）8279 的操作命令字。

键盘/显示器方式设置命令字如下：

D_7	D_6	D_5	D_4	D_3	D_2	D_1	D_0
0	0	0	D	D	K	K	K

（4）$D_7 D_6 D_5$ 为特征位。

D_4　D_3：显示方式。

0　0：8 个字符显示——左边输入。

0　1：16 个字符显示——左边输入。

1　0：8 个字符显示——右边输入。

1　1：16 个字符显示——右边输入。

（5）$D_2D_1D_0$ 键盘工作方式。

0　0：编码扫描键盘，双键锁定。

0　0：1 译码扫描键盘，双键锁定。

1　0：编码扫描键盘，N 键依次读出。

0　1：1 译码扫描键盘，N 键依次读出。

0　0：编码扫描传感器矩阵。

1　0：1 译码扫描传感器矩阵。

1　1：0 选通输入，编码扫描显示器方式。

1　1：1 选通输入，译码扫描显示器方式。

（6）写显示缓冲 RAM 命令字。

D_7	D_6	D_5	D_4	D_3	D_2	D_1	D_0
1	0	0	AI	A	A	A	A

高 3 位 100 为特征位。

AI＝1 CPU 第一次写入显示缓冲 RAM 地址后，每次写入地址自动加 1，直至所有显示缓冲 RAM 全部写毕。AI＝0，CPU 仅读出一个单元的内容。

AAAA 寻址显示缓冲 RAM 的 16 个存储单元。

四、实验电路

将 8279 的片选 CS 接三-八译码器 210H～217H 的插孔，ADC0809 的 CS 插孔接 208H～20FH 的插孔，0809 的 IN_0 接电位器 W_1 的中心抽头插孔，如图 6-18 所示。

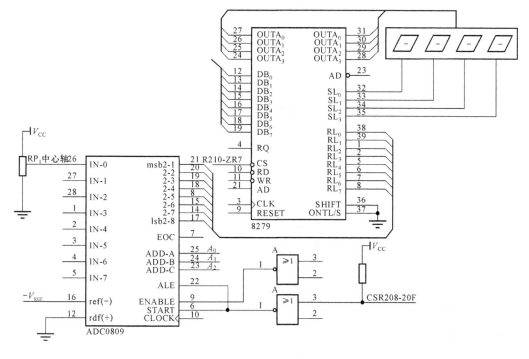

图 6-18　实验电路图

注意：电位器 W1 两边的两个插孔已经分别接好电源＋5 V 和地，不要自行连接，以免接错,出现短路现象。

五、实验说明

实验所用 A/D 转换芯片 ADC0809 是逐次逼近型,精度为 8 位,每次转换所需时间约 100 μs,所以程序若为查询式,则在启动后要给以适当延时。电压采样值为 8 位,取高 4 位转换成七段码,送一位数码管显示即可。利用查表法实现 0~F 的 ASCII 码到七段码的转换。0~F 分别对应 3FH、06H、5BH、4FH、66H、6DH、7DH、07H、7FH、6FH、77H、7CH、39H、5EH、79H、71H。

六、编程方法

写 8279 的控制命令;取 0809 的转换数据;送 8279 显示。

七、流程图

实验流程如图 6-19 所示。

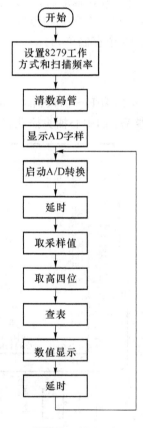

图 6-19 流程图

八、实验结果

运行程序,调 W_1,可在显示器上看到 AD ×,×为转换后的数。

实验九　步进电动机驱动实验

一、实验要求

利用 8255 的 PC 口输出脉冲序列，小键盘输入控制命令控制步进电动机的转速（分 9 挡），并控制步进电动机的转动方向。通过改变脉冲信号频率，来改变步进电动机的转速。

二、实验目的

了解控制步进电动机的基本原理，掌握控制步进电动机转动的编程方法。

三、实验电路及连线

用硬导线将 8255 片选信号 CS 接至 200～207，PC_0～PC_3 接至 SMA～SMD，SA～SD 接至步进电动机的四相输入端。将 8279 的片选信号 CS 接至 208-20F，如图 6-20 所示。

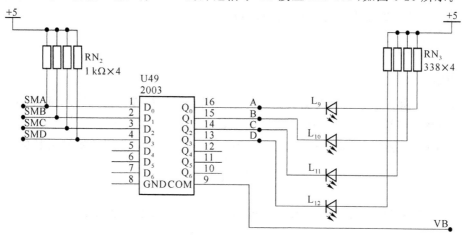

图 6-20　电路连线

四、实验说明

在运行过程中，可按动小键盘的"0～9"数码键，控制步进电动机的转速，按"＋"或"－"键控制步进电动机的方向，按"REG"键退出。本实验驱动方式为四相四拍方式，依表 6-1 所列按 A-B-C-D-A 的次序循环通电，可使电动机轴按顺时针旋转，按相反次序通电，电动机逆时针旋转。

表 6-1　通电顺序与相

通电顺序\相	A	B	C	D
0	0	1	1	1
1	1	0	1	1
2	1	1	0	1
3	1	1	1	0

第七章 检测与转换技术实验

实验一 金属箔式应变片特性及应用

一、实验目的

1. 了解金属箔式应变片的工作原理与特性。
2. 掌握利用金属箔式应变片测量位移的方法。

二、实验原理

1. 电阻应变式传感器

将应变片直接贴在被测量的变力构件上,应变片与受力构件一起变形,引起电阻值发生变化。由敏感元件将被测量(如压力等)转换为应变而导致电阻值发生变化。

在应用中,应变片安装在试件表面,在其轴向的单向应力作用下,电阻值如下变化:

$$\frac{\Delta R}{R} = K_0 \varepsilon$$

式中,K_0 为应变片灵敏度;$\frac{\Delta R}{R}$ 为应变片阻值相对变化;ε 为应变片轴向应变。

2. 测量位移原理

(1) 采用应变片法

悬臂梁与应变片组成的位移测量装置示意如图 7-1 所示。

当悬臂梁可动端的位移为 δ 时,产生的应变为

$$\varepsilon = \frac{h}{l^2} \delta$$

所以应变片电阻相对变化为

$$\frac{\Delta R}{R} = K_0 \frac{h}{l^2} \delta$$

即应变电阻相对变化与位移成正比。

在本实验中,$\frac{\Delta R}{R}$(非电量)的测量原理框图如图 7-2 所示。下面进行分析各部分的功能。

(2) 应变片电桥

DC 电桥的基本组成如图 7-3 所示,电阻 $R_1 \sim R_4$ 为 4 个桥臂,一对角线接 DC 电源,另一对角线

接检流计。调节一个(或几个)桥臂上的电阻值,可使检流计指零,此时电桥平衡,有以下关系:

$$R_1R_3=R_2R_4$$

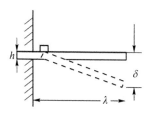

图 7-1　位移测量装置示意图

图 7-2　测量原理图

设 R_1 为被测电阻,即 $R_1=R_x$,则 $R_x=\dfrac{R_2}{R_3}R_4$。平衡电桥法用于测量电阻元件的固定参数值。

如果其桥臂(如 R_x)发生变化(如图 7-4 所示),电桥将失去平衡,AB 间输出误差信号 ΔU,这就是不平衡电桥法。图中,电位器 RP 调零用。

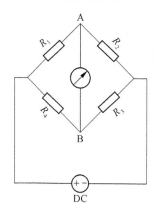

图 7-3　DC 电桥的基本组成

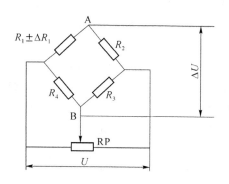

图 7-4　桥臂变化图

对于阻抗值随被测非电量变化的电阻式、电感式和电容式传感器,一般采用不平衡电桥法,把被测阻抗参数转换为电桥输出电压进行测量。

(3)误差放大器

通常采用差动放大器形式,如图 7-5 所示。

$$U_o=\frac{R_1+R_2}{R_1}\times\frac{R_4}{R_3+R_4}U_{i2}-\frac{R_2}{R_1}U_{i1}$$

若 $R_4/R_3=R_2/R_1$,则 $U_0=R_2/R_1(U_{i2}-U_{i1})$。

可见,差动放大器可做减法器用。

(4)输出电压

误差放大器输出电压供后面电路进行处理。

本实验中用数字面板表(或指针式电压表)指示。

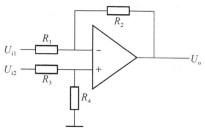

图 7-5　差动放大器

三、实验步骤

1. 了解所需单元、部件在实验仪上的位置,悬臂梁为双平行梁,测微头在平行梁前面的支座上。

2. 按图 7-6 连成单臂电桥形式,测微头脱离平行梁。

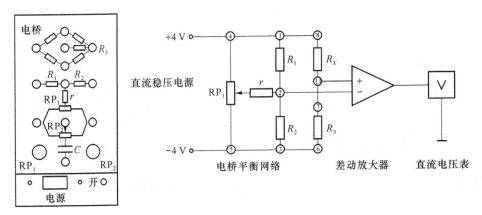

图 7-6　单臂电桥连接图

3. 先将 DC 稳压电源置 ± 2 V 挡,F/V 置 2 V 挡,差动放大器增量最大。

4. 差放调零,将差放＋、－端短接,通电,调差动放大器的调零旋钮,使 F/V 表显示为零。

5. 将电源切换到 ±4 V 挡,F/V 表置 20 V 挡,测微头脱离平行梁情况下,调 RP$_1$ 使 F/V 表显示零。再将 F/V 表置 2 V 挡,调 RP$_1$ 使 F/V 表显示零(精确调零)。

6. 将测微头转到 10 mm 刻度附近,调测微头支柱的高度使 F/V 表显示最小,再旋测微头使 F/V 表显示为零,这时测微头刻度为零位的相应刻度。

7. 往上或往下悬转测微头,使梁的自由端产生位移,记下 F/V 表读数,建议每转动测微头一周,即 $\Delta x = 0.5$ mm,记下相应读数,分别填入表 7-1。

8. 实验完毕,关断主、副电源,拆掉连线。

表 7-1　实验记录表

位移/mm					
电压/mV					

四、实验报告

1. 根据实验数据计算测量灵敏度,计算公式如下:

$$S = \frac{\Delta x}{\Delta V}$$

2. 实验中出现了哪些问题? 是如何解决的?

实验二　差动变压器的原理与应用

一、实验目的

1. 了解差动变压器的原理与特性。
2. 掌握差动变压器的标定方法。
3. 掌握用差动变压器进行振动的测量。

二、实验原理

1. 工作原理

差动变压器由初、次级线圈，铁心及衔铁组成，如图 7-7 所示。

测量时，使衔铁移动，引起初、次级线圈互感变化，输出电压因此变化。

$$\dot{U}_2 = \dot{U}_{21} - \dot{U}_{22}$$

衔铁处于中间位置时，$M_1 = M_2 = M_0$，则

$$\dot{U}_2 = 0$$

衔铁偏离中间位置时，$M_1 = M_0 + \Delta M，M_2 = M_0 - \Delta M$，则

$$\dot{U}_2 = -\mathrm{j}\omega \frac{2\Delta M}{r_1 + \mathrm{j}\omega l_1}\dot{U}_1$$

2. 测量电路

常采用桥式电路，如图 7-8 所示，RP 为调零电位器。

当 $R_1 = R_2$ 时，空载电压为

$$\dot{U}_2 = \frac{1}{2}(\dot{U}_{21} - \dot{U}_{22})$$

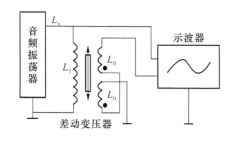

图 7-7　差动变压器的组成

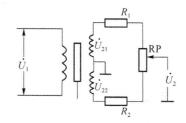

图 7-8　桥式电器

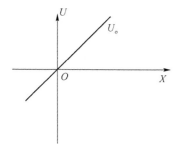

图 7-9　差动相敏检波电路的输出特性

输出电压是调幅波，为了辨别衔铁的移动方向，需要解调，差动相敏检波电路的输出特性如图 7-9 所示，X 为衔铁位移，U_o 为电路输出电压。

三、实验步骤

1. 差动变压器的标定

(1) 按图 7-10 连线。

(2) 差动放大器增益适当并调零，F/V 表置 2 V 挡，

音频振荡器输出 $4\sim10\,\mathrm{kHz}$，L_v 输出 $2U_{\mathrm{p-p}}$。

（3）用双踪示波器观察移相器输入、输出波形，调移相旋钮，使二者同相。

（4）使测微头与平台吸合，调电位器 RP_1、RP_2 及测微头，至电压表为零。

（5）给梁一较大位移（如 $2\,\mathrm{mm}$），调移相旋钮使电压表指示最大并用示波器观测相移检波器输出波形。

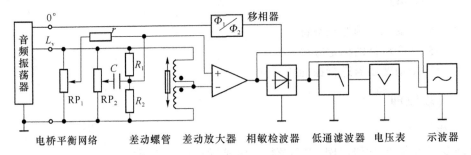

图 7-10　实验设备连线图

（6）旋转测微头，每隔 $0.25\,\mathrm{mm}$ 读电压值，填入表 7-2。

表 7-2　数据记录表

X/mm					
U/mV					

2. 振动测量

（1）音频振荡输出 $4\sim8\,\mathrm{kHz}$，差放增益最大，低频振荡器频率最低，幅值旋置中。

（2）按图 7-10 连线，测微头远离振动台，低频振荡器输出 U_0 接激振线圈 I，幅度钮置中，频率最小，通电后振动台振幅适中。

（3）音频钮置 $5\,\mathrm{kHz}$，幅度 $2U_{\mathrm{p-p}}$，用示波器观测差放、检波、低通输出波形。

（4）低频振荡器幅度不变，仅改变频率，用示波器测低通滤波器输出，数据填入表 7-3。

表 7-3　数据记录表

F/Hz	3	4	5	6	7	10	12	20	25
$U_{\mathrm{p-p}}/\mathrm{V}$									

四、实验报告

1. 根据表 7-2 数据，画出 X-U 曲线并计算灵敏度。

2. 根据表 7-3 数据，画出梁的幅频值特性曲线。

3. 讨论上述实验结果。

实验三 差动变面积式电容传感器的静态及动态特性

一、实验目的

了解差动变面积式电容传感器的原理及特性。

二、实验原理

以各种类型的电容器作为传感元件,将被测量转换为电容量变化——电容式传感器。

1. 线位移式变面积型,如图 7-11 所示。

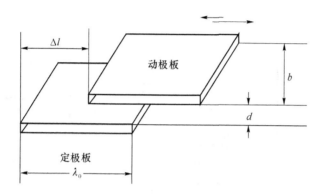

图 7-11 线位移式变面积型

被测量使动极板左右移动,引起两极板覆盖面积改变,而使电容相应变化。

初始电容 C_0:

$$C_0 = \frac{\varepsilon b l_0}{d}$$

在 d 不变,动极板沿长度方向平移 Δl,电容值变为

$$C = C_0 \left(1 - \frac{\Delta l}{l_0} \right)$$

电容相对变化:

$$\frac{\Delta C}{C_0} = \frac{\Delta l}{l_0}$$

其灵敏度:

$$K = \frac{\frac{\Delta C}{C_0}}{\Delta l} = \frac{1}{l_0}$$

本实验采用差动式变面积式传感器:由两组定极板及一组动极板组成,灵敏度大大提高。

2. 测量电路。

多采用双 T 二极管交流电桥电路,原理如图 7-12 所示。

未测量时,电路参数对称,$U_o = 0$。

测量时,C_1、C_2 均变化 $(C_1 = C_0 + \Delta C, C_2 = C_0 - \Delta C)$,

$$U_o = 2KU_i\omega\Delta C$$

可见,电容器电容发生变化($\pm\Delta C$),而导致测量电路输出电压变化。

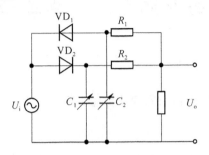

图 7-12　双下二极管交流电桥电路原理图

三、实验内容

1. 按图 7-13 连线。

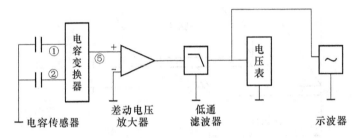

图 7-13　实验设备连接图

2. F/V 表置 20 V 挡,调节测微头使输出为零。

3. 转动测微头,每次 0.1 mm,记下测微头及电路表读数,直到电容动片与上(或下)静片覆盖面积最大为止,相关数据填入表 7-4。

表 7-4　数据记录表

X/mm					
U/mV					

4. 退回测微头至初始位置,并开始以相反方向旋转,同上,记下 X 与 U 值,填入表 7-5。

表 7-5　数据记录表

X/mm					
U/mV					

5. 卸下测微头,断开电压源。接通激振线圈 I,用示波器观察输出波形(如图 7-14 所示)。

四、实验报告

1. 计算系统灵敏度 $S = \dfrac{\Delta U}{\Delta X}$,并画出 X-U 曲线。

2. 讨论实验结果。

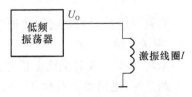

图 7-14　实验设备连接图

实验四　霍尔式传感器的特性及应用

一、实验目的

1. 了解霍尔传感器的原理和特性。
2. 掌握霍尔传感器测量重量中的应用。

二、实验原理

1. 霍尔元件

将一载流导体放在磁场中,在垂直于电流和磁场的方向上将产生电动势——霍尔效应。

$$U_H = K_H \cdot I \cdot B$$

式中:U_H 为霍尔电动势;I 为激励电流;B 为磁感应强度;K_H 为霍尔元件灵敏度;

霍尔元件的结构与符号,如图 7-15 所示。

2. 测量电路(图 7-15、图 7-16)

测量电路如图 7-16 和图 7-17 所示。

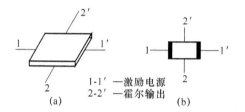

1-1′—激励电源
2-2′—霍尔输出

图 7-15　霍尔元件的结构与符号

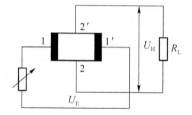

图 7-16　测量电路图 1

不等位电压 U_o 补偿——把矩形霍尔元件等效成电桥,调 RP 使 $U_o = 0$。

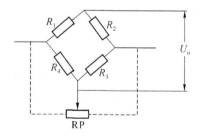

图 7-17　测量电路图 2

由于工艺原因,很难保证霍尔电极装配在同一等位面上,两输出电极间有电压 U_o 产生——不等位电压,通常称为零位误差。

三、实验步骤

1. 霍尔传感器特性

(1) 开启主、副电源,差动放大器调零,增益最小,关闭电源,按图 7-18 连线。

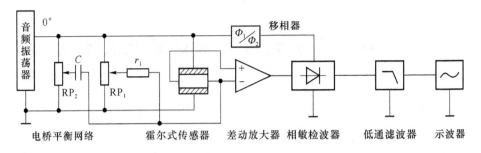

图 7-18　实验设备连接图

（2）调节测微头与振动台吸合，并使霍尔片置于半圆磁钢上下正中位置。

（3）开启电源，调 RP_1 使电压表指示为零。

（4）上下转动测微头，每 0.5 mm 读一下电压表读数，有关数据填入表 7-6。

表 7-6　数据记录表

X/mm						
U_o/V						
X/mm						
U/V						

2. 霍尔传感器应用——测重

（1）测微头脱离平台并远离。

（2）差动放大器调零，增益最小并保持不变。

（3）在称重平台上放砝码，测量数据填入表 7-7。

表 7-7　数据记录表

W/g						
U/V						

（4）在平台上放一未知重物，记下电压表读数。

四、实验报告

1. 根据表 7-6 画出系统的 X-U 曲线，求出灵敏度，并指出线性范围。

2. 根据表 7-7 数据，做出系统的 W-U 曲线，并以此计算出未知重物的质量。

第八章　单片机原理及接口技术

一、系统的安装和启动

1. 仿真开发系统集成调试软件的安装和使用见 WAVE 仿真开发系统使用手册。

2. 用户根据实验要求,进行 MCS51 单片机实验时,应插上 EX51B 仿真板。

3. 将配套的串行通信电缆的一端与实验仪上的"仿真器串口"九芯 D 形插座相连,另一端与 PC 相的串行口相连。

4. 将实验台的电源线与 220 V 电源相连(实验结束后应拔下)。

5. 打开实验台电源开关,红色电源指示灯亮。仿真开发器初始化成功后,LED 会显示 8051,表示仿真系统正常。

6. 打开计算机电源,执行 WAVE 集成调试软件。

注意事项如下。

1. 无论是集成电路的插拔、通信电缆的连接、跳线器的设置还是实验线路的连接,都应确保在断电情况下进行,否则可能造成对设备的损坏。

2. 实验线路连接完成后,应仔细检查无误后再接通电源。

二、MCS51 系列单片机实验软件设置

WAVE 集成调试环境应设置如下。

仿真器型号:WAVELab6000 实验仪。

仿真头型号:MCS51 实验(8031/32)。

软件实验一　存储器块清零

一、实验要求

指定存储器中某块的起始地址和长度,要求能将其内容清零。

二、实验目的

1. 掌握存储器读写方法。
2. 了解存储器的块操作方法。
3. 掌握循环语句的运用。

三、实验说明

通过本实验,学生可以了解单片机读写存储器的读写方法,同时也可以了解单片机编程,调试方法。如何将存储器块的内容置成某固定值(如全填充为0FFH),请学生修改程序,完成此操作。

四、程序框图

实验程序框图如图8-1所示。

五、程序代码

```
;内容:从4000H开始把256B空间的内容都清零
;片外RAM
ORG 0000H
SJM PMAIN
ORG 0030H
MAIN:
MOV  DPTR,4000H
MOV  A,00H
MOV  R0,00H
LOOP:
MOVX @DPTR, A
INC  DPTR
DJNZ R0, LOOP        ;循环256次
LJM  P $
END
```

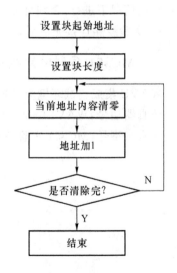

图8-1　程序框图

软件实验二 二进制到 BCD 转换

一、实验要求

将给定的一个二进制数转换成二—十进制(BCD)码。

二、实验目的

1. 掌握简单的数值转换算法。
2. 基本了解数值的各种表达方法。

三、实验说明

计算机中的数值有各种表达方式,这是计算机的基础。掌握各种数制之间的转换是一种基本功。有兴趣的同学可以试试将 BCD 转换成二进制码。

四、程序框图

实验程序框图如图 8-2 所示。

五、程序代码

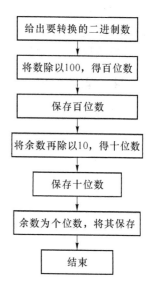

图 8-2 程序框图

```
;将 A 拆为 3 个 BCD 码,并存入 Result 开始的 3 个单元。
ORG 0000H
SJM PMAIN
ORG 0030H
Result EQU   20H

BinToBCD:
    MOV     B,#100
    DIV     AB
    MOV     Result, A      ; 除以 100,得百位数

    MOV     A, B
    MOV     B, #10
    DIV     AB
    MOV     Result + 1, A   ; 余数除以 10,得十位数

    MOV     Result + 2, B   ; 余数为个位数
    RET

MAIN:
    MOV     SP, #40H
    MOV     a, #123
    CALL    BinToBCD

    SJMP    $

    END
```

软件实验三　内存块移动

一、实验要求

将指定源地址和长度的存储块移到指定目标位置。

二、实验目的

1. 了解内存的移动方法。
2. 加深对存储器读写的认识。

三、实验说明

块移动是计算机常用的操作之一,多用于大量的数据复制和图像操作。本程序是给出起始地址,用地址加一方法移动块,请思考给出块结束地址,用地址减一方法移动块的算法。另外,若源块地址和目标块地址有重叠,该如何避免?

四、程序框图

程序框图如图 8-3 所示。

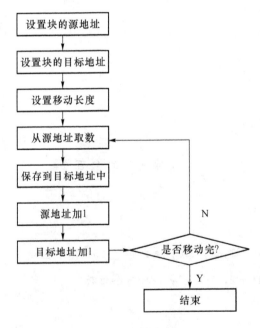

图 8-3　程序框图

五、程序代码

;实验内容:3000H~4000H 256B
ORG 0000H
SJM PMAIN

```
ORG 0030H
;主函数
MAIN：
MOV  R0，#00H
MOV  R1，#00H
MOV  R2，#01H
MOV  R3，#01H
;从 3000H 开始,依次自加 1 ,并把内容传给 A(用 DJNZ 循环实现)
LP：
MOV  DPTR，#3000H
LP1：
INC  DPTR
DJNZ R2，LP1

MOVX A，@DPTR          ;把 DPTR 指向的地址内容传给 A
;从 4000H 开始,依次自加 1 ,并把 A 内容传给 DPTR 指向地址的内容(用 DJNZ 循环实现)
MOV  DPTR，#4000H
LP2：
INC  DPTR
DJNZ R3，LP2
MOVX @DPTR，A          ;把 A 中的内容传给,DPTR 指向的地址的内容

INC B                 ;循环计数,相当于计数器
MOV R2，B
MOV R3，B

DJNZ R0,LP            ;大循环判断语句
;单独对 3000H 地址中的内容,传给 4000H 地址中的内容
MOV DPTR，#3000H
MOVX A，@DPTR
MOV DPTR，#4000H
MOVX @DPTR，A

SJMP $                ;程序停在此处不动
END                   ;程序结束
```

思考题:对内部 RAM 的数据块移动的编程(因为是 8 位地址,所以比上面的实验程序简单很多)。

软件实验四 程序跳转表

一、实验要求

在多分支结构的程序中,能够按调用号执行相应的功能,完成指定操作。

二、实验目的

1. 了解程序的多分支结构。
2. 了解多分支结构程序的编程方法。

三、实验说明

多分支结构是程序中常见的结构,若给出调用号来调用子程序,一般用查表方法,查到子程序的地址,转到相应子程序。

四、程序框图

程序框图如图 8-4 所示。

五、程序代码

;用查表的方式,来把 A 中一个值对应一个功能函数

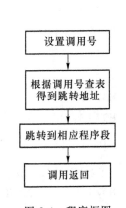

图 8-4 程序框图

```
ORG 0000H
SJM PMAIN
ORG 0030H
MAIN:
    MOV A, #00H
    CALL FUNC
    MOV A, #01H
    CALL FUNC
    MOV A, #02H
    CALL FUNC
FUNC0:
    MOV A, #00H
    RET
    FUNC1:
    MOV A, #01H
    RET
    FUNC2:
    MOV A, #02H
    RET
```

```
FUNC：
    ADD A，ACC
    MOV DPTR，#FUNCTAB
    JM P@A + DPTR

FUNCTAB：
    AJM PFUNC0
    AJM PFUNC1
    AJM PFUNC2

END
```

硬件实验一 P1 口输入、输出实验

一、实验要求

1. P1 口做输出口，接 8 只发光二极管，编写程序，使发光二极管循环点亮。

2. P1.0、P1.1 作为输入口接两个拨动开关，P1.2、P1.3 作为输出口接两个发光二极管，编写程序读取开关状态，将此状态在发光二极管上显示出来。编程时应注意 P1.0、P1.1 作为输入口时应先置 1，才能正确读入值。

二、实验目的

1. 学习 P_1 口的使用方法。

2. 学习延时子程序的编写和使用。

三、实验电路及连线

实验电路及连线图如图 8-5 所示。

```
P1.0 ● — — ● LED0          S0  ● — — ● P1.0
P1.1 ● — — ● LED1          S1  ● — — ● P1.1
P1.2 ● — — ● LED2         P1.2 ● — — ● LED4
P1.3 ● — — ● LED3         P1.3 ● — — ● LED5
```

连线	连接孔 1	连接孔 2
1	P1.0	L0
2	P1.1	L1
3	P1.2	L2
4	P1.3	L3

连线	连接孔 1	连接孔 2
1	S0	P1.0
2	S1	P1.1
3	P1.2	L4
4	P1.3	L5

实验 1 P1 口循环点灯   实验 2 P1 口输入输出

图 8-5 实验电路及连线

四、实验说明

1. P1 口是准双向口。它作为输出口时与一般的双向口使用方法相同。由准双向口结构可知当 P1 口用为输入口时，必须先对它置"1"。若不先对它置"1"，读入的数据是不正确的。

2. 由于 80C196 系列 CPU 没有位操作，所以要对 P1.0、P1.1 进行与运算，以判断该位为高还是为低，然后再用与和或运算将 P1.2、P1.3 的相应位置高或低，这与 80C51 系列 CPU 不同。80C51 可以将位变量通过 C 标志位赋值给其他位。

3. 8051 延时子程序的延时计算问题，对于程序

Delay:
    MOV R6，＃0H
    MOV R7，＃0H
DelayLoop:

```
DJNZ R6,DelayLoop
DJNZ R7,DelayLoop
RET
```

查指令表可知 MOV、DJNZ 指令均需用两个机器周期,在 6 MHz 晶振时,一个机器周期时间长度为 12/6 MHz,所以该段程序执行时间为

$$(256×255+2)×2×12÷6 \text{ ms}≈261 \text{ ms}$$

五、实验框图

实验框图如图 8-6 所示。

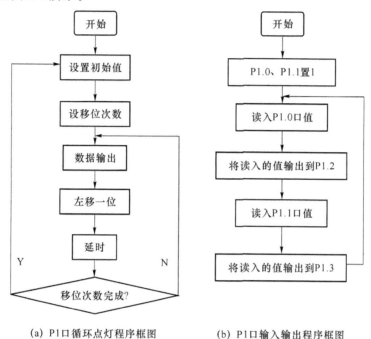

(a) P1口循环点灯程序框图　　　(b) P1口输入输出程序框图

图 8-6　实验框图

六、程序代码

```
ORG 0000H
SJM PMIAN
ORG 0030H
MAIN:
LOOP:
    MOV   A, #01H
    MOV   R2, #8
OUTPUT:
    MOV   P1, A
    RL    A        ;循环左移
    CALL  DELAY    ;调用延时子程序
```

```
        DJNZ   R2, OUTPUT
        LJMP   LOOP
DELAY:
    MOV    R6, ＃0
    MOV    R7, ＃0
DELAYLOOP:
    DJNZ   R6, DELAYLOOP
    DJNZ   R7, DELAYLOOP
    RET
END
```

硬件实验二　外部中断实验

一、实验要求

用单次脉冲申请中断,在中断处理程序中对输出信号进行反转。

二、实验目的

1. 学习外部中断技术的基本使用方法。
2. 学习中断处理程序的编程方法。

三、实验电路及连线

实验电路及连线如图 8-7 所示。

连线	连接孔 1	连接孔 2
1	P1.0	L0
2	单脉冲输出	INT0(51 系列)
2	单脉冲输出	EINT(96 系列)

图 8-7　实验电路及连线

四、实验说实明

中断服务程序的关键是以下两点。

1. 保护进入中断时的状态,并在退出中断之前恢复进入时的状态。
2. 必须在中断程序中设定是否允许中断重入,即设置 EXO 位。

本例中使用了 INT0 中断,一般中断程序进入时应保护 PSW,ACC 以及中断程序使用,但非其专用的寄存器。本例的中断程序保护了 PSW、ACC 等 3 个寄存器并且在退出前恢复了这 3 个寄存器。另外中断程序中涉及关键数据的设置时应关中断,即设置时不允许重入。本例中没有涉及这种情况。

INT0(P32)端接单次脉冲发生器。P1.0 接 LED 灯,以查看信号反转。

五、实验框图

实验框图如图 8-8 所示。

六、程序代码

```
ORG   0000H
SJM   PMAIN
ORG   0030H
SJM PINTERUPT0:
```

```
LED       EQU P1.0
LEDBUF    EQU 0
MAIN:
     CLR      LEDBUF
     CLR      LED
     MOV      TCON, #01H     ;外部中断 0 下降沿触发
     MOV      IE, #81H       ;打开外部中断允许位(EXO)及总中断允许位(EA)
     LJM      P $

     INTERUPT0:
     PUSH     PSW            ;保护现场
     CPL      LEDBUF         ;取反 LED
     MOV      C, LEDBUF
     MOV      LED, C
     POP      PSW            ;恢复现场
     RETI

     END
```

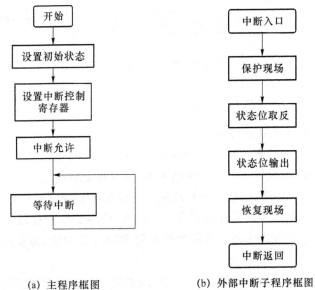

(a) 主程序框图　　　　　　(b) 外部中断子程序框图

图 8-8　实验框图

硬件实验三 定时器实验

一、实验要求

用 CPU 内部定时器中断方式计时,实现每一秒钟输出状态发生一次反转。

二、实验目的

1. 学习 8031 内部计数器的使用和编程方法。
2. 进一步掌握中断处理程序的编程方法。

三、实验电路及连线

实验电路及连线如图 8-9 所示。

连线	连接孔 1	连接孔 2
1	P1.0	L0

图 8-9 实验电路及连线

四、实验说明

1. 关于内部计数器的编程,主要是定时常数的设置和有关控制寄存器的设置。内部计数器在单片机中主要有定时器和计数器两个功能。本实验使用的是定时器。

2. 定时器有关的寄存器有工作方式寄存器 TMOD 和控制寄存器 TCON。TMOD 用于设置定时器/计数器的工作方式 0~3,并确定用于定时还是用于计数。TCON 主要功能是为定时器在溢出时设定标志位,并控制定时器的运行或停止等。

3. 内部计数器用作定时器时,是对机器周期计数。每个机器周期的长度是 12 个振荡器周期。因为实验系统的晶振是 6 MHz,本程序工作于方式 2,即 8 位自动重装方式定时器,定时器 100 μs 中断一次,所以定时常数的设置可按以下方法计算:

$$机器周期 = 12 \div 6\,MHz = 2\,\mu s$$

$$(256 - 定时常数) \times 2\,\mu s = 100\,\mu s$$

定时常数 = 206,然后对 100 μs 中断次数计数 10 000 次,就是 1 s。

4. 在例程的中断服务程序中,因为中断定时常数的设置对中断程序的运行起到关键作用,所以在置数前要先关对应的中断,置数完之后再打开相应的中断。

五、实验框图

实验框图如图 8-10 所示。

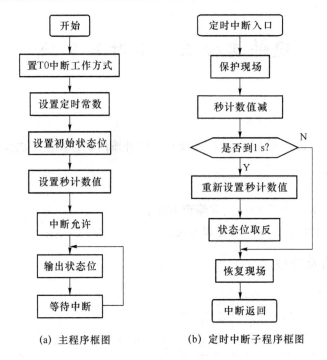

(a) 主程序框图   (b) 定时中断子程序框图

图 8-10   实验框图

六、程序代码

```
ORG   0000H
SJM   PMAIN
ORG   000BH
SJMP  T0INT
TICK    EQU   10 000          ; 10 000 × 100 μs = 1s
     T100US EQU 256 − 50       ; 100 μs 时间常数(6M)
     C100US EQU 30H            ; 100 μs 记数单元
     LEDBUF EQU 0
     LED    EQU P1.0
     T0INT:
     PUSH   PSW
     MOV    A, C100US + 1
     JNZ    GOON
     DEC    C100US
GOON:
     DEC    C100US + 1
     MOV    A, C100US
     ORL    A, C100US + 1
     JNZ    EXIT             ; 100 μs 记数器不为 0，返回
```

```
        MOV     C100US，#HIGH(TICK)
        MOV     C100US + 1，#lLOW(TICK)
        CPL     LEDBUF          ；100 μs 记数器为 0，重置记数器
                                ；取反 LED
EXIT:
        PO      PPSW
        RETI

MAIN:
        MOV     TMOD，#02H       ；方式 2，定时器
        MOV     TH0，#T100US
        MOV     TL0，#T100US

        MOV     IE，#10000010B  ；EA = 1, IT0 = 1
        SETB    TR0             ；开始定时

        CLR     LEDBUF
        CLR     LED
        MOV     C100US，#HIGH(TICK)
        MOV     C100US + 1，#LOW(TICK)

LOOP:
        MOV     C，LEDBUF
        MOV     LED，C
        LJM     PLOOP

        END
```

硬件实验四　单片机串行口通信实验

一、实验要求

利用单片机串行口实现两个实验台之间的串行通信。其中一个实验台作为发送方,另一个实验台则为接收方。发送方读入按键值,并发送给接收方,接收方收到数据后在 LED 上显示。

二、实验目的

1. 掌握单片机串行口工作方式的程序设计及简易三线式通信的方法。
2. 了解实现串行通信的硬环境、数据格式的协议、数据交换的协议。
3. 学习串口通信的中断方式的程序编写方法。

三、实验电路

显示电路和键盘电路如图 8-11 所示。

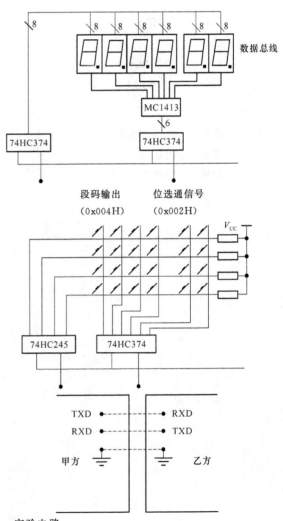

连线	连接孔 1	连接孔 2
1	KEY/LED_CS	CS$_0$

连线	连接孔 1	连接孔 2
1	KEY/LED_CS	CS$_0$

串口电路

连线	连接孔 1	连接孔 2
1	甲方 TXD	乙方 RXD
2	甲方 RXD	乙方 TXD
3	甲方 GND	乙方 GND
4	KEY/LED_CS	CS$_0$

图 8-11　实验电路

四、实验说明

1. 8051 的 RXD、TXD 接线柱在 POD51/96 仿真板上。

2. 通信双方的 RXD、TXD 信号本应经过电平转换后再行交叉连接,本实验中为减少连线可将电平转换电路略去,而将双方的 RXD、TXD 直接交叉连接。也可以将本机的 TXD 接到 RXD 上,这样按下的键,就会在本机 LED 上显示出来。

3. 若想与标准的 RS-232 设备通信,就要做电平转换,输出时要将 TTL 电平换成 RS-232 电平,输入时要将 RS-232 电平换成 TTL 电平。可以将仿真板上的 RXD、TXD 信号接到实验板上的"用户串口接线"相应的 RXD 和 TXD 端,经过电平转换,通过"用户串口"接到外部的 RS-232 设备。可以用实验仪上的逻辑分析仪采样串口通信的波形。

五、实验框图

实验框图如图 8-12 所示。

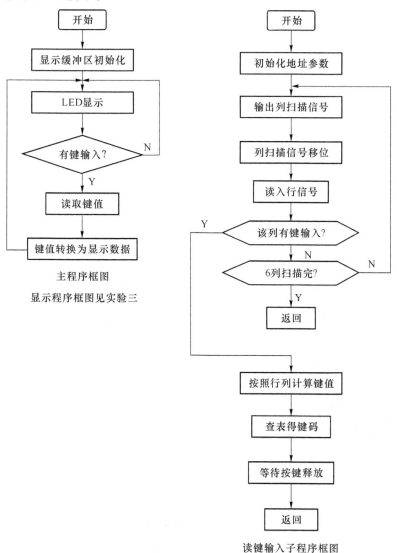

图 8-12　实验框图

六、程序代码

```
OUTBIT EQU 08002H              ；位控制口
OUTSEG    EQU   08004H         ；段控制口
IN        EQU   08001H         ；键盘读入口

HasRcv    EQU   20H            ；接收标志位
LEDBuf    EQU   40H            ；显示缓冲
RCVBuf    EQU   50H            ；接收缓冲

          ORG   0000H
          LJMP  MAIN
```

；串行口中断程序

```
          ORG   0023H
          JNB   TI,S0_R
          CLR   TI
          NOP
          SJM PS0_RET
     S0_R：                     ；接收数据
          CLR   RI
          MOV   RCVBUF,SBUF     ；保存数据
          SETB  HasRcv          ；提示收到数据
          NOP
     S0_RET：
          RETI
     LEDMAP：                   ；八段管显示码
          db    3fh, 06h, 5bh, 4fh, 66h, 6dh, 7dh, 07h
          db    7fh, 6fh, 77h, 7ch, 39h, 5eh, 79h, 71h
     Delay：                    ；延时子程序
          MOV   R7, #0
     DelayLoop：
          DJNZ  R7, DelayLoop
          DJNZ  R6, DelayLoop
          RET
     DisplayLED：
          MOV   R0, #LEDBuf
          MOV   R1, #6          ；共6个八段管
          MOV   R2, #00100000B  ；从左边开始显示
     Loop：
```

```
        MOV   DPTR, #OUTBIT
        MOV   A, #0
        MOVX  @DPTR, A              ; 关所有八段管

        MOV   A, @R0
        MOV   DPTR, #OUTSEG
        MOVX  @DPTR, A
        MOV   DPTR, #OUTBIT
        MOV   A, R2
        MOVX  @DPTR, A              ; 显示 1 位八段管

        MOV   R6, #1
        CALL  Delay

        MOV   A, R2                 ; 显示下一位
        RR    A
        MOV   R2, A

        INC   R0

        DJNZ  R1, Loop

        RET

TestKey:
        MOV   DPTR, #OUTBIT
        MOV   A, #0
        MOVX  @DPTR, A              ; 输出线置为 0
        MOV   DPTR, #IN
        MOVX  A, @DPTR             ; 读入键状态
        CPL   A
        ANL   A, #0FH              ; 高 4 位不用

        RET

KeyTable:                          ; 键码定义
        db    16h, 15h, 14h, 0ffh
        db    13h, 12h, 11h, 10h
        db    0dh, 0ch, 0bh, 0ah
        db    0eh, 03h, 06h, 09h
        db    0fh, 02h, 05h, 08h
        db    00h, 01h, 04h, 07h

GetKey:
        MOV   DPTR, #OUTBIT
```

```
            MOV   P2，DPH
            MOV   R0，＃Low(IN)
            MOV   R1，＃00100000B
            MOV   R2，＃6
   KLoop：
            MOV   A，R1                    ；找出键所在列
            CPL   A
            MOVX  @DPTR，A
            CPL   A
            RR    A
            MOV   R1，A                    ；下一列
            MOVX  A，@R0
            CPL   A
            ANL   A，＃0FH
            JNZ   Goon1                   ；该列有键入
            DJNZ  R2，KLoop
            MOV   R2，＃0FFH               ；没有键按下，返回 0ffh
            SJMP  Exit
   Goon1：
            MOV   R1，A                    ；键值 ＝ 列×4＋行
            MOV   A，R2
            DEC   A
            RL    A
            RL    A
            MOV   R2，A                    ；R2 ＝ (r2－1)×4
            MOV   A，R1                    ；R1 中为读入的行值
            MOV   R1，＃4
   LoopC：
            RRC   A                       ；移位找出所在行
            JC    Exit
            INC   R2                      ；R2 ＝ R2＋行值
            DJNZ  R1，LoopC
   Exit：
            MOV   A，R2                    ；取出键码
            MOV   DPTR，＃KeyTable
            MOVC  A，@A＋DPTR
            MOV   R2，A
```

```
WaitRelease:
        MOV   DPTR, #OUTBIT        ; 等键释放
        CLR   A
        MOVX  @DPTR, A

        MOV   R6, #10
        CALL  Delay
        CALL  TestKey
        JNZ   WaitRelease

        MOV   A, R2
        RET
MAIN:
        MOV   SP, #60H
        MOV   IE, #0               ; DISABLE ALL INTERRUPT
        MOV   TMOD, #020H          ; 定时器 1 工作于方式 2 (8 位重装)
        MOV   TH1, #0F3H           ; 波特率 2 400 bit/s @ 12 MHz
        MOV   TL1, #0F3H
        ANL   PCON, #07FH          ; SMOD 位清零
        ORL   PCON, #80H
        MOV   SCON, #050H          ; 串行口工作方式设置

        MOV   LEDBuf, #0FFH        ; 显示 8.8.8.8.
        MOV   LEDBuf + 1, #0FFH
        MOV   LEDBuf + 2, #0FFH
        MOV   LEDBuf + 3, #0FFH
        MOV   LEDBuf + 4, #0
        MOV   LEDBuf + 5, #0
        SETB  TR1

        SETB  ES
        SETB  EA
        ;MOV  sbuf, A
        ;JNB  ti, $
MLoop:
        JB    HasRcv, RcvData      ; 收到数据?

        CALL  DisplayLED           ; 显示
        CALL  TestKey              ; 有键入?
        JZ    MLooP                ; 无键入, 继续显示
        CALL  GetKey               ; 读入键码
        ANL   A, #0FH              ; 通信口输出键码
```

```
              MOV    SBUF, A
              LJMP  MLoop
RcvData：
              CLR    HasRcv                  ；是
              MOV   A, RcvBuf                ；显示数据
              MOV   B, A
              ANL   A, ♯0FH                  ；显示低位
              MOV   DPTR, ♯LEDMap
              MOVC  A, @A + DPTR
              MOV   LEDBuf + 5, A
              MOV   A, B
              SWAP  A                        ；显示高位
              ANL   A, ♯0FH
              MOV   DPTR, ♯LEDMap
              MOVC  A, @A + DPTR
              MOV   LEDBuf + 4, A
              LJMP  MLoop
              END
```

第九章 PLC控制模拟及应用实验

实验一 基本指令的编程练习

在 MF21 模拟实验挂箱中基本指令的编程练习实验区完成本实验。

基本指令编程练习的实验面板图如图 9-1 所示。

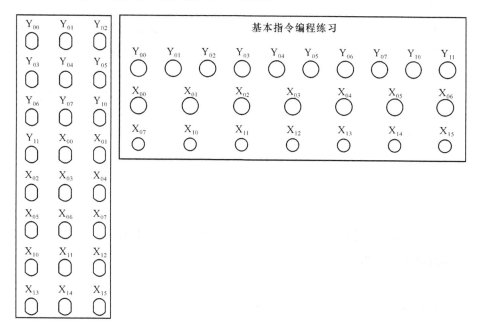

图 9-1 实验面板图

图 9-1 中的接线孔通过防转座插锁紧线与 PLC 的主机相应的输入输出插孔相接。X_i 为输入点，Y_i 为输出点。

图 9-1 中下面两排 $X_0 \sim X_{15}$ 为输入按键和开关，模拟开关量的输入。上边一排 $Y_0 \sim Y_{11}$ 是 LED 指示灯，接 PLC 主机输出端，用以模拟输出负载的通与断。

一、与或非逻辑功能实验

在 MF21 模拟实验挂箱中基本指令的编程练习实验区完成本实验。

（一）实验目的

1. 熟悉 PLC 装置。

2. 熟悉 PLC 及实验系统的操作。

3. 掌握"与"、"或"、"非"逻辑功能的编程方法。

（二）实验原理

调用 PLC 基本指令，可以实现"与"、"或"、"非"逻辑功能。

（三）输入/输出接线列表

输入/输出接线列表见表 9-1。

表 9-1　输入/输出接线列表

输入	X_{10}	X_{11}	输出	Y_1	Y_2	Y_3	Y_4
接线	X_{10}	X_{11}	接线	Y_{01}	Y_{02}	Y_{03}	Y_{04}

（四）实验步骤

通过专用电缆连接 PC 与 PLC 主机。打开编程软件，逐条输入程序，检查无误并把其下载到 PLC 主机后，将主机上的 STOP/RUN 按钮拨到 RUN 位置，运行指示灯点亮，表明程序开始运行，有关的指示灯将显示运行结果。

拨动输入开关 X_{10}、X_{11}，观察输出指示灯 Y_1、Y_2、Y_3、Y_4 是否符合"与"、"或"、"非"逻辑的正确结果。

（五）梯形图参考程序

参考图 9-1。

二、定时器/计数器功能实验

在 MF21 模拟实验挂箱中基本指令的编程练习实验区完成本实验。

（一）定时器的认识实验

1. 实验目的

认识定时器，掌握针对定时器的正确编程方法。

2. 实验原理

定时器的控制逻辑是经过时间继电器的延时动作，然后产生控制作用。其控制作用同一般继电器。

3. 梯形图参考程序

参考图 9-1。

（二）定时器扩展实验

1. 实验目的

掌握定时器的扩展及其编程方法。

2. 实验原理

由于 PLC 的定时器都有一定的定时范围。如果需要的设定值超过机器范围，我们可以通过几个定时器的串联组合来扩充设定值的范围。

3. 梯形图参考程序

参考图 9-2。

(三) 计数器认识实验

1. 实验目的

认识计数器,掌握针对计数器的正确编程方法。

2. 实验原理

三菱 FXOS 系列的内部计数器分为 16 位二进制加法计数器和 32 位增计数/减计数器两种。其中的 16 位二进制加法计数器,其设定值在 1~32 767 有效。

这是一个由定时器 T_0 和计数器 C_0 组成的组合电路。T_0 形成一个设定值为 1 s 的自复位定时器,当 X_{10} 接通,T_0 线圈得电,经延时 1 s,T_0 的常闭接点断开,T_0 定时器断开复位,待下一次扫描时,T_0 的常闭接点才闭合,T_0 线圈又重新得电。即 T_0 接点每接通一次,每次接通时间为一个扫描周期。计数器对这个脉冲信号进行计数,计数到 10 次,C_0 常开接点闭合,使 Y_0 线圈接通。从 X_{10} 接通到 Y_0 有输出,延时时间为定时器和计数器设定值的乘积:

$$T_{总}=1\times10\ s=10\ s$$

3. 梯形图参考程序

参考图 9-2。

(四) 计数器的扩展实验

1. 实验目的

掌握计数器的扩展及其编程方法。

2. 实验原理

由于 PLC 的计数器都有一定的定时范围。如果需要的设定值超过机器范围,我们可以通过几个计数器的串联组合来扩充设定值的范围。

此实验中,总的计数值 $C_{总}=20\times3\times1s=60\ s$。

3. 梯形图参考程序

参考图 9-2。

(a)

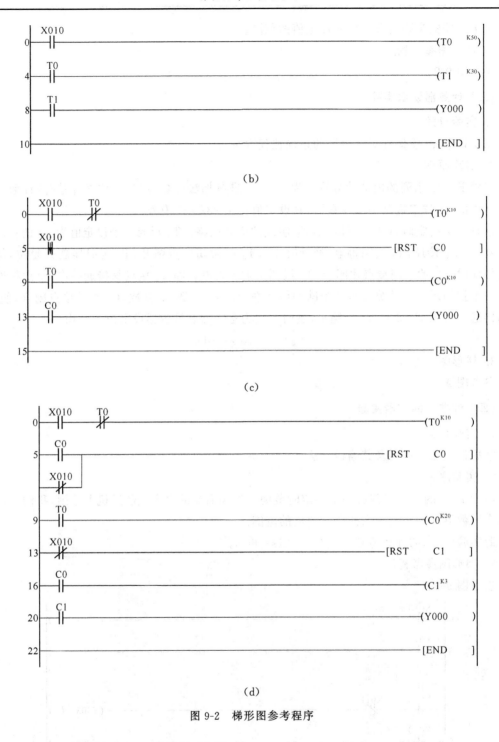

（b）

（c）

（d）

图 9-2　梯形图参考程序

实验二　四节传送带的模拟

在 MF21 模拟实验挂箱中四节传送带的模拟实验区完成本实验。

一、实验目的

通过使用各基本指令，进一步熟练掌握 PLC 的编程和程序调试。

二、控制要求

有一个用 4 条传送带运输机的传送系统，分别用 4 台电动机带动，控制要求如下。

启动时先起动最末一条传送带机，经过 5 s 延时，再依次起动其他传送带机。

停止时应先停止最前一条传送带机，待料运送完毕后再依次停止其他传送带机。

当某条传送带机发生故障时，该皮带机及其前面的传送带机立即停止，而该传送带机以后的传送带机待运完后才停止。例如 M_2 故障，M_1、M_2 立即停，经过 5 s 延时后，M_3 停，再过 5 s，M_4 停。

当某条传送带机上有重物时，该传送带机前面的皮带机停止，该传送带机运行 5 s 后停，而该传送带机以后的传送带机待料运完后才停止。例如，M_3 上有重物，M_1、M_2 立即停，过 5 s，M_3 停，再过 5 s，M_4 停。

三、四传送带的模拟实验面板图

图 9-3 中的 A、B、C、D 表示负载或故障设定；M_1、M_2、M_3、M_4 表示传送带的运动。启动、停止用动合按钮来实现，负载或故障设置用钮子开关来模拟，电动机的停转或运行用发光二极管来模拟。

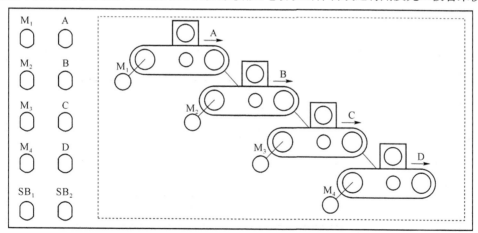

图 9-3　四节传送带的模拟实验面板图

四、输入/输出接线列表

表 9-2　输入/输出接线列表

输入接线	SB$_1$	A	B	C	D	SB$_2$	输出接线	M$_1$	M$_2$	M$_3$	M$_4$
	X_0	X_1	X_2	X_3	X_4	X_5		Y_1	Y_2	Y_3	Y_4

五、梯形图参考程序

模拟故障程序如图 9-4 所示。

```
     X000    X005
  0 ──┤├──────┤/├─────────────────────────────────[SET    Y004  ]
     M1
  ──┤├───────────┬─────────────────────────────────────(M1    )
     M1
  5 ──┤├──────────────────────────────────────────────(T0 K50 )
     T0
  9 ──┤├─────────────────────────────────────────[SET    Y003  ]
             └────────────────────────────────────────(M2    )
     M2
 12 ──┤├──────────────────────────────────────────────(T1 K50 )
     T1
 16 ──┤├─────────────────────────────────────────[SET    Y002  ]
             └────────────────────────────────────────(M3    )
     M3
 19 ──┤├──────────────────────────────────────────────(T2 K50 )
     T2
 23 ──┤├─────────────────────────────────────────[SET    Y001  ]
     X005    X000
 25 ──┤├──────┤/├────────────────────────────────[RST    Y001  ]
     M4
  ──┤├───────────┴──────────────────────────────────────(M4   )
     M4
 30 ──┤├──────────────────────────────────────────────(T3 K50 )
     T3
 34 ──┤├─────────────────────────────────────────[RST    Y002  ]
             └────────────────────────────────────────(M5    )
     M5
 37 ──┤├──────────────────────────────────────────────(T4 K50 )
     T4
 41 ──┤├─────────────────────────────────────────[RST    Y003  ]
             └────────────────────────────────────────(M6    )
     M6
 44 ──┤├──────────────────────────────────────────────(T5 K50 )
     T5
 48 ──┤├─────────────────────────────────────────[RST    Y004  ]
     X001
 50 ──┤├─────────────────────────────────────────[RST    Y001  ]
             └────────────────────────────────────────(M7    )
     M7
 53 ──┤├──────────────────────────────────────────────(T6 K50 )
```

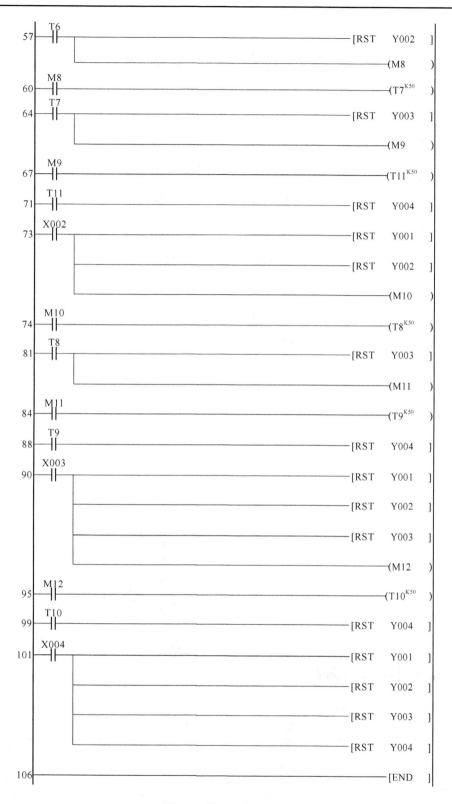

图 9-4 梯形图参考程序

实验三 自动配料系统的模拟

在 MF21 模拟实验挂箱中自动配料系统模拟实验区完成本实验。

一、实验目的

1. 熟练掌握 PLC 的编程和程序调试。
2. 了解掌握现代工业中自动配料系统的工作过程和编程方法。

二、控制要求

系统启动后,配料装置能自动识别货车到位情况及对货车进行自动配料,当车装满时,配料系统能自动关闭。

三、自动配料系统模拟实验面板图

自动配料系统模拟实验面板图如图 9-5 所示。

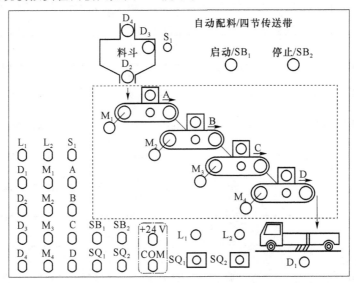

图 9-5 自动配料系统模拟实验面板图

四、输入/输出接线列表

输入/输出接线列表见表 9-3。

表 9-3 输入/输出接线列表

按钮	SB_1	SB_2	S_1	SQ_1	SQ_2
功能	启动	停止	料斗满	车未到位	车装满
连线	X_0	X_1	X_2	X_3	X_4

指示灯	D_1	D_2	D_3	D_4
功能	车装满	料斗下口下料	料斗满	料斗上口下料
连线	Y_0	Y_1	Y_2	Y_3

指示灯	L_1	L_2	M_1	M_2	M_3	M_4
功能	车未到位	车到位	电动机 M_1	电动机 M_2	电动机 M_3	电动机 M_4
连线	Y_4	Y_5	Y_6	Y_7	Y_{10}	Y_{11}

五、工作过程

1. 初始状态

系统启动后，红灯 L_2 灭，绿灯 L_1 亮，表明允许汽车开进装料。料斗出料口 D_2 关闭，若料位传感器 S_1 置为 OFF（料斗中的物料不满），进料阀开启进料（D_4 亮）。当 S_1 置为 ON（料斗中的物料已满），则停止进料（D_4 灭）。电动机 M_1、M_2、M_3 和 M_4 均为 OFF。

2. 装车控制

装车过程中，当汽车开进装车位置时，限位开关 SQ_1 置为 ON，红灯信号灯 L_2 亮，绿灯 L_1 灭；同时起动电动机 M_4，经过 2 s 后，再起动 M_3，再经 2 s 后起动 M_2，再经过 2 s 最后起动 M_1，再经过 2 s 后才打开出料阀（D_2 亮），物料经料斗出料。

当车装满时，限位开关 SQ_2 为 ON，料斗关闭，2 s 后 M_1 停止，M_2 在 M_1 停止 2 s 后停止，M_3 在 M_2 停止 2 s 后停止，M_4 在 M_3 停止 2 s 后最后停止。同时红灯 L_2 灭，绿灯 L_1 亮，表明汽车可以开走。

3. 停机控制

按下停止按钮 SB_2，自动配料装车的整个系统终止运行。

实验四　十字路口交通灯控制的模拟

在 MF22 模拟实验挂箱中十字路口交通灯模拟控制实验区完成实验。

一、实验目的

熟练使用各基本指令,根据控制要求,掌握 PLC 的编程方法和程序调试方法,使学生了解用 PLC 解决一个实际问题的全过程。

二、十字路口交通灯控制实验面板图

实验面板(如图 9-6 所示)中,甲模拟东西向车辆行驶状况,乙模拟南北向车辆行驶状况。东西南北 4 组红绿黄三色发光二极管模拟十字路口的交通灯。

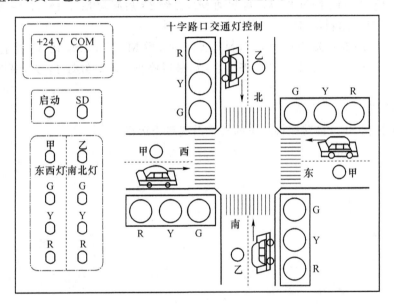

图 9-6　十字路口交通灯控制实验面板图

三、控制要求

信号灯受一个启动开关控制,当启动开关接通时,信号灯系统开始工作,且先南北红灯亮,东西绿灯亮。当启动开关断开时,所有信号灯都熄灭。

南北红灯亮维持 25 s,在南北红灯亮的同时东西绿灯也亮,并维持 20 s。到 20 s 时,东西绿灯闪亮,闪亮 3 s 后熄灭。在东西绿灯熄灭时,东西黄灯亮,并维持 2 s。到 2 s 时,东西黄灯熄灭,东西红灯亮,同时,南北红灯熄灭,绿灯亮。

东西红灯亮维持 30 s。南北绿灯亮维持 20 s,然后闪亮 3 s 后熄灭。同时南北黄灯亮,维持 2 s 后熄灭,这时南北红灯亮,东西绿灯亮,周而复始。

四、输入/输出接线列表

表 9-4　输入/输出接线列表

输入 接线	SD	输出 接线	南北 G	南北 Y	南北 R	东西 G	东西 Y	东西 R	甲	乙
	X_0		Y_0	Y_1	Y_2	Y_3	Y_4	Y_5	Y_7	Y_6

五、工作过程

当启动开关 SD 合上时，X000 触点接通，Y002 得电，南北红灯亮；同时 Y002 的常开触点闭合，Y003 线圈得电，东西绿灯亮。1 s 后，T_{12} 的常开触点闭合，Y007 线圈得电，模拟东西向行驶车的灯亮。维持到 20 s，T_6 的常开触点接通，与该触点串联的 T_{22} 常开触点每隔 0.5 s 导通 0.5 s，从而使东西绿灯闪烁。又过 3 s，T_7 的常闭触点断开，Y003 线圈失电，东西绿灯灭；此时 T_7 的常开触点闭合、T_{10} 的常闭触点断开，Y004 线圈得电，东西黄灯亮，Y007 线圈失电，模拟东西向行驶车的灯灭。再过 2 s 后，T_5 的常闭触点断开，Y004 线圈失电，东西黄灯灭；此时起动累计时间达 25 s，T_0 的常闭触点断开，Y002 线圈失电，南北红灯灭，T_0 的常开触点闭合，Y005 线圈得电，东西红灯亮，Y005 的常开触点闭合，Y000 线圈得电，南北绿灯亮。1 s 后，T_{13} 的常开触点闭合，Y006 线圈得电，模拟南北向行驶车的灯亮。又经过 25 s，即起动累计时间为 50 s 时，T_1 常开触点闭合，与该触点串联的 T_{22} 的触点每隔 0.5 s 导通 0.5 s，从而使南北绿灯闪烁；闪烁 3 s，T_2 常闭触点断开，Y000 线圈失电，南北绿灯灭；此时 T_2 的常开触点闭合、T_{11} 的常闭触点断开，Y001 线圈得电，南北黄灯亮，Y006 线圈失电，模拟南北向行驶车的灯灭。维持 2 s 后，T_3 常闭触点断开，Y001 线圈失电，南北黄灯灭。这时起动累计时间达 5 s，T_4 的常闭触点断开，T_0 复位，Y003 线圈失电，即维持了 30 s 的东西红灯灭。

上述是一个工作过程，然后再周而复始地进行。

六、梯形图程序

（略）

实验五　装配流水线控制的模拟

在 MF22 实验挂箱中装配流水线的模拟控制实验区完成本实验。

一、实验目的

了解移位寄存器在控制系统中的应用及针对移位寄存器指令的编程方法。

二、实验原理

使用移位寄存器指令(SFTR、SFTL)可以大大简化程序设计。移位寄存器指令的功能如下:若在输入端输入一连串脉冲信号,在移位脉冲作用下,脉冲信号依次移到移位寄存器的各个继电器中,并将这些继电器的状态输出。其中,每个继电器可在不同的时间内得到由输入端输入的一连串脉冲信号。

三、控制要求

在本实验中,传送带共有 16 个工位。工件从 1 号位装入,依次经过 2 号位、3 号位……16 号位。在这个过程中,工件分别在 A(操作 1)、B(操作 2)、C(操作 3)3 个工位完成 3 种装配操作,经最后一个工位后送入仓库。注意:其他工位均用于传送工件。

四、装配流水线模拟控制的实验面板图

图 9-7 中左框中的 A~H 表示动作输出(用 LED 发光二极管模拟),右侧框中的 A~G 表示各个不同的操作工位。

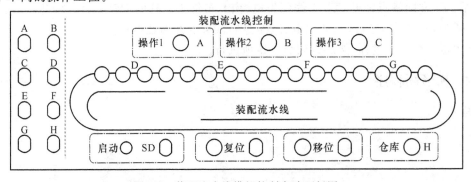

图 9-7　装配流水线模拟控制实验面板图

五、输入/输出接线列表

输入/输出接线列表见表 9-5。

表 9-5　输入/输出接线列表

输入接线	启动	移位	复位	输出接线	A	B	C	D	E	F	G	H
	X_0	X_1	X_2		Y_0	Y_1	Y_2	Y_3	Y_4	Y_5	Y_6	Y_7

六、梯形图程序

(略)

实验六　水塔水位控制的模拟

在 MF23 实验挂箱中水塔水位控制区完成本实验。

一、实验目的

用 PLC 构成水塔水位自动控制系统。

二、控制要求

当水池水位低于水池低水位界（S_4 为 ON 表示），阀 Y 打开进水（Y 为 ON）定时器开始定时，4 s 后，如果 S_4 还不为 OFF，那么阀 Y 指示灯闪烁，表示阀 Y 没有进水，出现故障，S_3 为 ON 后，阀 Y 关闭（Y 为 OFF）。当 S_4 为 OFF 时，且水塔水位低于水塔低水位界时 S_2 为 ON，电动机 M 运转抽水。当水塔水位高于水塔高水位界时电机 M 停止。

三、水塔水位控制的实验面板图

实验面板如图 9-8 所示。面板中 S_1 表示水塔的水位上限，S_2 表示水塔水位下限，S_3 表示水池水位上限，S_4 表示水池水位下限，M_1 为抽水电机，Y 为水阀。

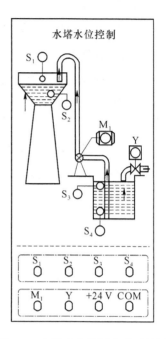

图 9-8　水塔水位控制实验面板图

四、输入/输出接线列表

输入/输出接线列表见表 9-6。

表 9-6　输入/输出接线列表

输入 接线	S_1	S_2	S_3	S_4	输出 接线	M_1	Y
	X_0	X_1	X_2	X_3		Y_0	Y_1

五、梯形图程序

（略）

实验七　天塔之光

在 MF23 模拟实验挂箱中天塔之光实验区完成本实验。

一、实验目的

用 PLC 构成闪光灯控制系统。

二、控制要求

合上启动按钮后，按以下规律显示：$L_1 \rightarrow L_1$、$L_2 \rightarrow L_1$、$L_3 \rightarrow L_1$、$L_4 \rightarrow L_1$、$L_5 \rightarrow L_1$、L_2、L_4、$\rightarrow$ L_1、L_3、$L_5 \rightarrow L_1 \rightarrow L_2$、$L_3$、$L_4$、$L_5 \rightarrow L_6$、$L_7 \rightarrow L_1$、$L_6 \rightarrow L_1$、$L_7 \rightarrow L_1 \rightarrow L_1$、$L_2$、$L_3$、$L_4$、$L_5 \rightarrow L_1$、$L_2$、$L_3$、$L_4$、$L_5$、$L_6$、$L_7 \rightarrow L_1$、$L_2$、$L_3$、$L_4$、$L_5$、$L_6$、$L_7 \rightarrow L_1 \rightarrow \cdots$ 如此循环，周而复始。

三、天塔之光的实验面板图

实验面板如图 9-9 所示。

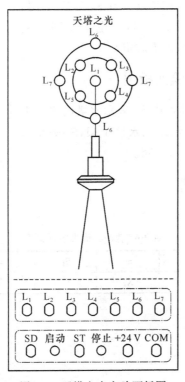

图 9-9　天塔之光实验面板图

四、输入/输出接线列表

输入/输出接线列表见表 9-7。

表 9-7　输入/输出接线列表

输入接线	SD	ST	输出接线	L_1	L_2	L_3	L_4	L_5	L_6	L_7
	X_0	X_1		Y_1	Y_2	Y_3	Y_4	Y_5	Y_6	Y_7

五、梯形图参考程序

（略）

实验八　液体混合装置控制的模拟

在 MF24 模拟实验挂箱中液体混合装置的模拟控制实验区完成本实验。

一、实验目的

熟练使用各条基本指令,通过对工程实例的模拟,熟练地掌握 PLC 的编程和程序调试。

二、控制要求

本装置为两种液体混合模拟装置,SL_1、SL_2、SL_3 为液面传感器,液体 A、B 阀门与混合液阀门由电磁阀 YV_1、YV_2、YV_3 控制,M 为搅匀电动机,控制要求如下。

初始状态:装置投入运行时,液体 A、B 阀门关闭,混合液阀门打开 20 s 将容器放空后关闭。

启动操作:按下启动按钮 SB_1,装置就开始按下列约定的规律操作。

液体 A 阀门打开,液体 A 流入容器。当液面到达 SL_2 时,SL_2 接通,关闭液体 A 阀门,打开液体 B 阀门。液面到达 SL_1 时,关闭液体 B 阀门,搅匀电动机开始搅匀。搅匀电动机工作 6 s 后停止搅动,混合液体阀门打开,开始放出混合液体。当液面下降到 SL_3 时,SL_3 由接通变为断开,再过 2 s 后,容器放空,混合液阀门关闭,开始下一周期。

停止操作:按下停止按钮 SB_2 后,在当前的混合液操作处理完毕后,才停止操作(停在初始状态上)。

三、液体混合装置控制的模拟实验面板图

实验面板如图 9-10 所示。此面板中,液面传感器用钮子开关来模拟,启动、停止用动合按钮来实现,液体 A 阀门、液体 B 阀门、混合液阀门的打开与关闭以及搅匀电动机的运行与停转用发光二极管的点亮与熄灭来模拟。

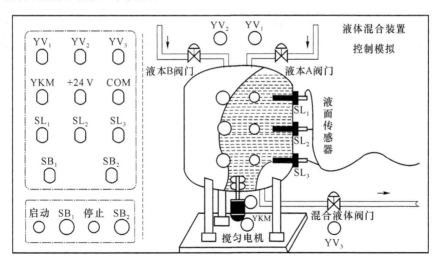

图 9-10　液体混合装置实验面板图

四、输入/输出接线列表

表 9-8　输入/输出接线列表

输入	SB$_1$	SB$_2$	SL$_1$	SL$_2$	SL$_3$	输出	YV$_1$	YV$_2$	YV$_3$	YK$_M$
接线	X$_0$	X$_1$	X$_2$	X$_3$	X$_4$	接线	Y$_0$	Y$_1$	Y$_2$	Y$_3$

五、工作过程分析

根据控制要求编写的梯形图分析其工作过程。

启动操作:按下启动按钮 SB$_1$,X000 的常开触点闭合,M100 产生启动脉冲,M100 的常开触点闭合,使 Y000 保持接通,液体 A 电磁阀 YV$_1$ 打开,液体 A 流入容器。

当液面上升到 SL$_3$ 时,虽然 X004 常开触点接通,但没有引起输出动作。

当液面上升到 SL$_2$ 位置时,SL$_2$ 接通,X003 的常开触点接通,M103 产生脉冲,M103 的常开触点接通一个扫描周期,复位指令 RST Y000 使 Y000 线圈断开,YV$_1$ 电磁阀关闭,液体 A 停止流入;与此同时,M103 的常开触点接通一个扫描周期,保持操作指令 SET Y001 使 Y001 线圈接通,液体 B 电磁阀 YV$_2$ 打开,液体 B 流入。

当液面上升到 SL$_1$ 时,SL$_1$ 接通,M102 产生脉冲,M102 常开触点闭合,使 Y001 线圈断开,YV$_2$ 关闭,液体 B 停止注入,M102 常开触点闭合,Y003 线圈接通,搅匀电动机工作,开始搅匀。搅匀电动机工作时,Y003 的常开触点闭合,启动定时器 T$_0$,过了 6 s,T$_0$ 常开触点闭合,Y003 线圈断开,电动机停止搅动。当搅匀电动机由接通变为断开时,使 M112 产生一个扫描周期的脉冲,M112 的常开触点闭合,Y002 线圈接通,混合液电磁阀 YV$_3$ 打开,开始放混合液。

液面下降到 SL$_3$,液面传感器 SL$_3$ 由接通变为断开,使 M110 常开触点接通一个扫描周期,M201 线圈接通,T$_1$ 开始工作,2 s 后混合液流完,T$_1$ 常开触点闭合,Y002 线圈断开,电磁阀 YV$_3$ 关闭。同时 T$_1$ 的常开触点闭合,Y000 线圈接通,YV$_1$ 打开,液体 A 流入,开始下一循环。

停止操作:按下停止按钮 SB$_2$,X001 的常开触点接通,M101 产生停止脉冲,使 M200 线圈复位断开,M200 常开触点断开,在当前的混合操作处理完毕后,使 Y000 不能再接通,即停止操作。

实验九　五相步进电动机控制的模拟

在 MF25 模拟实验挂箱中五相步进电动机的模拟控制实验区完成本实验。

一、实验目的

了解并掌握移位指令在控制中的应用及其编程方法。

二、控制要求

要求对五相步进电动机 5 个绕组依次自动实现如下方式的循环通电控制。

第一步：A～B～C～D～E。

第二步：A～AB～BC～CD～DE～EA。

第三步：AB～ABC～BC～BCD～CD～CDE～DE～DEA。

第四步：EA～ABC～BCD～CDE～DEA。

三、五相步进电动机的模拟控制的实验面板图

实验面板如图 9-11 所示。

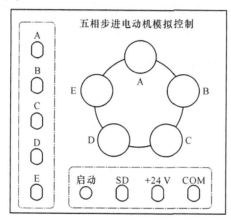

图 9-11　五相步进电动机模拟控制实验面板图

上图中发光二极管的点亮与熄灭用以模拟步进电动机 5 个绕组的导电状态。

四、输入/输出接线列表

输入/输出接线列表如表 9-9 所示

表 9-9　输入/输出接线列表

输入 接线	SD X_0	输出 接线	A Y_1	B Y_2	C Y_3	D Y_4	E Y_5

五、练习题

1. 试编制三相步进电动机单三拍反转的 PLC 控制程序。

2. 试编制三相步进电动机三相六拍正转的 PLC 控制程序。

3. 试编制三相步进电动机双三拍正转的 PLC 控制程序。

4. 试编制五相十拍运行方式的 PLC 控制程序。

实验十　LED数码显示控制

在MF25模拟实验挂箱中LED数码显示控制实验区完成本实验。

一、实验目的

了解并掌握置位与复位指令SET、RST在控制中的应用及其编程方法。

二、实验原理

SET为置位指令,使动作保持;RST为复位指令,使操作保持复位。SET指令的操作目标元件为Y、M、S。而RST指令的操作元件为Y、M、S、D、V、Z、T、C。这两条指令是1～3个程序步。用RST指令可以对定时器、计数器、数据寄存器、变址寄存器的内容清零。

三、控制要求

按下启动按钮后,由8组LED发光二极管模拟的八段数码管开始显示:先是一段段显示,显示次序是A、B、C、D、E、F、G、H。随后显示数字及字符,显示次序是0、1、2、3、4、5、6、7、8、9、A、D、C、D、E、F,再返回初始显示,并循环不止。

四、LED数码显示控制的实验面板图

实验面板如图9-12所示,面板中的A、B、C、D、E、F、G、H用发光二极管模拟输出。

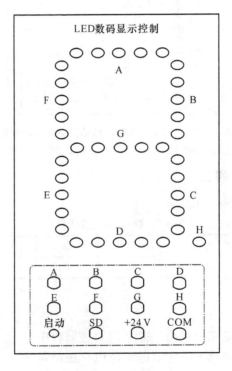

图9-12　LED数码显示控制实验面板图

五、输入/输出接线列表

输入/输出接线列表见表 9-10。

表 9-10 输入/输出接线列表

输入接线	SD	输出接线	A	B	C	D	E	F	G	H
	X_0		Y_0	Y_1	Y_2	Y_3	Y_4	Y_5	Y_6	Y_7

六、编写梯形图程序

（略）

实验十一　喷泉的模拟控制

在 MF25 模拟实验挂箱中喷泉的模拟实验区完成本实验。

一、实验目的

用 PLC 控制的闪光灯构成喷泉的模拟系统。

二、控制要求

合上启动按钮后,按以下规律显示:1—2—3—4—5—6—7—8——……如此循环,周而复始。

三、喷泉的模拟实验面板图

实验面板如图 9-13 所示。

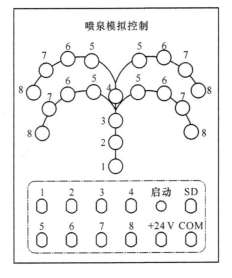

图 9-13　喷泉模拟实验面板图

四、输入/输出接线列表

输入/输出接线列表见表 9-11。

表 9-11　输入/输出接线列表

输入接线	SD	输出接线	1	2	3	4	5	6	7	8
	X_0		Y_0	Y_1	Y_2	Y_3	Y_4	Y_5	Y_6	Y_7

五、思考题

编制程序,使喷泉的水流速度加快、水量加大,运行并验证可行性。

六、梯形图参考程序

梯形图参考程序如图 9-14 所示。

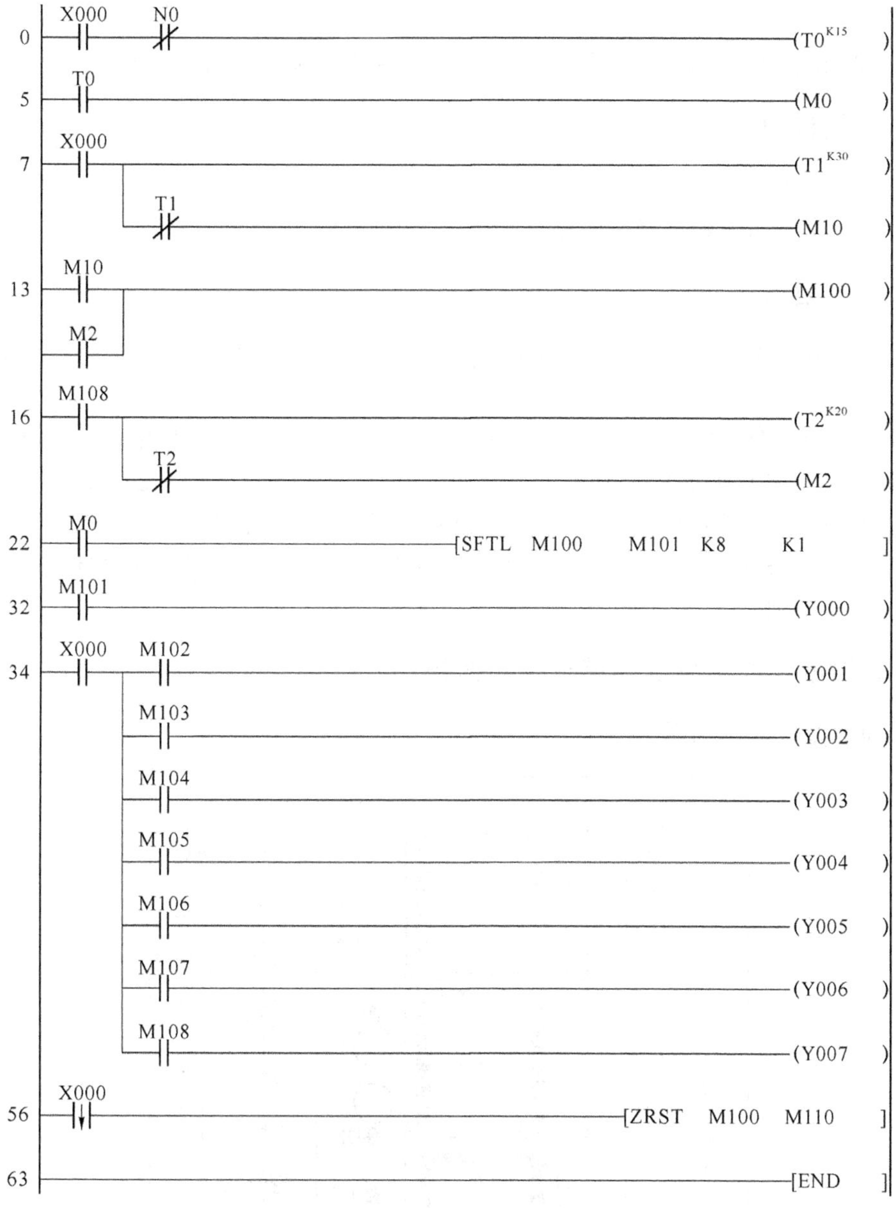

图 9-14　实验梯形图参考程序

实验十二　3层电梯控制系统的模拟

在 MF27 模拟实验挂箱中 3 层电梯控制系统的模拟实验区完成本实验。

一、实验目的

1. 进一步熟悉 PLC 的 I/O 连接。
2. 熟悉 3 层楼电梯控制系统的编程方法。

二、控制要求

电梯由安装在各楼层厅门口的上升和下降呼叫按钮进行呼叫操纵,其操纵内容为电梯运行方向。电梯轿厢内设有楼层内选按钮 $S_1 \sim S_3$,用以选择需停靠的楼层。L_1 为一层指示、L_2 为二层指示、L_3 为三层指示……,$SQ_1 \sim SQ_3$ 为到位行程开关。电梯上升途中只响应上升呼叫,下降途中只响应下降呼叫,任何反方向的呼叫均无效。例如,电梯停在一层,在二层轿厢外呼叫时,必须按二层上升呼叫按钮,电梯才响应呼叫(从一层运行到二层),按二层下降呼叫按钮无效;反之,若电梯停在三层,在二层轿厢外呼叫时,必须按二层下降呼叫按钮,电梯才响应呼叫(从三层运行到二层),按二层上升呼叫按钮无效,依此类推。

三、3 层电梯控制系统的模拟实验面板图

实验面板如图 9-16 所示。

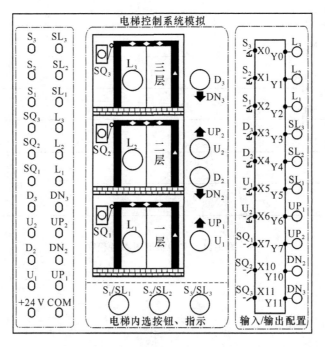

图 9-15　3 层电梯控制系统模拟实验面板图

四、输入/输出接线列表

输入/输出接线列表见表 9-12 和表 9-13。

1. 输入

表 9-12　输入接线列表

序号	名　称	输入点	序号	名　称	输出点
0	三层内选按钮 S_3	X000	5	一层上呼按钮 U_1	X005
1	二层内选按钮 S_2	X001	6	二层上呼按钮 U_2	X006
2	一层内选按钮 S_1	X002	7	一层行程开关 SQ_1	X007
3	三层下呼按钮 D_3	X003	8	二层行程开关 SQ_2	X010
4	二层下呼按钮 D_2	X004	9	三层行程开关 SQ_3	X011

2. 输出

表 9-13　输出接线列表

序号	名　称	输入点	序号	名　称	输出点
0	三层指示 L_3	Y000	6	二层内选指示 SL_2	Y006
1	二层指示 L_2	Y001	7	一层内选指示 SL_1	Y007
2	一层指示 L_1	Y002	8	一层上呼指示 UP_1	Y010
3	轿厢下降指示 DOWN	Y003	9	二层上呼指示 UP_2	Y011
4	轿厢上升指示 UP	Y004	10	二层下呼指示 DN_2	Y012
5	三层内选指示 SL_3	Y005	11	三层下呼指示 DN_3	Y013

五、梯形图参考程序

（略）

实验十三　5层电梯控制系统的模拟

在 MF29 模拟实验挂箱中 5 层电梯控制系统的模拟实验区完成本实验。

一、实验目的

1. 通过对工程实例的模拟,熟练地掌握 PLC 的编程和程序调试方法。
2. 熟悉五层楼电梯采用轿厢外按钮控制的编程方法。

二、控制要求

电梯由安装在各楼层门口的上升和下降呼叫按钮进行呼叫操纵,其操纵内容为电梯运行方向。电梯轿箱内设有楼层内选按钮 $S_1 \sim S_5$,用以选择需停靠的楼层。L_1 为一层指示、L_2 为二层指示……,$SQ_1 \sim SQ_5$ 为到位行程开关。电梯上升途中只响应上升呼叫,下降途中只响应下降呼叫,任何反方向的呼叫均无效。例如,电梯停在一层,在三层轿箱外呼叫时,必须按三层上升呼叫按钮,电梯才响应呼叫(从一层运行到三层),按三层下降呼叫按钮无效;反之,若电梯停在四层,在三层轿箱外呼叫时,必须按三层下降呼叫按钮,电梯才响应呼叫,按三层上升呼叫按钮无效。

三、五层电梯控制系统的模拟实验面板图

实验面板如图 9-15 所示。

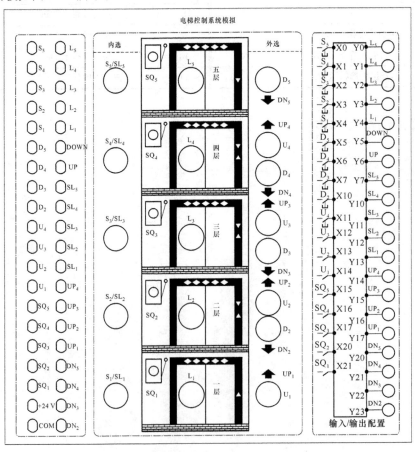

图 9-16　5层电梯控制系统模拟实验面板图

四、输入/输出接线列表

输入/输出接线列表见表 9-14 和表 9-15。

表 9-14　输入接线列表

序号	名　　称	输入点	序号	名　　称	输出点
0	五层内选按钮 S_5	X000	9	一层上呼按钮 U_4	X011
1	四层内选按钮 S_4	X001	10	二层上呼按钮 U_3	X012
2	三层内选按钮 S_3	X002	11	三层上呼按钮 U_2	X013
3	二层内选按钮 S_2	X003	12	四层上呼按钮 U_1	X014
4	一层内选按钮 S_1	X004	13	一层行程开关 SQ_5	X015
5	五层下呼按钮 D_5	X005	14	二层行程开关 SQ_4	X016
6	四层下呼按钮 D_4	X006	15	三层行程开关 SQ_3	X017
7	三层下呼按钮 D_3	X007	16	四层行程开关 SQ_2	X020
8	二层下呼按钮 D_2	X010	17	五层行程开关 SQ_1	X021

表 9-15　输出接线列表

序号	名　　称	输入点	序号	名　　称	输出点
0	五层指示 L_5	Y000	10	二层内选指示 SL_2	Y012
1	四层指示 L_4	Y001	11	一层内选指示 SL_1	Y013
2	三层指示 L_3	Y002	12	一层上呼指示 UP_4	Y014
3	二层指示 L_2	Y003	13	二层上呼指示 UP_3	Y015
4	一层指示 L_1	Y004	14	三层上呼指示 UP_2	Y016
5	轿箱下降指示 DOWN	Y005	15	四层上呼指示 UP_1	Y017
6	轿箱上升指示 UP	Y006	16	二层下呼指示 DN_5	Y020
7	五层内选指示 SL_5	Y007	17	三层下呼指示 DN_4	Y021
8	四层内选指示 SL_4	Y010	18	四层下呼指示 DN_3	Y022
9	三层内选指示 SL_3	Y011	19	五层下呼指示 DN_2	Y023
输出接线	M_1 / Y_0	M_2 / Y_1	M_Z / Y_2	M_F / Y_3	A / Y_4　B / Y_5　C / Y_6　YU_1 / Y_7

五、梯形图参考程序

梯形图参考程序如图 9-17 所示。

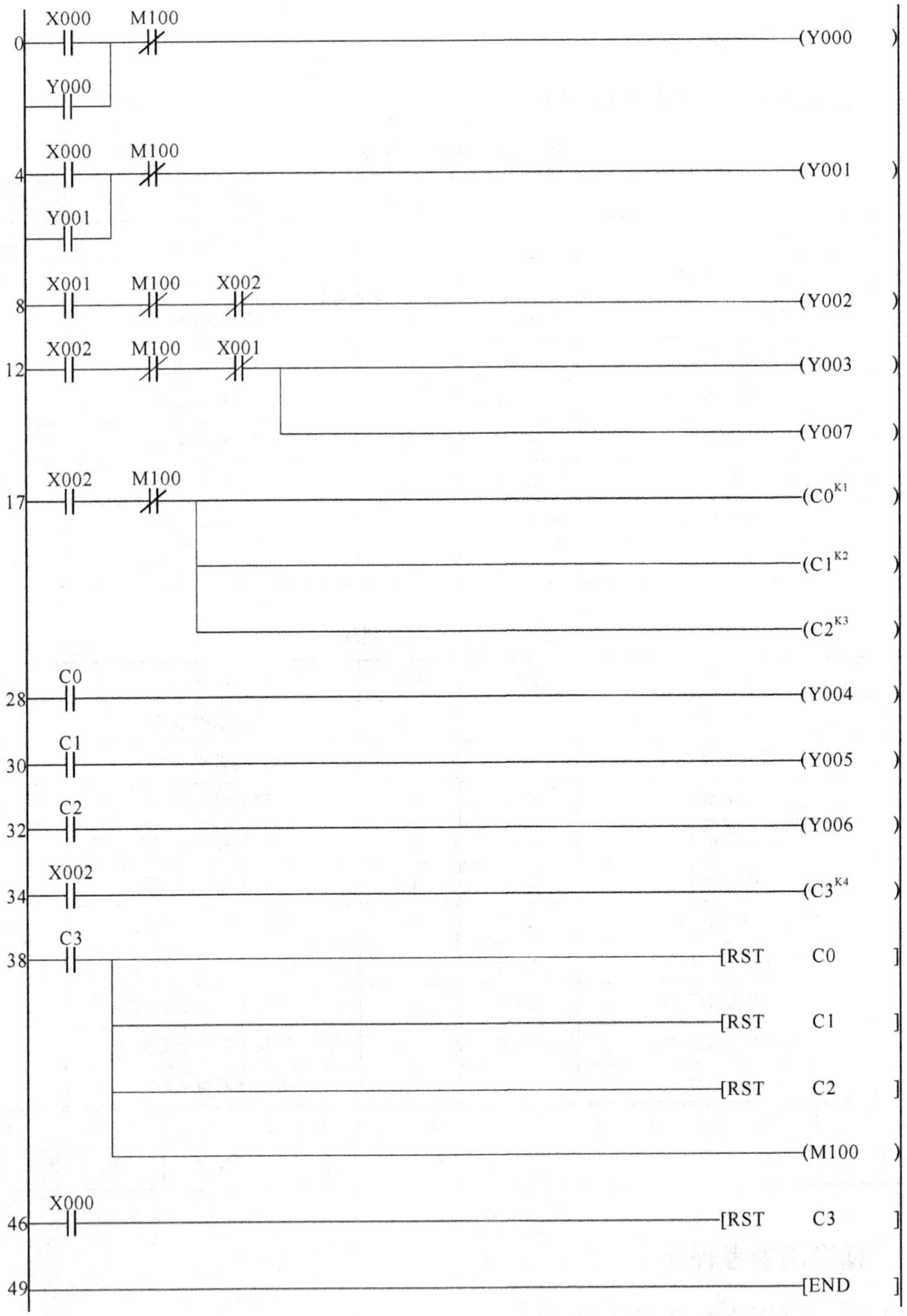

```
      X000    M100
  0 ──┤├──────┤/├─────────────────────────────────────────(Y000    )
      Y000
      ──┤├──

      X000    M100
  4 ──┤├──────┤/├─────────────────────────────────────────(Y001    )
      Y001
      ──┤├──

      X001    M100    X002
  8 ──┤├──────┤/├──────┤/├─────────────────────────────────(Y002    )

      X002    M100    X001
 12 ──┤├──────┤/├──────┤/├─────────────────────────────────(Y003    )
                                                           (Y007    )

      X002    M100
 17 ──┤├──────┤/├─────────────────────────────────────────(C0^{K1}   )
                                                           (C1^{K2}   )
                                                           (C2^{K3}   )

      C0
 28 ──┤├──────────────────────────────────────────────────(Y004    )

      C1
 30 ──┤├──────────────────────────────────────────────────(Y005    )

      C2
 32 ──┤├──────────────────────────────────────────────────(Y006    )

      X002
 34 ──┤├──────────────────────────────────────────────────(C3^{K4}   )

      C3
 38 ──┤├─────────────────────────────────────────────[RST    C0   ]
                                                     [RST    C1   ]
                                                     [RST    C2   ]
                                                           (M100    )

      X000
 46 ──┤├─────────────────────────────────────────────[RST    C3   ]

 49 ─────────────────────────────────────────────────────[END     ]
```

图 9-17　梯形图参考程序

实验十四 运料小车控制模拟

在 FM30 模拟实验挂箱中运料小车控制模拟实验区完成本实验。

一、实验目的

用 PLC 构成运料小车控制系统,掌握多种方式控制的编程。

二、控制要求

系统启动后,选择手动方式(按下微动按钮 A_4),通过 ZL、XL、RX、LX4 个开关的状态决定小车的运行方式。装料开关 ZL 为 ON,系统进入装料状态,灯 S_1 亮,ZL 为 OFF,右行开关 RX 为 ON,灯 R_1、R_2、R_3 依次点亮,模拟小车右行,卸料开关 XL 为 ON,小车进入卸料,XL 为 OFF,左行开关 LX 为 ON,灯 L_1、L_2、L_3 依次点亮,模拟小车左行。

拨动停止按钮后,再触动微动按钮 A_3,系统进入自动模式,即装料→右行→卸料→装料→左行→卸料→装料循环。

再次拨动停止按钮后,选择单周期方式(按下微动按钮 A_2),小车运行来回一次。

同理,拨动停止按钮后,选择单步方式(选择 A_1 按钮),每按动一次 A_1,小车运行一步。

三、运料小车实验面板图

实验面板如图 9-18 所示。

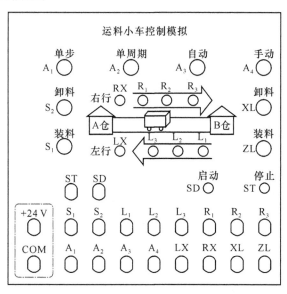

图 9-18 运料小车实验面板图

四、输入/输出接线列表

输入/输出接线列表见表 9-16。

表 9-16　输入/输出接线列表

输入接线	SD	ST	ZL	XL	RX	LX	A_1	A_2	A_3	A_4
	X_0	X_1	X_2	X_3	X_4	X_5	X_6	X_7	X_{10}	X_{11}

输出接线	S_1		S_2		R_1		R_2		R_3		L_1		L_2		L_3	
	Y_0		Y_1		Y_2		Y_3		Y_4		Y_5		Y_6		Y_7	

五、梯形图参考程序

（略）

附录 THPLC-D 网络型可编程控制器及电气控制实验装置使用说明

一、概述

"THPLC-D 网络型可编程控制器及电气控制实验装置"是专为目前我国各院校开设的"可编程控制器技术"和"电气控制"课程配套设计的,它由控制屏、实验桌组成,集大中型可编程逻辑控制器、通信模块、编程软件、MCGS 工控组态软件、模拟控制实验板、实物等于一体。在本装置上,可直观地进行 PLC 的基本指令练习、多个 PLC 实际应用的模拟实验及实物实验与有关的电气控制实验,所有实验均有组态棒图进行动态跟踪。主机配备采用三菱 FX 系列可编程序控制器。设有电流型漏电保护器,控制屏若有漏电现象,漏电超过一定值,即切断电源,对人身安全起到一定的保护作用。

二、实验装置

装置特点如下。

(1) 装置采用组件式结构,更换便捷,如需要扩展功能或开发新产品,只需添加部件即可,永不淘汰。

(2) 实验现象形象逼真,通过本实验装置的训练,学生可快速适应工业现场的工作环境。

(3) 采用三菱 FX 系列可编程序控制器,功能强大、性能优越,采用模块化设计,组合灵活,用户可根据不同的需要组成不同的控制系统。

(4) 实验项目齐全,含数字量、模拟量、变频调速、触摸屏、网络通信及电气控制等。

(5) 数据采集和工控组态软件的应用开发,所有实验均有组态棒图跟踪教学。

(6) 用户可选两种网络通信模式:485 通信或 CC-link 通信。可根据实验室建设的需要选择所需的通信模式。

包含部件如下。

1. SMS-01 型控制屏

(1) 交流电源功能板。

三相四线 380 V 交流电源供电,由 3 只电网电压表监控电网电压,并有 3 只指示灯指示,带灯熔断器保护,控制平的供电有钥匙开关和启停开关控制。

(2) 直流电源、给定单元、定时器兼报警记录仪。

提供 +5 V/1 A 和 +24 V/1 A 直流稳压电源各一路,三位半数显;提供给定(+15、-15 可调电压输出);提供定时器兼报警记录仪,平时做时钟使用,具有设定时间、定时报警、切断电源等功能;还可以自动记录由于接线或操作错误所造成的漏电警告次数。

(3) PLC 主机实验组件(三选一)及各实验挂件。

本实验装置共有 3 种型号的三菱主机供用户根据自身的需要加以选用。

① FX1N-40MR-001 AC/DC/继电器内置数字量 I/O(24 路开关量输入,16 路继电器输出),配 FXON-3A 模拟量模块(2 路模拟量输入,1 路模拟量输出),FX2N-485-BD 通信模块。

② FX2N-48MR-001 AC/DC/继电器内置数字量 I/O(24 路开关量输入,24 路继电器输出),配 FXON-3A 模拟量模块(2 路模拟量输入,1 路模拟量输出),FX2N-485-BD 通信模块。

③ FX2N-48MR-001 AC/DC/继电器内置数字量 I/O(24 路开关量输入,24 路继电器输出),配 FXON-3A 模拟量模块(2 路模拟量输入,1 路模拟量输出),FX2N-32CCL 通信模块。

2. SMS-2 实验桌

实验桌采用铁质喷塑结构,桌面为防火耐磨高密度板,有宽敞的工作台面。实验桌设有两个抽屉,用于放置连接线、编程器、资料等,该装置整体结构紧凑,工艺先进,造型美观大方,是一套普及型的实验装置。

三、操作、使用说明

1. 装置的启动、交流电源控制

(1) 将装置后侧的四芯电源插头插入三相交流电源插座。

(2) 控制屏内装有过压保护装置,对主机进行过压保护,当电源电压超过了主机所能承受的范围,会自动报警并切断电源,使主机不会因承受过高的电源电压而导致损坏。

(3) 设有电源总开关和漏电保护装置,以确保操作和人身安全。

2. 实验连接及使用说明

(1) 为了使主机的输入输出接线柱和螺钉不因实验时频繁的装拆而导致损坏,本装置设计时已将这些接点用固定连接线连到实验面板的固定插孔处。实验板上容易接错导致系统损坏的部分线路,以及一些对学生无技能要求的部分线路已经连好,其他线路则可采用该公司定制的锁紧叠插线进行连线。

(2) 编程时,先用编程电缆将主机和计算机连起来,再将主机上的"RUN/STOP"开关置于"STOP"状态,即可将程序写入主机。

(3) 实验时,断开电源开关,按实验要求接好外部连线。检查无误后,接通电源开关,将主机上的"RUN/STOP"开关置于"RUN"状态,即可按要求进行实验。

(4) 在进行电气控制技术与变频调速控制技术系列实验时,实验前务必将交流电源功能板模块的开关置于"关"位置。连好实验接线后,并在指导老师检查无误后,才可将这一开关接通,请千万注意人身安全。在进行 PLC 典型控制模拟及应用实验时,只要将主机的 24+V 电源与各实验模块的 24 V 输入连接;输入 COM 端与实验模块中的 COM 端相连;主机输出端的 COM1、COM2、COM3、COM4、COM5 与主机输入端 COM 相连即可。

3. 挂箱挂置的具体方法

控制屏正面大凹槽内,设有两根方形不锈钢管,可挂置实验部件,凹槽底部设有三芯等插座,挂件的供电由这些插座提供。控制屏两侧设有单相三极 220V 电源插座及三相四极 380V 电源插座。

四、技术性能

1. 输入电源:三相四线 380(1±5%)V,50 Hz。

2. 工作环境:温度 -10~+40 ℃,相对湿度<85%(25 ℃)。

第十章　计算机控制系统实验

实验一　A/D 与 D/A 转换

一、实验目的

1. 了解实验系统的结构与使用方法。
2. 了解模拟量通道中模/数转换与数/模转换的实现方法。

二、实验设备

1. THBDC-1 型 控制理论·计算机控制技术实验平台。
2. THBXD 数据采集卡一块(含 37 芯通信线、16 芯排线和 USB 电缆线各 1 根)。
3. 计算机 1 台(含软件 THBDC-1)。

三、实验内容

1. 输入一定值的电压,测取模数转换的特性,并分析之。
2. 在计算机输入一个十进制代码,完成通道的数模转换实验。

四、实验步骤

1. 启动实验台的电源总开关,打开±5 V、±15 V 电源。将阶跃信号发生器单元输出端连接到数据采集接口单元的 AD_1 通道,同时将采集接口单元的 DA_1 输出端连接到接口单元的 AD_2 输入端。

2. 将"阶跃信号发生器"的输入电压调节为 1 V。

3. 启动计算机,在桌面双击图标 THBDC-1 软件,在打开的软件界面上单击"开始采集"按钮。

4. 单击软件系统菜单下的 AD/DA 实验,在 AD/DA 实验界面上单击"开始"按钮,观测采集卡上 A/D 转换器的转换结果,在输入电压为 1 V(可以使用面板上的直流数字电压表进行测量)时应为 00001100011101(共 14 位,其中后几位将处于实时刷新状态)。调节阶跃信号的大小,然后继续观察 A/D 转换器的转换结果,并与理论值(详见本实验附录)进行比较。

5. 根据 D/A 转换器的转换规律(详见本实验附录),在 D/A 部分的编辑框中输入一个十进制数据(如 2457,其范围为 0~4 095),然后虚拟示波器上观测 D/A 转换值的大小。

6. 实验结束后,关闭脚本编辑器窗口,退出实验软件。

五、附 录

1. 数据采集卡

本实验台采用了 THBXD 数据采集卡。它是一种基于 USB 总线的数据采集卡,卡上装有 14 bit 分辨率的 A/D 转换器和 12 bit 分辨率的 D/A 转换器,其转换器的输入量程均为±10 V、输出量程均为±5 V。该采集卡为用户提供 4 路模拟量输入通道和 2 路模拟量输出通道。其主要特点如下。

(1) 支持 USB1.1 协议,真正实现即插即用。

(2) 400 kHz 14 位 A/D 转换器,通过率为 350 K,12 位 D/A 转换器,建立时间 10 μs。

(3) 4 通道模拟量输入和 2 通道模拟量输出。

(4) 8K 深度的 FIFO 保证数据的完整性。

(5) 8 路开关量输入,8 路开关量输出。

2. AD/DA 转换原理

数据采集卡采用 THBXDUSB 卡,该卡在进行 A/D 转换实验时,输入电压与二进制的对应关系为:−10~10 V 对应为 0~16383(A/D 转换为 14 位)。其中 0 V 为 8192。其主要数据格式见表 10-1(采用双极性模拟输入)。

表 10-1 数据格式(采用双极性模拟输入)

输 入	AD 原始码(二进制)	AD 原始码(十六进制)	求补后的码(十进制)
正满度	01 1111 1111 1111	1FFF	16 383
正满度−1LSB	01 1111 1111 1110	1FFE	16 382
中间值(零点)	00 0000 0000 0000	0000	8 192
负满度+1LSB	10 0000 0000 0001	2001	1
负满度	10 0000 0000 0000	2000	0

而 D/A 转换时的数据转换关系为−5~5 V 对应为 0~4 095(D/A 转换为 12 位),其数据格式(双极性电压输出时)见表 10-2。

表 10-2 数据格式(双极性电压输出)

输 入	D/A 数据编码
正满度	1111 1111 1111
正满度−1LSB	1111 1111 1110
中间值(零点)	1000 0000 0000
负满度+1LSB	0000 0000 0001
负满度	0000 0000 0000

3. 编程实现测试信号的产生

利用计算机的脚本编程器可编程实现各种典型信号的产生,如正弦信号、方波信号、斜坡信号、抛物线信号等。这里以抛物线信号为例进行编程,其具体程序如下。

```
dim tx,op,a                          '初始化函数
sub Initialize(arg)                  '初始化函数
```

```
  WriteData 0 ,1                        ´对采集卡的输出端口 DA1 进行初始化
    tx = 0                              ´对变量初始化
end sub
sub TakeOneSte P(arg)                   ´算法运行函数
  a = 1
  op = 0.5 * a * tx * tx                ´0.1 为时间步长
  tx = tx + 0.1
  if op＞3 then                         ´波形限幅
     tx = 0
  end if
  WriteData o P,1                       ´数据从采集卡的 DA1 端口输出
end sub
sub Finalize (arg)                      ´退出函数
  WriteData 0 ,1
end sub
```

实验二 数字滤波器

一、实验目的

1. 通过实验熟悉数字滤波器的实现方法。
2. 研究滤波器参数的变化对滤波性能的影响。

二、实验设备

同实验一。

三、实验内容

1. 设计一个带尖脉冲(频率可变)干扰信号和正弦信号输入的模拟加法电路。
2. 设计并调试一阶数字滤波器。
3. 设计并调试高阶数字滤波器。

四、实验原理

1. 在许多信息处理过程中,如对信号的滤波、检测、预测等都要广泛地用到滤波器。数字滤波器是数字信号处理中广泛使用的一种线性环节,它从本质上说是将一组输入的数字序列通过一定规则的运算后转变为另一组希望输出的数字序列。一般可以用两种方法来实现:一种是用数字硬件来实现;另一种是用计算机的软件编程来实现。

一个数字滤波器,它所表达的运算可用差分方程来表示:

$$y(n) = \sum_{i=0}^{N} a_i x(n-i) + \sum_{i=0}^{N} b_i y(n-i)$$

2. 一阶数字滤波器及其数字化。

一阶数字滤波器的传递函数为

$$G_F(s) = \frac{Y(s)}{X(s)} = \frac{1}{\tau s + 1}$$

利用一阶差分法离散化,可以得到一阶数字滤波器的算法:

$$y(k) = \frac{T_s}{\tau} x(k) + \left(1 - \frac{T_s}{\tau}\right) y(k-1)$$

式中,T_s 为采样周期,τ 为滤波器的时间常数。T_s 和 τ 应根据信号的频谱来选择。

3. 高阶数字滤波器。

高阶数字滤波器算法很多,这里只给出一种加权平均算法:

$$y(K) = A_1 x(K) + A_2 x(K-1) + A_3 x(K-2) + A_4 x(K-3)$$

式中,权系数 A_i 满足:$\sum_{i=1}^{4} A_i = 1$。同样,A_i 也根据信号的频谱来选择。

五、实验步骤

1. 实验接线及准备
(1) 启动计算机,在桌面双击图标 THBDC-1,运行实验软件。

（2）启动实验台的电源总开关，打开±5 V、±15 V电源。将低频函数信号发生器单元输出端连接到采集卡的AD_1通道，并选择方波输出。在虚拟示波器观测方波信号的频率和幅值，然后调节信号发生器中的频率调节和幅度调节电位器，使方波信号的频率和幅值分别为4 Hz、2 V。然后断开与采集卡的连接，将低频函数信号发生器单元输出端连接到"脉冲产生电路"单元输入端，产生一个尖脉冲信号U_0。

（3）按图10-2连接电路，其中正弦信号来自数据采集卡的DA_1输出端，尖脉冲信号来自U_1单元的输出端。图10-2的输出端与数据采集卡的AD_1输入端相连，同时将数据采集卡的DA_2输出端与AD_2输入端相连。

2. 脚本程序编写

（1）单击软件工具栏上的"☰"按钮（脚本编程器），打开脚本编辑器窗口。

（2）在脚本编辑器窗口下编写数字滤波脚本程序并调试，然后单击脚本编辑器窗口的调试菜单下"步长设置"，将脚本算法的运行步长设为10 ms。

（3）单击脚本编辑器窗口的调试菜单下"启动"按钮，用双踪示波器分别观察图10-2的输出端和数据采集卡输出端DA_2的波形。调节信号发生器中的"频率调节"电位器，改变方波信号的频率（即尖脉冲干扰信号的频率）。观察数据滤波器的滤波效果。

（4）单击脚本编辑器的调试菜单下"停止"按钮，修改算法程序中的参数T_s（注：修改T_s时要同步修改算法的运行步长）、T_i两个参数，然后再运行该程序，在示波器上再次观察参数变化对滤波效果的影响。

（5）对于高阶数字滤波器的算法编程实验，请参考本实验步骤（2）、（3）和（4）。实验时程序可修改的参数为a_1、a_2、a_3和采样时间T_s。

（6）实验结束后，关闭脚本编辑器窗口，退出实验软件。

六、实验报告要求

1. 画出尖脉冲干扰信号的产生电路图。
2. 编写一阶数字滤波器的脚本程序。
3. 绘制加数字滤波器前、后的输出波形，并分析程序中参数的变化对其滤波效果的影响。

七、附　录

1. 尖脉冲干扰信号产生的模拟电路图

通过改变方波信号的频率，即可改变尖脉冲的频率。

2. 实验电路的信号的产生

把图10-1产生的尖脉冲信号视为干扰信号，与一低频正弦信号（由计算机的脚本编辑器编程输出）输入到图10-2所示的两个输入端。

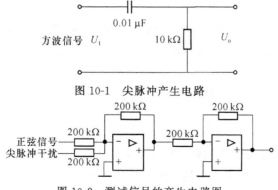

方波信号 U_1　　0.01 μF　　10 kΩ　　U_0

图 10-1　尖脉冲产生电路

正弦信号　200 kΩ　200 kΩ　200 kΩ
尖脉冲干扰　200 kΩ

图 10-2　测试信号的产生电路图

实验三　数字 PID 调节器算法

一、实验目的

1. 学习并熟悉常规的数字 PID 控制算法的原理。

2. 学习并熟悉积分分离 PID 控制算法的原理。

3. 掌握具有数字 PID 调节器控制系统的实验和调节器参数的整定方法。

二、实验设备

同实验一。

三、实验内容

1. 利用本实验平台，设计并构成一个用于混合仿真实验的计算机闭环实时控制系统。

2. 采用常规的 PI 和 PID 调节器，构成计算机闭环系统，并对调节器的参数进行整定，使之具有满意的动态性能。

3. 对系统采用积分分离 PID 控制，并整定调节器的参数。

四、实验原理

在工业过程控制中，应用最广泛的控制器是 PID 控制器，它是按偏差的比例（P）、积分（I）、微分（D）组合而成的控制规律。而数字 PID 控制器则是由模拟 PID 控制规律直接变换所得。

在 PID 控制规律中，引入积分的目的是为了消除静差，提高控制精度，但系统中引入了积分，往往使之产生过大的超调量，这对某些生产过程是不允许的。因此在工业生产中常用改进的 PID 算法，如积分分离 PID 算法，其思想是当被控量与设定值偏差较大时取消积分控制；当控制量接近给定值时才将积分作用投入，以消除静差，提高控制精度。这样，既保持了积分的作用，又减小了超调量。

五、实验步骤

1. 实验接线

（1）按图 10-3 和图 10-4 连接一个二阶被控对象闭环控制系统的电路。

（2）该电路的输出与数据采集卡的输入端 AD_1 相连，电路的输入与数据采集卡的输出端 DA_1 相连。

（3）待检查电路接线无误后，打开实验平台的电源总开关，并将锁零单元的锁零按钮处于"解锁"状态。

2. 脚本程序编写

（1）启动计算机，在桌面双击图标 THBDC-1，运行实验软件。

（2）顺序单击虚拟示波器界面上的 开始采集 按钮和工具栏上的 ☰ 按钮（脚本编程器）。

（3）在脚本编辑器窗口的文件菜单下单击"打开"按钮，并在"计算机控制算法 VBS/计算机控制技术基础算法/数字 PID 调器算法"文件夹下选中"位置式 PID"脚本程序并打开,阅读、理解该程序,然后单击脚本编辑器窗口的调试菜单下"步长设置",将脚本算法的运行步长设为 100 ms。

(4) 单击脚本编辑器窗口的调试菜单下"启动"按钮;用虚拟示波器观察图 10-4 输出端的响应曲线。

(5) 单击脚本编辑器的调试菜单下"停止"按钮,整定 PID 及系统采样时间 T_s 等参数,然后再运行。在整定过程中注意观察参数的变化对系统动态性能的影响。

(6) 在脚本编辑器窗口下分别编写增量式 PID 和积分分离 PID 脚本程序,并整定 PID 及系统采样时间 T_s 等参数,然后观察参数的变化对系统动态性能的影响。

(7) 实验结束后,关闭脚本编辑器窗口,退出实验软件。

六、实验报告要求

1. 绘出实验中二阶被控对象在各种不同的 PID 控制下的响应曲线。
2. 编写积分分离 PID 控制算法的脚本程序。
3. 分析常规 PID 控制算法与积分分离 PID 控制算法在实验中的控制效果。

七、附录

1. 被控对象的模拟与计算机闭环控制系统的构成如图 10-3 所示。

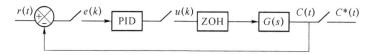

图 10-3　数-模混合控制系统的框图

图 10-3 中信号的离散化通过数据采集卡的采样开关来实现。

被控对象的传递函数为

$$G(s) = \frac{10}{(s+1)(s+2)} = \frac{5}{(s+1)(0.5s+1)}$$

它的模拟电路图如图 10-4 所示。

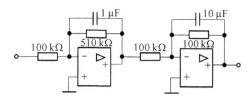

图 10-4　被控二阶对象的模拟电路图

2. 常规 PID 控制算法。

常规 PID 控制位置式算法为

$$u(k) = K_p\left\{e(k) + \frac{T}{T_i}\sum_{i=1}^{k}e(i) + \frac{T_d}{T}\big[e(k) - e(k-1)\big]\right\}$$

对应的 Z 传递函数为

$$D(z) = \frac{U(z)}{E(Z)} = K_p + K_i\,\frac{1}{1-z^{-1}} + K_d(1-Z^{-1})$$

式中，K_p 为比例系数；$K_i = K_p \dfrac{T}{T_i}$ 积分系数，T 为采样周期；$K_d = K_p \dfrac{T_d}{T}$ 微分系数。

其增量形式为

$$u(k) = u(k-1) + K_p[e(k) - e(k-1)] + K_i e(k) + K_d[e(k) - 2e(k-1) + e(k-2)]$$

3. 积分分离 PID 控制算法。

系统中引入的积分分离算法时，积分分离 PID 算法要设置分离阈 E_0。

当 $|e(kT)| \leqslant |E_0|$ 时，采用 PID 控制，以保持系统的控制精度；当 $|e(kT)| > |E_0|$ 时，采用 PD 控制，可使 δ_p 减小。

积分分离 PID 控制算法为

$$u(k) = K_p e(k) + K_e K_i \sum_{j=0}^{k} e(jT) + K_d[e(k) - e(k-1)]$$

式中，K_e 称为逻辑系数。

当 $|e(k)| \leqslant |E_0|$ 时，$K_e = 1$；当 $|e(k)| > |E_0|$ 时，$K_e = 0$。

对应的控制框图如图 10-5 所示。

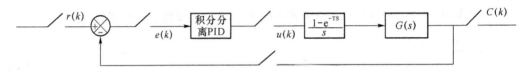

图 10-5　计算机控制的框图

图 10-5 中信号的离散化是由数据采集卡的采样开关来实现的。

实验四 最少拍控制算法

一、实验目的

1. 学习并熟悉最少拍控制器的设计和算法。
2. 研究最少拍控制系统输出采样点间纹波的形成。
3. 熟悉最少拍无纹波控制系统控制器的设计和实现方法。

二、实验设备

同实验一。

三、实验内容

1. 设计并实现具有一个积分环节的二阶系统的最少拍控制。
2. 设计并实现具有一个积分环节的二阶系统的最少拍无纹波控制,并通过混合仿真实验,观察该闭环控制系统输出采样点间纹波的消除。

四、实验原理

在离散控制系统中,通常把一个采样周期称为一拍。最少拍系统,也称为最小调整时间系统或最快响应系统。它是指系统对应于典型的输入具有最快的响应速度,被控量能经过最少采样周期达到设定值,且稳态误差为定值。显然,这样对系统的闭环脉冲传递函数,提出了较为苛刻的要求,即其极点应位于 Z 平面的坐标原点处。

1. 最少拍控制算法

计算机控制系统的框图如图 10-6 所示。

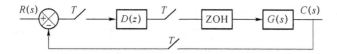

图 10-6 最少拍计算机控制原理框图

根据图 10-6 可知,有限拍系统的闭环脉冲传递函数为

$$\phi(z) = \frac{C(z)}{R(z)} = \frac{D(z)HG(z)}{1 + D(z)HG(z)} \tag{10-1}$$

$$\phi_e(z) = \frac{E_1(z)}{R(z)} = \frac{1}{1 + D(z)HG(z)} = 1 - \phi(z) \tag{10-2}$$

由式(10-1)、式(10-2)解得

$$D(z) = \frac{\phi(z)}{\phi_e(z)HG(z)}$$

随动系统的调节时间也就是系统误差 $e_1(kt)$ 达到零或为一恒值所需的时间,由 z 变换定义可知:$E_1(z) = \sum_{k=0}^{\infty} e_1(kT)z^{-k} = e_1(0) + e_1(T)z^{-1} + e_1(2T)z^{-2} + \cdots + e_1(kT)z^{-k} + \cdots$

有限拍系统就是要求系统在典型的输入信号作用下,当 $K \geqslant N$ 时,$e_1(kT)$ 恒为零或恒为一常量。N 为尽可能小的正整数,为了实现这个目标,对不同的输入信号,必须选择不同的 $\phi_e(z)$ 传递函数,由理论分析得:

$$R(z) = \frac{1}{1-z^{-1}} \Rightarrow \phi_e(z) = 1 - z^{-1}$$

$$R(z) = \frac{Tz^{-1}}{(1-z^{-1})^2} \Rightarrow \phi_e(z) = (1-z^{-1})^2$$

$$R(z) = \frac{T^2 z^{-1}(1-z^{-1})}{2(1-z^{-1})^3} \Rightarrow \phi_e(z) = (1-z^{-1})^3$$

2. 等速输入下最小拍控制器的设计

对于一个二阶受控对象加零阶保持器后对象的传递函数为

$$\mathrm{HG}(s) = \frac{1-\mathrm{e}^{-Ts}}{s} \times \frac{K}{s(T_1 s+1)}$$

选择采样周期 T,将上述传递函数离散后得

$$\mathrm{HG}(z) = K \frac{(T-T_1+T_1\mathrm{e}^{-T/T_1})z^{-1} + (T_1-T_1\mathrm{e}^{-T/T_1}-T\mathrm{e}^{-T/T_1})z^{-2}}{(1-z^{-1})(1-\mathrm{e}^{-T/T_1}z^{-1})} \tag{10-3}$$

因为输入是单位斜坡信号,所以选择:

$$\phi_e(z) = (1-z^{-1})^2 \qquad \phi(z) = 1 - \phi_e(z) = 2z^{-1} - z^{-2}$$

$$D(z) = \frac{U(z)}{E(z)} = \frac{\phi(z)}{\phi_e(z)\mathrm{HG}(z)} = \frac{(2-z^{-1})(1-\mathrm{e}^{-T/T_1}z^{-1})}{KA(1-z^{-1})(1+Bz^{-1})} = \frac{1}{KA} \frac{2-(1+2\mathrm{e}^{-T/T_1})z^{-1}+\mathrm{e}^{-T/T_1}z^{-2}}{1+(B-1)z^{-1}-Bz^{-2}}$$

其中,$A = T + T_1\mathrm{e}^{-T/T_1} - T_1$,$B = (T_1 - T_1\mathrm{e}^{-T/T_1} - T\mathrm{e}^{-T/T_1})/A$。

由此可得等速输入下最少拍算法的控制量为

$$u(k) = (1-B)u(k-1) + Bu(k-2) + \frac{2}{KA}\mathrm{e}(k) - \frac{1+2\mathrm{e}^{-T/T_1}}{KA}\mathrm{e}(k-1) + \frac{\mathrm{e}^{-T/T_1}}{KA}\mathrm{e}(k-2) \tag{10-4}$$

按等速输入下最少拍无差系统设计的控制器,在等速输入可使闭环系统的输出在第二拍(即两个采样周期)跟上,此后在采样点上达到无差。但对于其他典型输入的适应性较差。

3. 等速输入下最小拍无纹波控制器的设计

按最少拍无差系统设计,最多只能达到采样点上无偏差,而不能保证相邻两采样点间无纹波。最少拍无纹波设计,不仅要做到采样点上无偏差,而且要做到采样点间无纹波。

根据式(10-3)以及等速输入下最少拍无纹波的条件,可以求得

$$\phi(z) = (1+Bz^{-1})(a_1+a_2z^{-1})z^{-1}$$

$$1 - \phi(z) = (1-z^{-1})^2(1+bz^{-1})$$

两式联立求解得

$$a_1 = \frac{3B+2}{B^2+2B+1}, \quad a_2 = \frac{-(2B+1)}{B^2+2B+1}, \quad b = \frac{B(B+1)}{B^2+2B+1}$$

所以有

$$D(z) = \frac{U(z)}{E(z)} = \frac{\phi(z)}{\phi_e(z)\mathrm{HG}(z)} = \frac{(1-\mathrm{e}^{-T/T_1}z^{-1})(a_1+a_2z^{-1})}{KA(1-z^{-1})(1+bz^{-1})} = \frac{1}{KA} \frac{a_1+(a_2-a_1\mathrm{e}^{-T/T_1})z^{-1}-a_2\mathrm{e}^{-T/T_1}z^{-2}}{1+(b-1)z^{-1}-bz^{-2}}$$

由此可得等速输入下最少拍无纹波的算法:

$$u(k) = (1-b)u(k-1) + bu(k-2) + \frac{a_1}{KA}\mathrm{e}(k) + \frac{a_2-a_1\mathrm{e}^{-T/T_1}}{KA}\mathrm{e}(k-1) - \frac{a_2\mathrm{e}^{-T/T_1}}{KA}\mathrm{e}(k-2)$$

五、实验步骤

1. 实验接线

(1) 根据图 10-6 连接一个积分环节和一个惯性环节组成的二阶被控对象的模拟电路。

(2) 用导线将该电路的输出端与数据采集卡的输入端 AD_1 相连,电路的输入端与数据采集卡的输出端 DA_1 相连,数据采集卡的输出端 DA_2 与输入端 AD_2 相连。

(3) 待检查电路接线无误后,打开实验平台的电源总开关,并将锁零单元的锁零按钮处于"解锁"状态。

2. 脚本程序编写

(1) 启动计算机,在桌面双击图标 THBDC-1,运行实验软件。

(2) 单击虚拟示波器界面上的 开始采集 按钮对二阶被控对象的电路进行测试,分别测取惯性环节的放大系数、时间常数以及积分环节的积分时间常数。

(3) 打开工具栏上的 ≡ 按钮(脚本编程器);在脚本编辑器窗口下编写"最少拍算法(有纹波)"脚本程序并调试,然后单击脚本编辑器窗口的调试菜单下"步长设置",将脚本算法的运行步长设为 200 ms。

(4) 单击脚本编辑器窗口的调试菜单下"启动"按钮;用虚拟示波器观察图 10-6 输出端与采集卡的输出端 DA_2 的实验波形。

(5) 参考(3)、(4)步,编写最少拍算法(无纹波)脚本程序并观察实验波形。

(6) 实验结束后,关闭脚本编辑器窗口,退出实验软件。

六、实验报告要求

1. 画出二阶被控对象的电路图。
2. 根据最少拍有纹波控制的算法编写脚本程序。
3. 绘制最少拍有纹波、无纹波控制时系统输出响应曲线,并分析。

七、附录

实验系统被控对象的传递函数为

$$G(s) = \frac{K}{s(T_1 s + 1)} = \frac{0.5}{s(s+1)}$$

其模拟电路图如图 10-7 所示。

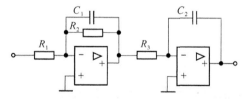

图 10-7　二阶被控对象的模拟电路图

其中,$R_1 = 200\ \text{k}\Omega$,$R_2 = 100\ \text{k}\Omega$,$R_3 = 100\ \text{k}\Omega$,$C_1 = 10\ \mu\text{F}$,$C_2 = 10\ \mu\text{F}$。

计算机控制系统的框图如图 10-8 所示。

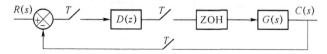

图 10-8　最少拍计算机控制原理框图

最少拍控制的效果对被控对象的参数变化非常敏感,实验中必须测取模拟对象的实际参数。

实验五　具有纯滞后系统的达林控制

一、实验目的

1. 了解达林控制算法的基本原理。
2. 掌握用于具有纯滞后对象的达林控制算法及其在控制系统中的应用。

二、实验设备

同实验一。

三、实验内容

1. 具有纯滞后一阶惯性环节达林算法的实现。
2. 具有纯滞后二阶惯性环节达林算法的实现。
3. 在实验中观察振铃现象并研究其消除方法。

四、实验原理

在生产过程中,大多数工业对象具有较大的纯滞后时间,对象的纯滞后时间 τ 对控制系统的控制性能极为不利,它使系统的稳定性降低,过渡过程特性变坏。长期以来,人们对纯滞后对象的控制作了大量的研究,比较有代表性的方法有达林算法和纯滞后补偿(Smith 预估)控制。

本实验以达林算法为依据进行研究,达林算法综合目标不是最少拍响应,而是一个具有纯滞后时间的一阶滞后响应。它的等效闭环传递函数为

$$\Phi(s)=\frac{\mathrm{e}^{-\tau s}}{T'_{\mathrm m}s+1},\tau\approx lT(l=1,2,\cdots) \tag{10-5}$$

式中,$T'_{\mathrm m}$ 为要求的等效环节的时间常数,T 为采样周期。

对 $\Phi(s)$ 用零阶保持器法离散化,可求得系统的闭环 Z 传递函数:

$$\Phi(z)=\frac{(1-\mathrm{e}^{-\frac{T}{T_{\mathrm m}}})z^{-(l+1)}}{1-\mathrm{e}^{-\frac{T}{T_{\mathrm m}}}z^{-1}} \tag{10-6}$$

五、实验步骤

1. 实验接线
(1) 根据图 10-9 所示,连接一个惯性环节的模拟电路。

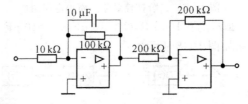

图 10-9　一阶被控对象的模拟电路图

（2）用导线将该电路输出端与数据采集卡的输入端 AD_1 相连，电路的输入端与数据采集卡的输入端 DA_1 相连。

（3）待检查电路接线无误后，打开实验平台的电源总开关，并将锁零单元的锁零按钮处于"解锁"状态。

2. 脚本程序编写

（1）启动计算机，在桌面双击图标 THBDC-1，运行实验软件。

（2）顺序单击虚拟示波器界面上的 开始采集 按钮和工具栏上的 三 按钮（脚本编程器）。

（3）在脚本编辑器窗口中，编写"达林算法"脚本程序并调试，然后单击脚本编辑器窗口的调试菜单下"步长设置"，将脚本算法的运行步长设为 100 ms。

（4）单击脚本编辑器窗口的调试菜单下"启动"按钮，用虚拟示波器观察响应曲线。

（5）单击脚本编辑器的调试菜单下"停止"按钮，修改程序中 n（可模拟对象的滞后时间，滞后时间为 $n\times$ 运行步长，单位为 ms；当运行步长设 100 ms 时，n 的取值范围为 $1\sim 5$）值以修改对象的滞后时间，再单击"启动"按钮，用示波器观察响应曲线。

（6）实验结束后，关闭脚本编辑器窗口，退出实验软件。

六、实验报告要求

1. 画出一阶被控对象的电路图。
2. 根据达林控制算法编写脚本程序。
3. 画出达林算法控制时系统的输出响应曲线，并分析。
4. 分析纯滞后时间 τ 的增大对系统稳定性的影响。

七、附录

设对象的传递函数为

$$G_0(s)=\frac{Ke^{-\tau s}}{T_m s+1}, \quad \tau\approx lT \tag{10-7}$$

式中，滞后环节 $e^{-\tau s}$ 由计算机软件模拟，τ 为滞后时间，这里取 $\tau=lT$，T 为采样周期。对象的其他部分由如下电路来模拟：

这里 $K=10$，$T_m=1$。

相应计算机控制系统的框图如图 10-10 所示。

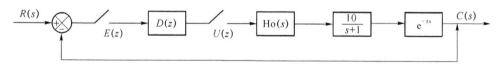

图 10-10　计算机控制系统框图

达林算法的目标是使系统的闭环 Z 传递函数为式（10-2）所示，即

$$\varPhi(z)=\frac{(1-e^{-\frac{T}{T_m}})z^{-(l+1)}}{1-e^{-\frac{T}{T_m}}z^{-1}}$$

基于本系统的广义对象 Z 传递函数为

$$HG(z)=kz^{-(l+1)}\times\frac{1-e^{-\frac{T}{T_m}}}{1-e^{-\frac{T}{T_m}}z^{-1}}$$

则有:

$$\frac{U(z)}{E(z)} = D(z) = \frac{\Phi(z)}{\mathrm{HG}(z)[1-\Phi(z)]} = \frac{(1-e^{-\frac{T}{T_\mathrm{m}}})(1-e^{-\frac{T}{T_\mathrm{m}}}z^{-1})}{k(1-e^{-\frac{T}{T_\mathrm{m}}})[1-e^{-\frac{T}{T_\mathrm{m}}}z^{-1}-(1-e^{-\frac{T}{T_\mathrm{m}}})z^{-(l+1)}]}$$

由上式得

$$u(k) = e^{-\frac{T}{T_\mathrm{m}}}u(k-1) + (1-e^{-\frac{T}{T_\mathrm{m}}})u(k-l-1)$$

$$+ \frac{1-e^{-\frac{T}{T_\mathrm{m}}}}{k(1-e^{-\frac{T}{T_\mathrm{m}}})}e(k) - \frac{(1-e^{-\frac{T}{T_\mathrm{m}}})e^{-\frac{T}{T_\mathrm{m}}}}{k(1-e^{-\frac{T}{T_\mathrm{m}}})}e(k-1)$$

实验六　步进电动机转速控制系统

一、实验目的

1. 了解步进电动机的工作原理。
2. 理解步进电动机的转速控制方式和调速方法。
3. 掌握用 VBScript 或 JScript 脚本语言进行开关量的编程。

二、实验设备

同实验一。

三、实验原理

1. 步进电动机工作原理简介

步进电动机是一种能将电脉冲信号转换成机械角位移或线位移的执行元件,它实际上是一种单相或多相同步电动机。电脉冲信号通过环形脉冲分配器,励磁绕组按照顺序轮流接通直流电源。由于励磁绕组在空间中按一定的规律排列,轮流和直流电源接通后,就会在空间形成一种阶跃变化的旋转磁场,使转子转过一定角度(称为步距角)。在正常运行情况下,电动机转过的总角度与输入的脉冲数成正比;电动机的转速与输入脉冲频率保持严格的对应关系,步进电动机的旋转同时与相数、分配数、转子齿轮数有关;电动机的运动方向由脉冲相序控制。

2. 步进电动机驱动电路原理

步进电动机和普通电动机的区别主要就在于其脉冲驱动的形式,必须使用专用的步进电动机驱动控制器。正是这个特点,步进电动机可以和现代的数字控制技术相结合。

如图 10-11 所示,它一般由脉冲发生单元、脉冲分配单元、功率驱动单元保护和反馈单元组成。除功率驱动单元以外,其他部分越来越趋向于用软件来实现。

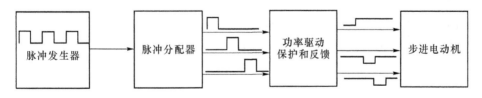

图 10-11　步进电动机系统的驱动框图

3. 软件控制方法(并行控制)

并行控制是指用硬件或软件方法实现脉冲分配器的功能,它输出的多相脉冲信号,经功率放大后驱动电动机的各相绕组,其框图如图 10-12 所示。

该实验系统中的脉冲分配器由软件实现的,由数据采集卡中的 $DO_1 \sim DO_4$ 作为并行驱动,驱动四相反应式步进电动机。

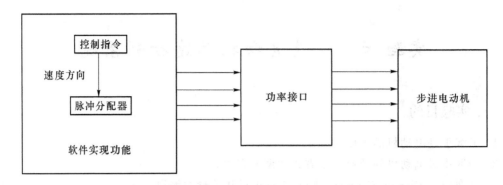

图 10-12　步进电动机软件控制框图

四、实验步骤

1. 实验接线

（1）将数据采集卡单元中的 $DO_1 \sim DO_4$ 分别接到步进电动机单元的 A、B、C 和 D 输出端。

（2）打开实验平台的电源总开关。

2. 脚本程序编写

（1）启动计算机，在桌面双击图标"THBDC-1"，运行实验软件。

（2）顺序单击虚拟示波器界面上的 开始采集 按钮和工具栏上的 ≡ 按钮（脚本编程器）。

（3）在脚本编辑器窗口中，编写"四相八拍方式步进电动机控制"脚本程序并调试，然后单击脚本编辑器窗口的调试菜单下"步长设置"，将脚本算法的运行步长设为 100 ms。

（4）单击脚本编辑器窗口的调试菜单下"启动"按钮；观察步进电机的运行情况。

（5）单击"脚本编辑器"窗口上"停止"按钮，更改算法的运行步长，并再次运行算法程序，观察步进电动机的运行。

（6）实验结束后，关闭脚本编辑器窗口，退出实验软件。

五、实验报告要求

1. 画出步进电动机转速控制系统的框图。

2. 根据实验程序编写四相八拍方式的程序。

实验七　单闭环温度恒值控制系统

一、实验目的

1. 理解温度闭环控制的基本原理。
2. 了解温度传感器的使用方法。
3. 学习温度 PID 控制参数的配置。

二、实验设备

同实验一。

三、实验原理

1. 温度驱动部分

该实验中温度的驱动部分采用了直流 15 V 的驱动电源,控制电路和驱动电路的原理与直流电机相同,直流 15 V 经过 PWM 调制后加到加热器的两端。

2. 温度测量端(温度反馈端)

温度测量端(反馈端)一般为热电式传感器,热电式传感器是利用传感元件的电磁参数随温度的变化的特性来达到测量的目的。例如将温度转化成为电阻、磁导或电势等的变化,通过适当的测量电路,就可达到这些电参数的变化来表达温度的变化。

在各种热电式传感器中,已把温度量转化为电势和电阻的方法最为普遍。其中将温度转换成为电阻的热电式传感器称为热电耦;将温度转换成为电阻值大小的热电式传感器称做热电阻,如铜电阻、热敏电阻、Pt 电阻等。

铜电阻的主要材料是铜,主要用于精度不高、测量温度范围($-50\sim150$ ℃)不大的地方。而铂电阻的材料主要是铂,铂电阻物理、化学性能在高温和氧化性介质中很稳定,它能用作工业测温元件和作为温度标准。铂电阻与温度的关系在 $0\sim630.74$ ℃以内为

$$R_t = R_0(1 + at + bt^2)$$

式中,R_t 为温度为 t ℃时的电阻值;R_0 为温度为 0 ℃时的电阻值;t 为任意温度;a、b 为为温度系数。

该实验系统中使用了 Pt100 作为温度传感器。

在实际的温度测量中,常用电桥作为热电阻的测量电阻。在如图 10-13 中采用铂电阻作为温度传感器。当温度升高时,电桥处于不平衡,在 a、b 两端产生与温度相对应的电位差;该电桥为直流电桥。

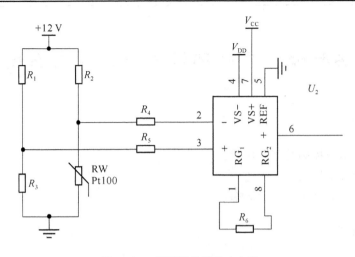

图 10-13　温度测量及放大电路

四、实验步骤

1. 实验接线

（1）用导线将温度控制单元 24 V 的"＋"输入端接到直流稳压电源 24 V 的"＋"端。

（2）用导线将温度控制单元 0～5 V 的"＋"输入端接到数据采集卡的 DA$_1$ 的输出端，同时将温度变送器的"＋"输出端接到数据采集卡的 AD$_1$ 处。

（3）打开实验平台的电源总开关。

2. 脚本程序的参数整定及运行

（1）启动计算机，在桌面双击图标 THBDC-1，运行实验软件。

（2）顺序单击虚拟示波器界面上的 开始采集 按钮和工具栏上的 按钮（脚本编程器）。

（3）在脚本编辑器窗口的文件菜单下单击"打开"按钮，并在"计算机控制技术应用算法"文件夹下选中"温度控制"脚本程序并打开，阅读、理解该程序，然后单击脚本编辑器窗口的调试菜单下"步长设置"，将脚本算法的运行步长设为 100 ms。

（4）单击脚本编辑器窗口的调试菜单下"启动"按钮；观察温度加热器内温度的变化。

（5）当控制温度稳定在设定值后，再单击脚本编辑器的调试菜单下"停止"按钮，重新配置 PID 的参数或改变算法的运行步长，等加热器温度冷却后再次启动程序，并观察运行结果。

（6）实验结束后，关闭脚本编辑器窗口，退出实验软件。

注：为了更好地观测温度曲线，本实验中可将"分频系数"设置到最大。

五、实验报告要求

1. 画出温度控制系统的框图。

2. 分析 PID 控制参数对温度加热器中温度控制的影响。

实验八　单容水箱液位定值控制系统

一、实验目的

1. 理解单容水箱液位定值控制的基本方法及原理。
2. 了解压力传感器的使用方法。
3. 学习 PID 控制参数的配置。

二、实验设备

同实验一。

三、实验原理

单容水箱液位定值控制系统的控制对象为一阶单容水箱,主要的实验项目为单容水箱液位定值控制。其执行机构为微型直流水泵,正常工作电压为 24 V。

直流微型水泵控制方式主要有调压控制以及 PWM 控制,在本实验中采用 PWM 控制直流微型水泵的转速来实现对单容水箱液位的定值控制。控制器采用了 PID 控制器。通过计算机模拟 PID 控制规律直接变换得到的数字 PID 控制器。

水箱液位定值控制系统一般由电流传感器构成大电流反馈环。为了方便测量与观察反馈信号,通常把电流反馈信号转化为电压信号:反馈端输出端串接一个 250 Ω 的高精度电阻。

本实验电压与液位(单位:mm)的关系为

$$H_{液位} = (V_{反馈} - 1) \times 12.5$$

水箱液位控制系统框图如图 10-14 所示。

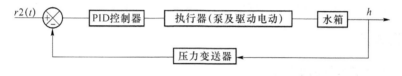

图 10-14　水箱液位控制系统框图

四、实验步骤

1. 实验接线

(1) 将水箱面板上的“LT−”与实验台的 GND 相连接;水箱面板上的“LT＋”与实验台的 AD₁ 相连接。

(2) 将水箱面板上的“输入−”与实验台的 GND 相连接;水箱面板上的“输入＋”与实验台的 DA₁ 相连接。

(3) 将水箱面板上的“输出−”与“水泵电源−”连接;水箱面板上的“输出＋”与“水泵电源＋”连接。

(4) 打开实验平台的电源总开关。

2. 压力变送器调零

本实验在开始实验前必须对压力变送器调零操作。具体方法如下。

（1）将水箱中打满水，然后再全部放到储水箱中。

（2）旋开压力变送器的后盖，用小一字螺丝刀（螺钉旋具）调节压力变送器中电路板上有"Z"标识的调零电位器，让压力变送器的输出电压为 1 V。

（3）再次向水箱中打水，并观察水箱液位与压力变送器输出电压的对应情况，其对应关系为：$H_{液位}=(V_{反馈}-1)\times12.5$（当液位为 10 cm 时，输出电压应为 1.8 V 左右），如不对应，再重复步骤（1）、（2）直到对应为止。

（4）如果步骤（1）、（2）、（3）还不能调好水箱液位与压力变送器输出电压的对应情况，那么可适度调节压力变送器中电路板上有"S"标识的增益电位器，再重复步骤（1）、（2）、（3）直到对应为至。但在实际应用中，增益电位器的调节要慎用，一般不调节。

3. 脚本程序的参数整定及运行

（1）启动计算机，在桌面双击图标 THBDC-1，运行实验软件。

（2）顺序单击虚拟示波器界面上的 开始采集 按钮和工具栏上的 ≡ 按钮（脚本编程器）。

（3）在脚本编辑器窗口的文件菜单下单击"打开"按钮，并在"计算机控制技术应用算法"文件夹下选中"水箱控制"脚本程序并打开，阅读、理解该程序，然后单击脚本编辑器窗口的调试菜单下"步长设置"，将脚本算法的运行步长设为 100 ms。

（4）单击脚本编辑器窗口的调试菜单下"启动"按钮；观察水箱内液位的变化。

（5）当水箱液位稳定在设定值后，再单击脚本编辑器的调试菜单下"停止"按钮，重新配置 PID 的参数或改变算法的运行步长，再次启动程序，并观察运行结果。

（6）实验结束后，关闭脚本编辑器窗口，退出实验软件。

注意：① 为了更好地观测液位曲线，本实验中可将"分频系数"设置到最大。

② 直流水泵电源的正反接，可以控制水泵正反转，最好保证水泵处于正转状态。

③ 实验时出水阀的开度一般调节至整个阀开度的 70% 左右。

④ 由于本实验是基础应用型实验，其液位的控制精度在 10% 内即可。

五、报告要求

1. 画出水箱控制系统的框图。

2. 分析 PID 控制参数对水箱控制系统的影响。

3. 分析水箱控制系统的出水口开度大小对水箱控制系统的影响。

第十一章　DSP 原理与应用

实验知识一　ICETEK DSP 教学实验箱简介

ICETEK DSP 教学实验箱是由北京瑞泰创新科技有限责任公司于 2003 年推出的新一代 DSP 教学产品。它面向广大 DSP 初学者,提供 DSP 教学的一体化设备,为 DSP 教学提供整体解决方案,它还为 DSP 设备的研制者提供了一个较为完备的测试平台。尤其适用于开设 DSP 教学课程的学校和各类初学者。另外,由于采用了一体化的评估板模块,实验箱也能用于科研、算法验证、开发等工作。

一、ICETEK DSP 教学实验箱的特点

1. 完备性:提供完整的 DSP 实验环境。硬件上包括 DSP 仿真器、评估板、信号源、控制模块;软件上提供仿真软件、完全使用手册和实验例程。可以进行与 DSP 应用相关的大部分实验和测试。

2. 易用性:完备的使用说明和实验手册使使用者可以轻松上手、尽快熟悉 DSP 使用的相关操作,多功能的控制模块提供从图像到声音、从输入到输出多种形象直观的显示、控制手段,使用户的知识得到感性的结果,从而加深对 DSP 的理解。

3. 直观性:提供液晶图像显示、发光二极管阵列显示、电机指示等视觉实验效果,信号源也提供容易控制、简单明了的测试手段,使实验现象能更加直观、具体、明确地展示出来。

4. 灵活性:支持使用 ICETEK5100-PP 和 ICETEK5100-USB 仿真器;在接口相同的前提下,支持多种系列的评估板,如 ICETEK-LF2407-A 板、ICETEK-VC5416-A 板、ICETEK-VC33-AE 板、ICETEK-C6711-A 板和已经或即将推出的多种评估板。由于该教学实验箱采用模块化设计,因此各模块具有更换操作简单、安装容易的特点,能够满足各种教学和科研的需求。

5. 适用性:针对 DSP 能同时进行多路信号处理的特点,提供两个独立的信号源,可单独设置,四路波形输出,充分测试 DSP 的并行数字信号处理能力。针对 DSP 实验经常需要做 A/D、D/A 实验的特点,实验箱将 DSP 评估板上相关接口引出,在底板上扩展成专用插座供实验者联接使用,实验箱具备同时输入四路 A/D 和四路输出 D/A 的能力,结合信号源,可同时进行四路 A/D、D/A 实验。对于 DSP 评估板输入、输出能力不足的特点,利用显示/控制模块提供扩展的输入、输出手段。

二、ICETEK DSP 教学实验箱的功能

1. 两个独立的信号发生器,可同时提供两种波形、四路输出;信号的波形、频率、幅度可调。

2. 多种直流电源输出。支持对仿真器和评估板的直流电源连接插座。

3. 显示输出:液晶图像显示器(LCD),可显示从 DSP 发送来的数据;发光二极管阵列(LED Array);发光二极管;电动机指针 0°~360°指示。

4. 音频输出:可由 DSPI/O 脚控制的蜂鸣器;D/A 输出提供音频插座,可直接接插耳机。

5. 键盘输入:可由 DSP 回读扫描码。

6. 步进电动机:四相步进电动机,可由 DSPI/O 端口控制旋转和方向、速度。

7. 底板提供插座,可使用插座完成 DSP 评估板上的 A/D 信号输入和 D/A 输出。

8. 软件资料:相关 DSP 设计编程使用教材、实验教程、使用说明、实验程序。

三、ICETEK DSP 教学实验箱的组成

如图 11-1 所示,ICETEK DSP 教学实验箱由以下几个部分组成。

1. 箱盖:保护实验箱设备;保存教材、使用手册、实验指导书、各种实验用的连线;可拆卸,在实验中可从箱体上拆下;带锁,可在关闭时用钥匙锁住。

2. 箱体:装载实验箱设备;左侧外壁上有一个标准外接电源线插孔;通过固定螺丝与实验箱底板连为一体。

3. 底板:固定各模块;提供电源开关、实验用直流电源插座(5 个)、A/D、D/A 输入输出插座(16 个)、各模块直流供电插座(5 个)、信号插座(4 个)、信号源(2 个);实现显示控制模块和 DSP 评估板模块的信号互连。

4. 信号源:两组、四路输出,可使用专门开关启动;提供切换选择输出方波、三角波和正弦波,可选择输出频率范围(10~100 Hz、100~1 kHz、1~10 kHz、10~100 kHz),可进行频率和幅度(0~3.3 V)的微调。

5. 仿真器模块:固定 ICETEK 仿真器,支持 PP 型和 USB 型;提供 PP 型仿真器供电 5 V 电源插座;仿真器可从底板上拆下更换。

6. 显示控制模块(可选):通过信号线连接到底板;从底板提供的 5 V 和 12 V 直流电源插座输入电源;提供液晶图形显示(128×64 像素),发光二极管阵列显示(8×8 点),指示灯,四相步进电机,键盘(16 按键),蜂鸣器。显示控制模块可从底板上拆下更换。

7. DSP 评估板模块:固定各种 DSP 评估板;提供 5 V 直流电源插座(两个位置);34Pin 信号线插座(3 个)和 36Pin 信号线插座,用于连接 DSP 评估板和实验箱底板。DSP 评估板模块可从底板上拆下更换。

四、ICETEK DSP 教学实验箱性能指标

1. 直流电源:+5 V(5 A)、-5 V(0.5 A)、+12 V(1 A)、-12 V(0.5 A)、+3.3 V(3 A)、地。

2. 信号源(A、B):

(1) 双路输出。

(2) 频率范围:分为 4 段(10~100 Hz、100 Hz~1 kHz、1~10 kHz、10~100 kHz),可通过拨动开关进行选择,精度范围为±10%。

(3) 频率微调:在每个频率段范围内进行频率调整。

(4) 波形切换:提供 3 种波形(方波、三角波、正弦波),可通过拨动开关进行选择。幅值微调:0～3.3 V 平滑调整。

3. 信号接插孔:4 路 A/D 输入(AD CIN0～AD CIN3),4 路 D/A 输出(DA COUT1～DA COUT4),每路均提供信号和地。

4. 显示/控制模块(可选)。

(1) 液晶显示(LCD):128×64 点阵图形显示屏,可调整显示对比度。

(2) 发光二极管显示阵列:8×8 点阵。

(3) 发光二极管。

(4) 蜂鸣器。

(5) 步进电机:四相八拍,步距角 5.625,起动频率≥300 PPS,运行频率≥900 PPS。

(6) 键盘:4×4 按键。

(7) 拨动开关(DIP):4 路,可实现复位和设置 DSP 应用板参数。

5. 电源输入:220 V 交流。

五、ICETEK DSP 教学实验箱结构图

实验箱结构图如图 11-1。

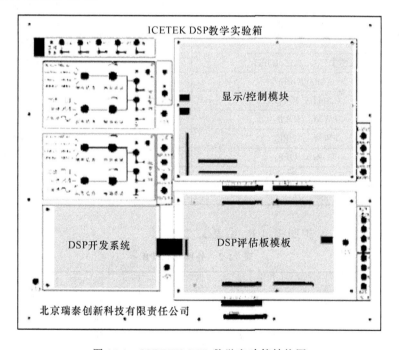

图 11-1 ICETEK DSP 数学实验箱结构图

实验知识二　ICETEK DSP 教学实验箱
硬件接口和编程说明

一、ICETEK DSP 教学实验箱的外围接口

外围接口 PA：2407-A 扩展接口 P_4 见表 11-1（其中连接到实验箱底板的引脚编号加下画线，其他未连接）。

表 11-1　外围接口 PA

1	$V_{CC}+5\ V$	2	$V_{CC}+5\ V$
3	/	4	PS
5	$\overline{IS}$	6	$\overline{WR}/\ IOPC_0$
7	$\overline{WE}$	8	$\overline{RD}$
9	$\overline{STRB}$	10	$R/\overline{W}$
11	$\overline{READY}$	12	$\overline{PDPNTB}$
13	$\overline{RS}$	14	$\overline{TRGRESET}$
15	$*\ PWM_{10}/IOPE_4$	16	$\overline{1XINT}/IOPA_2$
17	GND	18	GND
19	$\overline{2XINT}/ADCSOC/IOPD_1$	20	$CAP_5/QEP_4/IOPF_0$
21	$CAP_6/IOPF_1$	22	$\overline{VISOE}$
23	$CANTX/IOPC_6$	24	$CANRX/IOPC_7$
25	$PWM_{10}/IOPE_4$	26	$PWM_{11}/IOPE_5$
27	$PWM_{12}/IOPE_6$	28	$T4PWM/T4CMP/IOPF_3$
29	$TDIRB/IOPF_4$	30	$TCLKINB/IOPF_5$
31	Expansion CLKIN	32	$CLKOUT/IOPE_0$
33	GND	34	GND

外围接口 PB：2407-A 扩展接口 P_3 见表 11-2。

表 11-2　外围接口 PB

1	A_0	2	A_1	19	D_0	20	D_1
3	A_2	4	A_3	21	D_2	22	D_3
5	A_4	6	A_5	23	D_4	24	D_5
7	A_6	8	A_7	25	D_6	26	D_7
9	A_8	10	A_9	27	D_8	28	D_9
11	A_{10}	12	A_{11}	29	D_{10}	30	D_{11}
13	A_{12}	14	A_{13}	31	D_{12}	32	D_{13}
15	A_{14}	16	A_{15}	33	D_{14}	34	D_{15}
17	GND	18	GND				

外围接口 PC：2407-A 扩展接口 P_2 见表 11-3（其中连接到实验箱底板的引脚编号加下画线，其他未连接）。

表 11-3　外围接口 PC

1	$V_{CC}A$, +5 V Analog	2	$V_{CC}A$, +5 V Analog
3	$TMS_2/IOPD_7$	4	* $IOPF_6$
5	$ADCIN_2$	6	$ADCIN_3$
7	$ADCIN_4$	8	$ADCIN_5$
9	$ADCIN_6$	10	$ADCIN_7$
11	$ADCIN_8$	12	$ADCIN_9$
13	$ADCIN_{10}$	14	$ADCIN_{11}$
15	$ADCIN_{12}$	16	$ADCIN_{13}$
17	AGND	18	AGND
19	$ADCIN_{14}$	20	$ADCIN_{15}$
21	VREFHI	22	VREFLO
23	$ADCIN_0$	24	$ADCIN_1$
25	$DACOUT_1$	26	$DACOUT_2$
27	$DACOUT_3$	28	$DACOUT_4$
29	RESERVED	30	RESERVED
31	RESERVED	32	$XINT_2/ADCSOC/IOPD_1$
33	AGND	34	AGND

二、ICETEK DSP 教学实验箱硬件编程

1. 液晶显示模块编程

液晶显示模块的访问、控制是由 2407ADSP 对扩展 I/O 接口的操作完成。控制 I/O 口的寻址:命令控制 I/O 接口的地址为 0x8001,数据控制 I/O 接口的地址为 0x8003 和 0x8004,辅助控制 I/O 接口的地址为 0x8002。

显示控制方法:液晶显示模块中有两片显示缓冲存储器,分别对应屏幕显示的像素,向其中写入数值将改变显示,写入"1"则显示一点,写入"0"则不显示。其地址与像素的对应方式见表 11-4。

发送控制命令:向液晶显示模块发送控制命令的方法是通过向命令控制 I/O 接口写入命令控制字,然后再向辅助控制接口写入 0。下面给出的是基本命令字、解释和 C 语言控制语句举例。显示开关:0x3f 打开显示;0x3e 关闭显示。

port8001 = 0x3f; port8002 = 0; //将液晶显示打开

port8001 = 0x3e; port8002 = 0; //将液晶显示关闭

表 11-4

Y	左侧显示内存					右侧显示内存					行号
	0	1	…	62	63	0	1	…	62	63	
	DB_0 ↓ DB_7	DB_0 ↓ DB_7	DB_0 ↓ DB_7	DB_0 ↓ DB_7	DB_0 ↓ DB_7	DB_0 ↓ DB_7	DB_0 ↓ DB_7	DB_0 ↓ DB_7	DB_0 ↓ DB_7	DB_0 ↓ DB_7	0 ↓ 7
$X=0$ ↓ $X=7$	DB_0 ↓ DB_7	DB_0 ↓ DB_7	DB_0 ↓ DB_7	DB_0 ↓ DB_7	DB_0 ↓ DB_7	DB_0 ↓ DB_7	DB_0 ↓ DB_7	DB_0 ↓ DB_7	DB_0 ↓ DB_7	DB_0 ↓ DB_7	8 ↓ 55
	DB_0 ↓ DB_7	DB_0 ↓ DB_7	DB_0 ↓ DB_7	DB_0 ↓ DB_7	DB_0 ↓ DB_7	DB_0 ↓ DB_7	DB_0 ↓ DB_7	DB_0 ↓ DB_7	DB_0 ↓ DB_7	DB_0 ↓ DB_7	56 ↓ 63

设置显示起始行:0x0c0+起始行取值,其中起始行取值为 0~63。

port8001 = 0x0c0; port8002 = 0;　　　//设置液晶显示从存储器第 0 行开始

port8001 = 0x0c8; port8002 = 0;　　　//设置液晶显示从存储器第 8 行开始

设置操作页:0x0b8+页号,其中页号取值为 0~7。

port8001 = 0x0b0; port8002 = 0;　　　//设置即将操作的存储器第 0 页

port8001 = 0x0b2; port8002 = 0;　　　//设置即将操作的存储器第 2 页

设置操作列:0x40+列号,其中列号为取值为 0~63。

port8001 = 0x40; port8002 = 0;　　　//设置即将操作的存储器第 0 列

port8001 = 0x44; port8002 = 0;　　　//设置即将操作的存储器第 4 列

写显示数据:在使用命令控制字选择操作位置(页数、列数)之后,可以将待显示的数据写入液晶显示模块的缓存。将数据发送到相应数据控制 I/O 接口即可。

C 语言语句举例说明:

port8003 = 0x80; port8002 = 0;　　　//向左侧屏幕缓存存入数据 0x80,如果显示行、页号和列号均为 0 时,屏幕上第 8 行第 1 列将显示黑色像素

port8004 = 0x01; port8002 = 0;　　　//向右侧屏幕缓存存入数据 1,如果显示行、页号和列号均为 0 时,屏幕上第 1 行第 65 列将显示黑色像素

2. 发光二极管编程

显示/控制模块上的发光二极管是由 DSP 芯片上的通用 I/O 引脚直接控制的,对应于 2407A 的 PWM12/IOPE6,将其设置成高发光二极管灭,设置成低发光二极管亮。

3. 发光二极管显示阵列编程

发光二极管显示阵列的显示是由 I/O 扩展端口控制,DSP 须将显示的图形按列的顺序存储起来(8×8 点阵,8 B,高位在上方,低位在下方),然后定时刷新控制显示。具体方法是,将以下控制字按先后顺序,每两个为一组发送到端口 0x8005,发送完毕后,隔不太长的时间(以人眼观察不闪烁的时间间隔)再发送一遍。由于位值为"0"时点亮,所以需要将显示的数据取反。

(1) 0x01,第 1 列数据取反,0x02,第 2 列数据取反。

(2) 0x04,第 3 列数据取反,0x08,第 4 列数据取反。

(3) 0x10,第 5 列数据取反,0x20,第 6 列数据取反。

(4) 0x40,第 7 列数据取反,0x80,第 8 列数据取反。

4. 电动机编程

步进电动机是由 DSP 通用 I/O 管脚输出直接控制。步进电机的起动频率大于 500 PPS(拍每秒),空载运行频率大于 900 PPS。2407A 的通用 I/O 口 $PWM_{11}/IOPE_5$ 控制电动机的转动频率,$TDIRB/IOPF_4$ 控制转动方向。控制的方法是使用 DSP 通用定时器设置 $PWM_{11}/IOPE_5$ 以一定的频率改变高低状态,输出方波,设置 $TDIRB/IOPF_4$ 为高电平则顺时针转动,低电平为逆时针转动。

5．蜂鸣器编程

蜂鸣器由 DSP 通用 I/O 引脚输出控制，可将此引脚上的频率输出转换成声音输出。2407A 的通用 I/O 口 CANTX/IOPC$_6$ 控制蜂鸣器的输出频率。控制的方法是使用 DSP 通用定时器设置 CANTX/IOPC$_6$ 以一定的频率改变高低状态，输出方波。

6．键盘输入编程

键盘的扫描码由 DSP 的 I/O 扩展地址 0x8001 给出，当有键盘输入时，读此端口得到扫描码，当无键被按下时读此端口的结果为 0。各按键的扫描码排列如下：

0x18,0x14,0x12,0x11

0x28,0x24,0x22,0x21

0x48,0x44,0x42,0x41

0x88,0x84,0x82,0x81

实验一　Code Composer 入门实验

一、实验目的

1. 掌握 CodeComposer 4.1 的安装和配置。

2. 了解 DSP 开发系统和计算机与目标系统的连接方法。

3. 了解 CodeComposer 4.1 软件的操作环境和基本功能，了解 TMS320C2xxx 软件开发过程。

（1）学习创建工程和管理工程的方法。

（2）了解基本的编译和调试功能。

（3）学习使用观察窗口。

（4）了解图形功能的使用。

二、实验设备

1. PC 兼容机 1 台；操作系统为 Windows 2000（或 Windows NT、Windows 98、Windows XP），以下假定操作系统为 Windows 2000。

2. ICETEK-LF2407-USB-EDU（或 ICETEK-LF2407-PP-EDU）实验箱 1 台。如无实验箱则配备 ICETEK-USB 仿真器或 ICETEK-PP 仿真器和 ICETEK-LF2407-A 或 TEK-LF2407-C 系统板，5 V 电源 1 个。

3. USB 连接电缆 1 条（如使用 PP 型仿真器换成并口电缆 1 条）。

三、实验原理

开发 TMS320C2xxx 应用系统一般需要以下几个调试工具来完成。

软件集成开发环境（CodeComposer 4.1）：完成系统的软件开发，进行软件和硬件仿真调试。它也是硬件调试的辅助手段。

开发系统（ICETEK 5100 USB 或 ICETEK 5100 PP）：实现硬件仿真调试时与硬件系统的通信，控制和读取硬件系统的状态和数据。

评估模块（ICETEK LF2407-A 或 ICETEK LF2407-C 等）：提供软件运行和调试的平台和用户系统开发的参照。

CodeComposer 4.1 主要完成系统的软件开发和调试。它提供一整套的程序编制、维护、编译、调试环境，能将汇编语言和 C 语言程序编译连接生成 COFF（公共目标文件）格式的可执行文件，并能将程序下载到目标 DSP 上运行调试。

用户系统的软件部分可以由 CodeComposer 建立的工程文件进行管理，工程文件一般包含以下几种文件：C 语言或汇编语言文件（＊.ASM 或 ＊.C）、头文件（＊.H）/＊命令文件（＊.CMD）/＊库文件（＊.LIB，＊.OBJ）。

四、实验步骤

1. 实验准备

（1）连接实验设备

① 检查并设置 ICETEK-LF2407 实验箱的各电源开关均处于关闭状态；连接实验箱提供的三相电源线，保证接地良好。

② 如使用 USB 型仿真器,将提供的 USB 电缆的扁平端连接到计算机的 USB 接口上,另一端不接。

③ 如使用 PP 型仿真器,首先确认计算机电源处于关闭状态,然后将提供的并口电缆的一端连接到计算机的并行接口上。

④ 连接仿真器的仿真电缆接头到 DSP 系统板上的 JTAG 接头。注意仿真器接头上的一个插孔中有一个封针,DSP 系统板上的 JTAG 接口的相应插针是被空开的,这样保证了仿真接头的方向不会接反。

⑤ 如使用 PP 型仿真器,连接并口电缆的未连接端到仿真器上相应接头。

⑥ 如使用 LF2407-A 的 DSP 系统板,关闭 DSP 系统板上的电源开关。

⑦ 将 5 V 电源连接到 DSP 系统板上。

(2) 开启设备

① 接通计算机电源,进入 Windows 操作系统。

② 打开实验箱电源开关,实验箱上的电源指示灯亮。

③ 如使用 LF2407-A 的 DSP 系统板,打开 DSP 系统板电源开关,DSP 系统板上电源指示灯 DS_2、DS_3 亮,DS_1 亮一下后熄灭。

(3) 安装 CodeComposer 4.1(可选做)

① 将实验箱附带的教学光盘插入计算机光盘驱动器。

② 打开教学光盘的 CC C2000 目录,双击“Setup. exe”图标,进入安装程序。

③ 选择“Code Composer”,按照安装提示进行安装,并重新启动计算机。

④安装完毕,桌面上出现两个新的图标“Setu PCC C2000”、“CCC2000”。

(4) 安装 DSP 开发系统驱动程序(可选做)

安装 USB 型仿真器的驱动程序步骤如下。

① 连接计算机上 USB 接口电缆的方形接口一端到仿真器上相应接口;仿真器上红色电源灯亮,表示 USB 接口连通;计算机提示发现新的设备。打开“ICETEKDriver \C2000\USB-Device”目录,选择“mdpjtag. inf”,并完成安装。

② 观察仿真器上绿色指示灯亮,表示驱动程序开始工作。

③ 执行“ICETEKDriver\C2000”目录中的安装程序“Setup. exe”,并根据提示完成安装。

安装 PP 型仿真器的驱动程序步骤如下。

① 打开教学光盘的“ICETEKDriver\C2000”目录,双击“Setup. exe”图标,进入安装程序。

② 按顺序进行安装,注意驱动程序所安装的隐含路径为“C:\ICETEK\2xxPP”。

③ 如果仿真器的工作环境是以 NT 为内核的操作系统,如:WindowsNT、Windows 2000、Windows XP,还需要安装 WindowsNTDriver 驱动,运行教学光盘的“ICETEKDriver”目录中的“WndowsNTDriver. exe”并按照步骤完成安装即可,安装完毕按照提示需要重新启动计算机。

④ 执行“ICETEKDriver\C2000”目录中的安装程序“Setup. exe”,并根据提示完成安装。

2. 设置 CodeComposer 在软件仿真(Simulator)方式下运行(可选做)

(1) 双击桌面上的“Setu PCC C2000”图标,启动“Code Composer Setup”。

(2) 在“Import Configuration”对话框中单击“Clear System Configuration”按钮,在接下

来的对话框中选择"是",清除原先的系统设置;窗口"Code Composer Setup"中左侧"System Configuration"栏中"My System"项被清空。

(3) 在"Available Configurations"列表中,单击选择"C20x Simulator"驱动,并单击" Add to system configuration"按钮;在窗口"Code Composer Setup"中左侧"System Configuration"栏中"My System"项中加入"C2xx Simulator"项。

(4) 单击"Close"按钮,退出"Import Configuration"对话框。

(5) 选择"Code Composer Setup"窗口"File"菜单中"Exit"项退出,并在接下来显示的对话框中选择"是",保存设置。

3. 设置 CodeComposer 在硬件仿真(Emulator)方式下运行

(1) 双击桌面上的"Setu PCC C2000"图标,启动"Code Composer Setup"。

(2) 在"Import Configuration"对话框中单击"Clear System Configuration"按钮,在接下来的对话框中选择"是",清除原先的系统设置;窗口"Code Composer Setup"中左侧"System Configuration"栏中"My System"项被清空。

(3) 对于 USB 型仿真器(如使用 PP 型仿真器则跳过此步),在"Available Configurations"列表中,单击选择"ICETEK-5100 USB Emulator"驱动,并单击"Add to system onfiguration"按钮;窗口"Code Composer Setup"中左侧"System Configuration"栏中"My System"项中加入"C24x Emula tor"项。

(4) 单击"Close"按钮,退出"Import Configuration"对话框。

(5) 对于 PP 型仿真器,在"Code Composer Setup"窗口中间的"Available Board/Simulator Types"窗口中查找名为"Itk2xxpp"的驱动程序(如果没有或此驱动程序前有禁止符号,则选择右侧窗口中的"Install a Device Driver",在随后出现的"Select Device Driver"对话框中,选择 C:\ICETEK\2xx PP 目录中的"Itk2xxpp. dvr"驱动程序)。双击窗口中间的"Available Board/Simulator Types"中的"Itk2xxpp",选择"Board Properties"卡片,将其中的"I/O Port"的取值改为 0x378,选择 Next,单击"Add Signal"、"Finish"按钮。

(6) 选择"Code Composer Setup"窗口"File"菜单中的"Exit"项退出,并在接下来显示的对话框中选择"是",保存设置。

4. 启动 CodeComposer

双击桌面上的" CC C2000"图标,启动 Code Composer 4.1,可以看到显示出的 C2xx Code Composer 窗口。

5. 创建工程

(1) 创建新的工程文件:选择菜单"Project"的"New"项;在"Save New Project As"对话框中,改变目录到 C:\2407EDULab\Lab1-UseCC,输入"volume"作为项目文件名并保存。这时建立的是一个空的工程文件,展开主窗口左侧工程管理窗口中"Project"下新建立的"volume. mak",其中各项均为空。

(2) 在工程文件中添加程序文件:选择菜单"Project"的"Add Files to Project"项;在"Add Files to Project"对话框中改变文件类型为"C Source Files(* . C)",选择显示出来的文件"volume. c";重复上述各步骤,再添加以下文件到"volume"工程中:volume24x. cmd 和 rts2407. lib。

(3) 编译连接工程:选择菜单"Project 的 Rebuild All"项;注意编译过程中 CC 主窗口下

部的 Build 提示窗中显示编译信息,最后将给出错误和警告的统计数。

6. 编辑修改工程中的文件

(1) 查看工程文件:展开 CC 主窗口左侧工程管理窗中的工程各分支,可以看到"volume. mak"工程中包含" volume. h"、" rts2407. lib"、" volume. c"和"volume24x. cmd"文件,其中第一个为程序在编译时根据程序中的 include 语句自动加入的;选择"Project"菜单中的"Scan All Dependencies"。

(2) 查看源文件:双击工程管理窗中的"volume. c"文件,可以查看程序内容。

双击工程管理窗中的"volume. h"文件,打开此文件显示,可以看到其中有主程序中要用到的一些宏定义如"BUF_SIZE"等。

"volume24x. cmd"文件定义程序所放置的位置,此例中描述了 2407A 的片内存储器资源,指定了程序和数据在内存中的位置。

(3) 编辑修改源文件:打开"volume. c",找到 main()主函数,将语句"input=&inp_buffer [0];"最后的分号去掉,这样程序中就出现了一个语法错误;重新编译连接工程,可以发现编译信息窗口出现发现错误的提示,双击红色错误提示,CC 自动转到程序中出错的地方;将语句修改正确(这里是将语句末尾的分号加上);重新编译;注意,重新编译时修改的文件被 CC 系统自动保存。

(4) 修改工程文件的设置:选择"Project"菜单中的"Options"项,打开"Build Options"对话框,选择"Assembler"卡片,将"Enable Source Level Debugging"项加上复选标记;单击"确定"按钮,完成设置;通过此设置,重新编译后,CC 系统可以对程序进行跟踪调试。

7. 基本调试功能

(1) 执行"File→Load Program",在随后打开的对话框中选择刚刚建立的"volume. out"文件。

(2) 在项目浏览窗口中,双击"volume. c"激活这个文件,移动光标到 main()行上,右击鼠标选择"Toggle Breakpoint"或按 F9 键设置断点。

(3) 选择"Debug→Run"或按 F5 键运行程序,程序会自动停在 main()函数上。

① 按 F10 键执行到 write_buffer()函数上。

② 再按 F8 键,程序将转到 write_buffer 函数中运行。

③ 此时,为了返回主函数,按 shift-F7 完成 write_buffer 函数的执行。

④ 再次执行到 write_buffer 一行,按 F10 键执行程序,对比与 F8 键执行的不同。

提示:在执行 C 语言的程序时,为了快速地运行到主函数调试自己的代码,可以使用"bug→Go main"命令。

8. 使用观察窗口

(1) 执行"View→Watch window"打开观察窗口。

(2) 在"volume. c"中,选中任意一个变量,右击,选择"Quick watch",CC 将打开"quick watch"窗口并显示选中的变量。

(3) 在"volume. c"中,选中任意一个变量,右击,选择"Add to watch window",CC 将把变量添加到观察窗口并显示选中的变量值。

(4) 在观察窗口中双击变量,则弹出修改变量窗口。此时,可以在这个窗口中改变程序变量的值。

（5）把 str 变量加到观察窗口中，单击变量左边的"＋"，观察窗口可以展开结构变量，并且显示结构变量的每个元素的值。

（6）把 str 变量加到观察窗口中，执行程序进入 write_buffer 函数，此时 num 函数超出了作用范围，可以利用 stack call 窗口察看在不同作用范围的变量。

① 执行"View→Call Stack"打开堆栈窗口。

② 双击堆栈窗口的 main()选项，此时可以察看 num 变量的值。

9. 文件输入/输出

这一节介绍如何从 PC 上加载数据到目标机上。这是一个很好的方法，使用已知的数据流测试算法的正确性。

在完成下面的操作以前，先介绍 Code Composer 的 Probe 断点，这种断点允许用户在指定位置提取/注入数据，Probe 断点可以设置在程序的任何位置，当程序运行到 Probe 断点时，与 Probe 断点相关的事件将会被触发，当事件结束后，程序会继续执行。在这一节里，Probe 断点触发的事件是：从 PC 的数据文件加载数据到目标系统的缓冲器中。

（1）在真实的系统中，read_signals 函数用于读取 A/D 模块的数据并放到 DSP 缓冲区中。在这里，代替 A/D 模块完成这个工作的是 Probe 断点，当执行到函数 read_signals 时，Probe 断点完成这个工作。

① 在程序行 read_signals(int ＊input)上设置断点。

② 右击鼠标，选择"Toggle Probe Point"，设置 Probe 断点。

（2）执行"File→File I/O"，打开对话框。

（3）单击"Add File"把"sine2. dat"文件加到对话框中。

（4）完成设置。

① 在"Address"中，输入 inp_buffer。

② 在"Length"中，输入 0x64。

③ 保证 War Paround 被选中。

（5）关联事件和 Probe 断点。

① 单击"Add Probe Point"按钮，打开对话框。

② 单击"Probe Point"中的内容，使之被选中。

③ 在"Connect"中选择"sine2. dat"文件。

④ 单击"Replace"按钮确认设置。

⑤ 单击"确定"按钮关闭对话框。

（6）单击"确定"按钮关闭对话框，此时，已经配置好了 Probe 断点和与之关联的事件。进一步的结果在下面实验中显示。

10. 图形功能简介

下面我们使用 CC 的图形功能检验上一节的结果。

（1）执行"View→Graph→Time→Frequency"打开"Graph Property Dialog"窗口。

（2）修改属性为如下值并确定。

Graph Title：Input

Start Address：inp_buffer

Acquisition Buffer Size：100

Display Data Size 100

DSPType：16-bit signal integer

在弹出的图形窗口中右击,选择"Clear Display"。

(3) 按 F12 键运行程序,观察 input 窗口的内容。

五、实验结果

通过对工程文件 volume 的编译、执行后得到结果如图 11-2 所示。

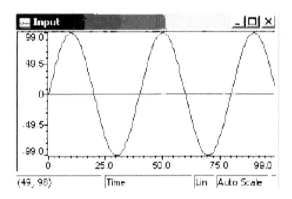

图 11-2　实验结果图

实验二 编制链接控制文件

一、实验目的

1. 学习用汇编语言编制程序，了解汇编语言程序与 C 语言程序的区别和在设置上的不同。

2. 学习编制命令文件控制代码的连接。

3. 学会建立和改变 map 文件，以及使用它观察内存使用情况的方法。

4. 熟悉使用软件仿真方式调试程序。

二、实验设备

PC 兼容机一台，操作系统为 Windows 2000（或 Windows 98、Windows XP，以下默认为 Windows 2000），安装 CodeComposer 4.1 软件。

三、实验原理

1. 汇编语言程序

汇编语言程序除了程序中必须使用汇编语句之外，其编译选项的设置与 C 语言编制的程序也稍有不同。其区别如下。

① 汇编语言程序在执行时直接从用户指定入口开始，常见的入口标号为 start，而 C 语言程序在执行时，先要调用 C 标准库中的初始化程序（入口标号为 "_c_init00"），完成设置之后，才转入用户的主程序 main() 运行。为了支持 C 初始化代码的连接，C 程序在编译时要包含 C 语言库和与之相配的头文件，这需要用户将库添加到工程中。

② 由于 CodeComposer 的代码链接器默认支持 C 语言，在编制汇编语言程序时，需要设置链接参数，选择非自动初始化，注明汇编程序的入口地址。

2. 命令文件的作用

命令文件（文件名扩展名为 cmd）为链接程序提供程序和数据在具体 DSP 硬件中的位置分配信息。通过编制命令文件，可以将某些特定的数据或程序按照我们的意图放置在 DSP 所管理的内存中。命令文件也为链接程序提供了 DSP 外扩存储器的描述。

3. 内存映射（map）文件的作用

一般我们设计、开发的 DSP 程序在调试好后，要固化到系统的 ROM 中。为了更精确地使用 ROM 空间，我们就需要知道程序的大小和位置，通过建立目标程序的 map 文件可以了解 DSP 代码的确切信息。当需要更改程序和数据的大小和位置时，就要适当修改 cmd 文件和源程序，再重新生成 map 文件来观察结果。

4. 源程序分析

汇编语言源程序 UseCMD. asm 框图如图 11-3 所示。

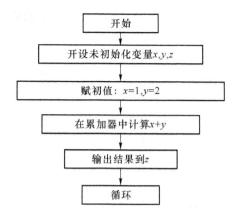

图 11-3　实验框图

四、实验步骤

1. 实验准备

设置软件仿真模式的步骤如下。

(1) 启动 CC 驱动设置窗口：双击桌面上的"Setup PCC C2000"图标。

(2) 清除原先驱动设置：单击"Clear System Configuration"按钮。

(3) 安装软件仿真驱动(Simulator)：单击"C20x Simulator"驱动名，单击"Add to system configuration"按钮。

(4) 完成设置：单击"Close"按钮，然后单击"File→Exit"命令，单击"是"按钮。

2. 打开工程文件

(1) 双击桌面上"CC C2000"，启动 Code Composer 4.1。

(2) 打开菜单"Project"的"Open"项；选择 C:\2407EDULab\Lab2-UseCMD 目录中的 UseCMD.mak。

3. 设置工程文件

(1) 打开设置窗口：选择菜单"Project"的"Options"项。

(2) 选择链接设置：单击"Linker"属性页。

(3) 观察汇编语言程序的特殊设置："C Initialization"项设置成"No Autoinitialization"，"Code Entry Point"项中输入"start"。

(4) 退出设置窗口：单击"取消"按钮。

4. 编译源文件、下载

(1) 单击"Project→Rebuild All"命令；编译完成后，系统自动打开源程序文件 UseCMD.asm。

(2) 单击"File→Load Program"命令，在随后打开的对话框中选择刚刚建立的"UseCMD.out"文件。

5. 打开观察窗口

(1) 开启 CPU 寄存器观察窗口：单击菜单"View"、"CPU Registers"、"CPU Register"。

(2) 在变量观察窗口中添加变量：

单击鼠标右键源程序中 x 变量、"Add to Watch Window"；这时变量观察窗口中显示的是 x 变量的地址；双击变量观察窗口中的 x 变量行；在"Edit Variable"中将"Variable"项的内容改为"＊x"；单击"OK"按钮；变量观察窗口中显示的是 x 变量的值。

按照上述步骤将变量 y、z 添加到变量观察窗口中。

6. 观察程序运行结果

这时，代表程序运行位置的黄色光标条停在 start 标号下面语句上，程序将从此开始执行。

（1）单步执行程序（按 F10 键），可观察到 CPU 寄存器窗口中 DP 和 ST0 的值有变化。

（2）单步运行 2 次，在变量窗口中观察到变量 x、y 被赋值。

（3）单步执行到 xh 标号后面的语句，观察 ACC 寄存器和变量 z 值的变化。

7. 生成内存映像文件

（1）单击菜单 Project、Options，启动 Build Options 工程设置对话框。

（2）单击 Linker 属性页，在"Ma PFilename"项中输入需要生成的 map 文件名，比如可以输入 UseCMD. map。

（3）单击"确定"按钮，完成设置。

（4）选择菜单"Project"、"Rebuild All"，重新编译工程，生成新设置的 map 文件。

8. 对照观察 map 文件和 cmd 文件的内容

（1）选择菜单 File、Open，将找到 C:\2407EDULab\Lab2-UseCMD 目录，将文件类型改为"Memory Ma PFiles"，选择刚刚生成的 UseCMD. map 文件，打开。

（2）展开工程管理窗中的 UseCMD. mak，双击其中的 UseCMD. cmd 文件。

（3）程序的入口地址：cmd 文件的 SECTION 中指定 . text 段放到程序区（PAGE 0）的 EX_ROM 中，在 MEMORY 中指定 EX_ROM 从内存地址 1000h 开始，长度为 1000h；再看 map 文件中"ENTRY POINT SYMBOL"中说明了"start"标号的地址为十六进制 00001000，两者相符。

（4）内存的占用情况：通过观察 map 文件中的" MEMORY CONFIGURATION"段可以了解内存的使用情况，可以看到，程序所占用的长度为十六进制 a，即 10 个字长，而数据区因开设了 3 个变量，所以占用了 3 个字的地址空间 。

9. 改变内存分配

修改 cmd 文件中的 EX_ROM：o＝1000H，l＝1000H 改为 EX_ROM：o＝2000H，l＝1000H 重新编译工程，观察 map 文件中有何变化。

五、实验结果

通过实验可以发现，修改 cmd 文件可以安排程序和数据资源中的分配和位置；map 文件中描述了程序和数据所占的地址。实验程序中计算变量的取值之和，由于取值较小，所以程序中仅考虑保存 acc 的低 16 位作为结果。但移位等问题就需要考虑保存 acc 的高 16 位结果了。

六、问题与思考

请修改程序完成 0F000H＋0E000H 的计算。

实验三　数据存取实验

一、实验目的

1. 了解 TMS320LF2407A 的内部存储器空间的分配及指令寻址方式。
2. 了解 ICETEK-LF2407-A 板扩展存储器空间寻址方法及其应用。
3. 了解 ICETEK-2407-EDU 实验箱扩展存储器空间寻址方法及其应用。
4. 学习用 CodeComposer 修改、填充 DSP 内存单元的方法。
5. 学习操作 TMS320C2xx 内存空间的指令。

二、实验设备

计算机、ICETEK-LF2407-EDU 实验箱(或 ICETEK 仿真器＋ICETEK-LF2407-A 系统板＋相关连线及电源)。

三、实验原理

TMS320LF240x 系列 DSP 基于增强的哈佛结构,可以通过 3 组并行总线访问多个存储空间。它们分别是程序地址总线(PAB)、数据读地址总线(DRAB)和数据写地址总线(DWAB)。由于总线工作是独立的,所以可以同时访问程序和数据空间。TMS320LF240x 系列 DSP 的地址映像被组织为 3 个可独立选择的空间:程序存储器(64 KB)、数据存储器(64 KB)、输入/输出(I/O)空间(64 KB)。

1. 程序区

00～7FFFH:如 DSP 工作在 MC 方式,片内 32 KB FlashMP 方式,片外扩 32 KB 展存储器。

8000H～87FFH:PON 位＝1,片内 2 KB SARAMPON 位＝0,片外 2 KB 扩展存储器。

8800H～FDFFH:片外 2 KB 扩展存储器。

FE00H～FEFFH: CNF 位＝1,保留空间 CNF 位＝0,片外扩展存储器。

FF00H～FFFFH:CNF 位＝1,为片内 DARAM(B0)CNF 位＝0,为片外扩展存储器。

2. 数据区

0000H～005FH:寄存器映射地址,保留区。

0060H～007FH:片内 DARAM(B2)。

0080H～00FFH:非法访问区。

0100H～01FFH:保留区。

0200H～02FFH:CNF 位＝0,片内 DARAM(B0)。

CNF 位＝1,保留区。

0300H～03FFH:片内 DARAM(B1)。

0400H～04FFH:保留区。

0500H～07FFH:非法访问区。

0800H～0FFFH:DON 位＝1,片内 2 KB SARAM。

DON 位＝0,保留区。

1000H～6FFFH:非法访问区。

7000H～7FFFH:外设寄存器映射地址区。

8000H～FFFFH:片外扩展存储器。

3. I/O 区

0000H～FEFFH:片外扩展区。

FF00H～FF0EH：保留区。

FF0FH～FF0FH：Flash 控制模式寄存器。

FF10H～FFFEH：保留区。

FFFFH～FFFFH：等待状态寄存器。

ICETEKH-LF2407-A 板对 TMS320LF2407A DSP 存储空间的扩展。程序区扩展所有片外扩展存储器；数据区扩展所有片外扩展存储器 I/O 区。

0000H～0004H：D/A 转换控制寄存器。

0005H～0007H：保留。

0008H～0008H：板上 DIP 开关控制寄存器。

0009H～000BH：保留。

000CH～000CH：板上指示灯控制寄存器。

000DH～7FFFH：保留。

4. ICETEK-LF2407-EDU 实验箱对 TMS320LF2407A DSP 存储空间的扩展 I/O 区

8001H～8001H：读键盘扫描值，写液晶控制寄存器 。

8002H～8002H：液晶控制寄存器。

8003H～8004H：液晶显示数据寄存器。

8005H～8005H：发光二极管显示阵列控制寄存器。

8006H～9FFFH：保留。

MS320C24x 寻址方式介绍。

5. TMS320LF240x 指令集采用 3 种基本的存储器寻址方式：立即寻址方式、直接寻址方式和间接寻址方式。

立即寻址：指令使用的常数立即操作数，立即操作数前需要加符号♯为前缀，如 RPT♯49。

直接寻址：将数据区 64 KB 分成 512 个页，寻址时页地址存于页指针 DP，指令中再提供 7 位偏移量完成寻址。如以下两个语句先将地址 1010H 的数据装入 acc LDP♯32；设置页指针 ＝32 LACC 10H；将当前页偏移 16 位置的存储器的值装入累加器 acc。

间接寻址：通过 8 个辅助寄存器进行寻址，16 位存储器地址可直接存放在辅助寄存器中。如以下语句将地址 1010H 的数据装入 acc LAR AR0，♯1010H；辅助寄存器 AR0 放入存储器地址。

MAR＊，AR0 指定 AR0 为当前辅助寄存器。

LACC＊装载当前辅助寄存器指向的内存单元的值。

实验程序分析：

源程序 Memory.asm

```
    .global start        ;定义全局标号
    .text
    start:
    ldp♯4                ;直接寻址,装载 DP 值,页指针指向片内数据区 DARAM
    B0
    splk♯1,1             ;绝对地址 201H 开始的 4 个单元存 1,2,3,4
    splk♯2,2
    splk♯3,3
    splk♯4,4

                         ;以下使用间接寻址将 201H 开始的 4 个单元的数
```

```
                        ;转存到 300H 开始的 4 个单元
    lar ar0,#201H       ;源起始地址存在辅助寄存器 0
    lar ar1,#300H       ;目的起始地址存在辅助寄存器 1
    lar ar2,#3          ;循环计数值为移动数 - 1
    mar * ,ar0          ;设置当前辅助寄存器为 ar0
    loop1:              ;开始循环搬移数据
    lacc * + ,ar1       ;将当前辅助寄存器(ar 0)所指向的数据内存单元的值装载到 acc
                        ;ar0 加 1,设置当前辅助寄存器为 ar1
    sacl * + ,ar2       ;acc 低 16 位存放到当前辅助寄存器(ar1)指定的单元
                        ;ar1 加 1,设置当前辅助寄存器为 ar2
    banz loop1,ar0      ; 当前辅助寄存器(ar2)如果不等于 0 则
                        ;当前辅助寄存器(ar2)减 1,转 loop1
    xh:
    b xh                ;空循环
    .end
```

四、实验步骤

1. 实验准备

(1) 连接设备。

① 关闭计算机和实验箱电源。

② 如使用 PP 型仿真器则用附带的并口连线连接计算机并口和仿真器相应接口。

③ 检查 ICETEK-LF2407-A 板上 JP6 的位置,应连接在 1～2 位置(靠近 DSP 芯片端),即设置 DSP 工作在 MP 方式。

④ 关闭实验箱上的 3 个开关。

(2) 开启设备。

① 打开计算机电源。

② 打开实验箱电源开关,打开 ICETEK-LF2407-A 板上电源开关,注意板上指示灯 DS$_1$灭、DS$_2$ 和 DS$_3$ 亮。

③ 如使用 USB 型仿真器用附带的 USB 电缆连接计算机和仿真器相应接口,注意仿真器上两个指示灯均亮。

(3) 设置 Code Composer 为 Emulator 方式:参见" CodeComposer 入门实验"之 4.3。

(4) 启动 Code Composer:双击桌面上" CC C2000"图标,启动 Code Composer 4.1。

2. 打开工程文件

(1) 打开菜单"Project 的 Open"项;选择 C:\2407EDULab\Lab3-Memory 目录中的"Memory. mak"。

(2) 右键单击工程管理窗口中的"GEL Files",单击"Load GEL",选择工程目录中的"init. gel"文件。

3. 观察修改程序区

(1) 显示程序:选择菜单"View"中的"Memory"项;在"Title"中输入 PROG,在"Address"项中输入 0x40,选择"Page"项为"Program";单击"OK"按钮。

"PROG"窗口中显示了从地址 40H 开始的程序内存,由于 ICETEK-LF2407-A 板设置

DSP 工作在 MP 方式,窗口中显示的是片外扩展程序存储单元的内容;根据 cmd 文件中的设置,下载后的机器代码的入口应从 44H 处存放。

(2) 改程序区存储单元

程序区单元的内容由 CC 的下载功能填充,但也能用手动方式修改;双击 PROG 窗口地址"0x0040":后的第一个数,显示"Edit Memory"窗口,在"Data"中输入 0x1234,单击"Done"按钮,观察"PROG"窗口中相应地址的数据被修改。

(3) 观察修改数据区

① 显示片内数据存储区 B0:选择菜单"View"的"Memory"项;在 Title 中输入 DARAM B0,在"Address"项中输入 0x200;单击"OK"按钮;"DARAM B0"窗口中显示了从地址 200H 开始的数据内存;这片地址属于片内 DARAM B0。

② 显示片内数据存储区 B1:按照步骤(1)打开"DARAM B1"窗口显示从地址 0x300 开始的片内 DARAM B1 区的数据单元。

③ 修改数据单元:数据单元也可以单个进行修改,只需双击想要改变的数据单元即可;选择菜单"Edit"、"Memory"、"Fill",在"Address"项中输入 0x200,在"Length"中输入 16,在"Fill"中输入 0x11,单击"OK"按钮,可在 200H 开始的数据区中的头 16 个单元填充统一的数 0x11;观察"DARAM B0"窗口的变化;同样请将 0x300 开始的头 16 个单元的值用 0 填充。

④ 访问未扩展的区域:当访问未扩展的存储单元时,将不能正确修改内容;选择菜单"View"的"Memory"项;在"Title"中输入 NO EXIST,在"Address"项中输入 0xA000,选择"Page"项为"I/O";单击"OK"按钮;"NO EXIST"窗口中显示了未扩展而不存在的 I/O 空间内存;试着修改其中的单元,可发现无法进行任何改动。

4. 运行程序观察结果

(1) 编译和下载程序:单击菜单"Option"、"Program Load",在"Load Program After Build"之前加上选择符号,单击"OK"按钮,此设置完成在每次编译完成后将程序自动下载到 DSP 上;选择菜单"Project"、"Build All",编译、连结和下载程序;观察 PROG 窗口中的变化。

(2) 打开 CPU 寄存器观察窗口:选择菜单"View"、"CPU Registers"、"CPU Register"。

(3) 单步执行程序并观察结果:按 F10 键单步运行,直到程序尾部的空循环语句;观察 CPU 寄存器窗口中 DP、ACC、ST0、AR0、AR1、AR2 的变化;观察"DARAM B0"和"DARAM B1"中的显示;体会用程序修改数据区语句的使用方法。

五、实验结果

实验程序运行之后,位于数据区地址 201H 开始的 4 个单元的数值被复制到了数据区 300H 开始的 4 个单元中。程序中使用了立即寻址、直接寻址和间接寻址方式。

寻址方式的使用还有许多方法,可以完成复杂的寻址。

如果在下载程序的过程中,Code Composer 报告 xxxx 地址出现校验错误,可以使用内存显示和修改的方法,验证一下是否是该单元不能正确读写,以确定错误原因。

在 MC 方式时,程序区前 32 KB 均为 Flash 存储器区,只读,程序将无法下载。

通过改写内存单元的方式,我们可以手工设置 DSP 的一些状态位,从而改变 DSP 工作的状态。

六、问题与思考

本实验通过使用 GEL 文件关闭了 2407A DSP 芯片中的 Watch Dog,而 GEL 文件只在程序运行前工作。请试着将它改写到程序前面。

实验四　定点数除法实验

一、实验目的

1. 熟悉 TMS320LF24x 指令系统,掌握常用汇编指令,学习设计程序和算法的技巧。
2. 学习用减法和移位指令实现除法运算。

二、实验设备

PC 兼容机 1 台、操作系统为 Windows 2000(或 Windows 98、Windows XP,以下默认为 Windows 2000)、安装 CodeComposer 4.1 软件。

三、实验原理

由内置的硬件模块支持,数字信号处理器可以高速的完成加法和乘法运算。但 TMS320 系列 DSP 不提供除法指令,为实现除法运算,需要编写除法子程序来实现。二进制除法是乘法的逆运算。乘法包括一系列的移位和加法,而除法可分解为一系列的移位和减法。本实验要求编写一个 16 位的定点除法子程序。

1. 除法运算的过程

设累加器为 8 位,且除法运算为 10 除以 3,除的过程包括与除数有关的除数逐步移位,然后进行减法运算,若所得商为正,则在商中置 1,否则该位商为 0。

例如,4 位除法示例。

(1) 数的最低有效位对齐被除数的最高有效位。

```
  00001010
－00011000
  11110010
```

(2) 由于减法结果为负,丢弃减法结果,将被除数左移一位再减。

```
  00010100
－00011000
  11111000
```

(3) 结果仍为负,丢弃减法结果,将被除数左移一位再减。

```
  00101000
－00011000
  00010000
```

(4) 结果为正,将减法结果左移一位后把商置 1,做最后一次减。

```
  00100001
－00011000
  00001001
```

(5) 结果为正,将减法结果左移一位加 1 得最后结果,高 4 位是余数,低 4 位商:00010011。

2. 除法运算的实现

为了尽量提高除法运算的效率，2xx 系列提供了条件减指令 SUBC 来完成除法操作。SUBC 指令的功能如下：

若（ACC）≥0 且（数据存储器地址）≥0

PC＋1 然后

（ACC）−［（数据存储器地址）×2］|ALU 输出

如果 ALU 输出≥0

则：（ALU 输出）×2＋1|ACC

否则：（ACC×2）|ACC

实际上，SUBC 指令完成的是除法中的减除数求商的过程，即余数末位补 0，减去除数，若结果为正，该位商为 1，否则商为 0。

SUBC 指令实现条件减，可以用于如下除法：把 16 位的正被除数放在累加器的低 16 位，累加器的高 16 位清 0，16 位的正除数放在数据存储单元中。执行 SUBC 指令 16 次，最后一次 SUBC 指令完成后，累加器的低 16 位是除法的商，高 16 位是余数。若累加器和/或数据存储单元的内容为负，则不能用 SUBC 指令实现除法。为了完成多次的 SUBC 指令，还需要用到循环指令 RPT，它可以使 RPT 后的一条指令重复 1～256 次。

SUBC 指令仅能对正数除法进行运算，因此，要扩展到所有数值的除法，还需要在程序开头对被除数和除数做乘法，并保存到临时变量，除数和被除数分别取绝对值，在除法运算完成后，根据临时变量的值修改商的符号。

3. 除法运算程序流程

除法运算程序如图 11-4 所示。

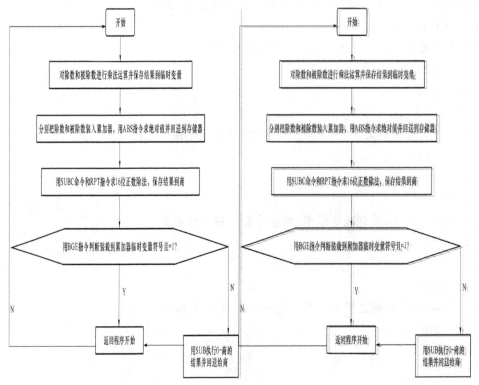

图 11-4　除法运算程序流程

四、实验步骤

1. 用 Simulator 方式启动 Code Composer。

2. 执行"Project→New"建立新的项目,输入 div. mak 作为项目的名称,将程序定位在 C:\2407EDULab\Lab4-Division目录。

3. 执行"File→New→Source File"建立新的程序文件,为创建新的程序文件命名为 div. asm 并保存;执行"Project→Add New File to Project",把 div. asm 加入项目中。

4. 执行"File→New→Source File"建立新的文件并保存为 div. cmd;执行"Project→Add New File to Project",把 div. cmd 加入项目中。

5. 编辑 div. asm 加入如下内容:

```
        .bss    NUMERA,1
        .bss    DENOM ,1
        .bss    QUOT ,1
        .bss    ARIT ,1
        .bss    TEMSGN,1
        .text
            nop
start：  ldp     ♯NUMERA
        lacc    NUMERA
        call    DIV
        b       start
DIV：    it      NUMERA
        mpy     DENOM
        pac
        sach    TEMSGN
        lac     DENOM
        abs
        sacl    DENOM
        lacc    NUMERA
        abs
        rpt     ♯15
        subc    DENOM
        sacl    QUOT
        sahc    ARIT
        lac     TEMSGN
        bgez    done
        zac
        sub     QUOT
        sacl    QUOT
        zac
```

```
            sacl    ARIT
done：  lac      QUOT
            ret
```

6. 编辑 div. cmd 加入如下内容：

```
}
SECTIONS
{
    .text    :{ }＞PROG PAGE 0
    .bss     :{ }＞SARAMPAGE 1
}
```

7. 执行"Project→Rebuild All"编译链接；编译错误如下：

warning：entry point symbol _c_int0 undefined

默认时 Code Composer 设置项目程序为 C 语言编译，因此，当编译汇编程序时，要对项目做配置。

8. 执行"Project→Options"打开编译选项；在 linker 属性页上单击，把"C Initialization"栏选择为"No Autoinitialization"；在"Assembler"属性页上单击，在开关栏处输入" - g"；单击"确定"按钮保存对配置的修改。

9. 执行"File→Load Program"装载程序，装载完程序后，Code Composer 把指针指向0000 处。为了执行我们的程序代码，需要修改 DSP 的 PC 值；执行"View→CPU Registers→CPU Register"打开寄存器窗口；双击窗口中的 PC 标号，CC 弹出修改对话框供修改寄存器；在对话框中输入"start"，程序将处于程序入口点上。

10. 执行"View→Watch Window"打开观察窗口，在观察窗口中添加如下变量。

（1）观察窗口右击鼠标，选择"Insert New Expression"，输入" * NUMERA"，观察该变量的值。

（2）重复（1）的操作，加入 DENOM、QUOT 和 ARIT 三个变量（注意变量名要与程序中的一致）。这样，我们就添加了为完成除法操作而需要的输入和输出。其中 NUMERA 是被除数，DENOM 是除数，QUOT 是商，而 ARIT 是余数。

11. 双击观察窗口上的 NUMERA 变量，输入数据"10"；双击观察窗口上的"DENOM"变量，输入数据"3"。

12. 按 F10 键执行程序到"b start"，观察程序的 QUOT 和 ARIT 两个变量是否是正确的结果。此外，还可以多运行几次程序，分别用不同的数据测试除法程序。

13. 为汇编程序添加入口地址：在刚才的程序中，当装载完程序后，PC 指针指向程序的入口地址。现在，我们要为自己的汇编语言添加入口地址。

14. 双击项目浏览窗口中的 div. asm 激活源程序窗口；在程序的开头加入下述代码：

.global start

15. 执行"Project→Option"打开对话框；在对话框中单击"Linker"属性页，在"Code Entry Point"中输入"start"；单击"确定"保留对设置的修改。执行"Project→Rebuild All"选项，重新编译链接整个项目。

16. 执行"File→Reload Program"，Code Composer 将会自动把上次选中的文件装载到目标系统中。观察这次装载与上次是否不同。

17. 执行"View→CPU Registers→CPU Register"打开寄存器观察窗口,查看 PC 指针的值是否有些不同。

18. 构造完备的应用程序:C2000 系列的芯片在上电复位后将 PC 的值置为 0x0000,这里实际上是复位向量的地址。一般要在这里添加一个无条件跳转指令,跳到程序真正的入口地址去。双击项目浏览窗口中的 div. asm 激活源程序窗口。

19. 在程序中. end 指令前加入如下指令:. sect ". vectors" b start,保存对 div. asm 的修改。

20. 双击项目浏览窗口中的 div. cmd,激活该窗口;在 . text :{}> PROG PAGE0 的下一行加入如下行:. vectors :{}>VECT PAGE 0 ,执行"Project→Build"重新编译源程序。

21. 执行"File→Exit"退出 Code Composer;在桌面上双击 CC C2000 图标重新启动 Code Composer;执行"File→Load Program"装载 div. out。

22. 按 F5 键运行程序;按 Shift+F5 组合键结束程序运行;执行"Debug→Reset DSP"命令,观察程序的运行过程。

五、实验结果

试验中用定点数计算代替除法运算,而在浮点 DSP 上可选用被除数承以除数的倒数的方法进行除法替代运算。

实验五　I/O 端口实验

一、实验目的

1. 了解 ICETEK-LF2407-A 板在 I/O 空间上的扩展。
2. 掌握 I/O 端口的控制方法。
3. 学习在 C 语言中控制 I/O 端口读写的方法。

二、实验设备

计算机、ICETEK-LF2407-EDU 实验箱(或 ICETEK 仿真器＋ICETEK-LF2407-A 系统板＋相关连线及电源)。

三、实验原理

1. I/O 空间的扩展及使用

TMS320LF24x DSP 的 I/O 空间大部分被保留用于外部扩展。

由于在程序中访问 I/O 空间的语句只有 in 和 out 指令,所以在扩展时一般将带有控制能的寄存器或分离地址访问的存储单元的地址映射到 I/O 空间,访问这部分的单元又称为 I/O 端口访问。例如,可将控制指示灯组的寄存器或锁存器映射到一个 I/O 端口地址上;A/D、D/A 等专用芯片控制端和状态寄存器也常映射到 I/O 端口上。总之,在 I/O 空间中扩展的设备一般重点用于控制,而使用大片连续存储空间的存储器单元一般映射到数据空间。

ICETEK-LF2407-A 板将指示灯、DIP 开关、A/D 和 D/A 的控制端等映射在 I/O 空间,具体地址如下。

0000H～0004H:D/A 转换控制寄存器。

0005H～0007H:保留。

0008H～0008H:板上 DIP 开关控制寄存器。

0009H～000BH:保留。

000CH～000CH:板上指示灯控制寄存器。

000DH～7FFFH:保留。

ICETEK-LF2407-EDU 实验箱上控制模块也使用 I/O 端口控制大部分设备。

8001H～8001H:读键盘扫描值,写液晶控制寄存器。

8002H～8002H:液晶控制寄存器。

8003H～8004H:液晶显示数据寄存器。

8005H～8005H:发光二极管显示阵列控制寄存器。

8006H～9FFFH:保留。

在程序中,访问 I/O 端口的语句较为简单。对于汇编语言程序,可用 in 和 out 指令,例如,从端口 0008H 读入一个字到变量 x 的指令为 IN x,8,而向端口 000CH 输出 x 变量的值的指令为 out x,0CH;在 C 语言中访问 I/O 端口则必须首先声明 I/O 端口的类型,然后才能访问，以下语句仍完成上面汇编语言所完成的功能：

```
/ *  端口定义
 * / ioport unsigned int port0008;
ioport unsigned int port000c;
/ *  在程序中使用：* /
x = port0008;
port000c = (unsigned int)x;
```

2. 工程 1 操作相关硬件原理图

工程 1 操作相关硬件原理图如图 11-5 所示。

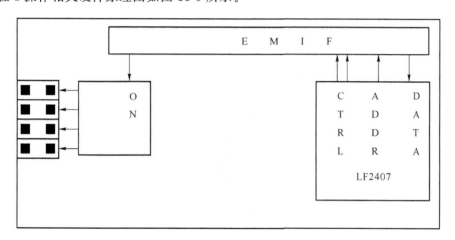

图 11-5　工程 1 操作硬件原理图

3. 工程 1 软件流程图

工程 1 软件流程图如图 11-6 所示。

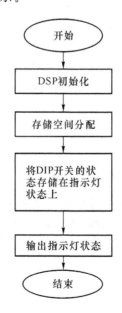

图 11-6　工程 1 软件流程图

4. 工程 2 硬件原理图

工程 2 硬件原理图如图 11-7 所示。

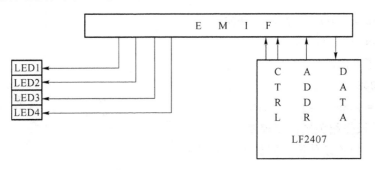

图 11-7　工程 2 硬件原理图

5. 工程 2 软件流程图

工程 2 软件流程图如图 11-8 所示。

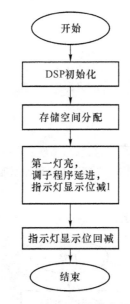

图 11-8　工程 2 软件流程图

四、实验步骤

1. 实验准备

(1) 连接设备。

① 关闭计算机和实验箱电源。

② 如使用 PP 型仿真器则用附带的并口连线连接计算机并口和仿真器相应接口。

③ 检查 ICETEK-LF2407-A 板上 JP6 的位置，应连接在 1～2 位置（靠近 DSP 芯片端），即设置 DSP 工作在 MP 方式。

④ 关闭实验箱上的 3 个开关。

(2) 开启设备

① 计算机电源。

② 打开实验箱电源开关，打开 ICETEK-LF2407-A 板上电源开关，注意板上指示灯 DS$_1$

灭、DS_2 和 DS_3 亮。

③ 如使用 USB 型仿真器用附带的 USB 电缆连接计算机和仿真器相应接口,注意仿真器上两个指示灯均亮。

(3)设置 Code Composer 为 Emulator 方式

参见"CodeComposer 入门实验"之 4.3。

(4)启动 Code Composer

双击桌面上"CC C2000"图标,启动 Code Composer 4.1。

2. 打开工程文件

打开菜单"Project"的"Open"项;选择 C:\2407EDULab\Lab5-IOPort 目录中的"IOPort1. mak"。

3. 浏览程序

在项目浏览器中,双击 lfdip. asm,激活 lfdip. asm 文件,浏览该文件的内容,理解各语句作用。

4. 编译工程

打开"Project"菜单,选择"Rebuild all"选项,Code Composer Studio 重新编译和链接这个工程项目,整个的处理过程在屏幕下方的"Message"窗口中返回信息。

5. 下载程序

打开"File"菜单,选择"Load Program"选项,在"Load Program"对话框中,选中新建目录下的 ioport. out 文件,此时,Code Composer Studio 将把这个目标文件装载到 LF2407 EVM 板上,同时,Code Composer Studio 打开反汇编窗口显示被加载程序的汇编指令码。

6. 运行程序观察结果

打开"Debug"菜单,选择"Run"选项或按 F5 键运行程序,设置 ICETEK-LF2407-A 板上的开关 SW2 就可以定制指示灯是否为亮。

7. 结束运行,关闭工程

(1)打开"Debug"选单,选择"Halt"选项或按 Shift+F5 组合键终止实验。

(2)选择菜单"Project"、"Close"关闭工程 1。

8. 打开另一个工程文件

(1)打开菜单"Project"的"Open"项;选择 C:\2407EDULab\Lab5-IOPort 目录中的"IOPort2. mak"。

(2)编译工程,下载程序,观察结果。

五、实验结果

工程 1 实验的最后现象:可以看到哪一个用户开关设置在 ON 状态上哪一盏指示灯就为亮。

工程 2 实验的最后现象:可以看到指示灯依次闪烁。

I/O 端口操作的地址和数据均通过总线完成,与读写单独的数据存储单元的方式一样,只是使用的地址空间不同。访问外部 I/O 空间时,DSP 的 IS 引脚变低。

请参照程序,总结使用 I/O 端口控制简单外围设备的方式和方法。

六、问题与思考

I/O 端口操作与内存读写操作的效果一样吗? 各自的优势是什么?

如果我需要扩展一片 Flash,应在地址上如何进行映射才方便程序使用? 如果扩展的是 FIFO 呢?

实验六 定时器实验

一、实验目的

1. 通过实验熟悉 LF2407A 的定时器。
2. 掌握 LF2407A 定时器的控制方法。
3. 掌握 LF2407A 的中断结构合对中断的处理流程在。
4. 学会汇编语言中断程序设计，以及运用中断程序控制程序流程。

二、实验设备

计算机、ICETEK-LF2407-EDU 实验箱（或 ICETEK 仿真器＋ICETEK-LF2407-A 系统板＋相关连线及电源）。

三、实验原理

1. 通用定时器介绍及其控制方法

（1）事件管理器模块（EV）

TMS320LF2407A DSP 片内包括 EVA 和 EVB 两个事件管理模块，每个事件管理器模块包括通用定时器（GP）、比较单元以及正交编码脉冲电路。每个事件管理模块都包含两个通用定时器，用以完成计数、同步、定时启动 ADC、定时中断等功能。

（2）通用定时器（GP）

每个通用定时器包括：一个 16 位的定时器增/减计数的计数器 TxCNT，可读写；一个 16 位的定时器比较寄存器（双缓冲，带影子寄存器）TxCMPR，可读写；一个 16 位的定时器周期寄存器（双缓冲，带影子寄存器）TxPR，可读写；一个 16 位的定时器控制寄存器 TxCON，可读写；可选择的内部或外部输入时钟；用于内部或外部时钟输入的可编程的预定标器（Prescaler）；控制和中断逻辑，用于四个可屏蔽中断——下溢、溢出、定时器比较和周期中断；可选择方向的输入引脚 TDIRx，用于双向计数方式时选择向上或向下计数。＊通用定时器之间可以彼此独立工作或相互同步工作，完成复杂的任务。

通用定时器在中断标志寄存器 EVAIFRA、EVAIFRB、EVBIFRA 和 EVBIFRB 中有 12 个中断标志位。每个通用定时器可根据以下事件产生 4 个中断：上溢——TxOFINF（x＝1、2、3 或 4）；下溢——TxUFINF（x＝1、2、3 或 4）；比较匹配——TxCINT（x＝1、2、3 或 4）；周期匹配——TxPINT（x＝1、2、3 或 4）。

每个通用定时器有 4 种可选择的操作模式：停止/保持模式、连续增计数模式、定向增/减计数模式、连续增/减计数模式。

相应的定时器控制寄存器 TxCON 中的位的形式决定了通用定时器的计数模式。

2. TMS320LF240x 中断结构

利用 CPU 支持的 6 个可屏蔽中断,采用集中化的中断扩展设计来满足大量的外设中断需求。

LF240x 内核提供一个不可屏蔽的中断 NMI 和 6 个按优先级获得服务的可屏蔽中断 INT1~INT6。而这 6 个中断级的每一个都可被很多外设中断请求共享。通过中断请求系统中的一个二级中断来扩展系统可响应的中断个数。

为了让 CPU 能区分引起中断的事件,在每个外设中断请求有效时都会产生一个唯一的外设中断向量,保存于外设中断向量寄存器(PIVR)中。

实际上有两个中断向量表,CPU 的向量表用于得到一级通用中断服务子程序(GISR);外设向量表指定外设中断子程序(SISR)。GISR 程序根据 PIVR 中的外设中断向量取值决定执行哪个 SISR。

3. 中断响应过程

外设事件要引起 CPU 中断,必须保证:外设事件的中断使能为被使能,CPU 内核级的 6 个可屏蔽中断中,相应中断也被使能。在外设事件发生时,首先将其在外设中断控制器中的标志位置 1,从而引起 CPU 内核的 INT1~INT6 中的一个产生中断。中断服务过程中,其他可屏蔽中断将会自动被屏蔽,直到中断返回。

在软件中,当设置好相应中断标志后,开中断,进入等待中断发生的状态;外设(如定时器)中断发生时,首先跳转到相应中断高级的服务程序中(如定时器 1 会引起 INT2 中断),在相应 GISR 子程序中,取出 PIVR 的值,根据其值再转向相应的 SISR;SISR 程序在进行服务操作之后,应将本外设的中断标志位清除以便能继续中断,然后返回。

4. 中断程序设计

程序中应包含两个中断向量表,LF2407A 默认向量表从程序区 0 地址开始存放。第一个向量表包含 GISR 服务程序入口,第二个向量表可存储在程序区其他位置供 GISR 程序调用。

向量表中每项为两个字,存放一个跳转指令,跳转指令中的地址为相应服务程序入口地址;第一个向量表的首项为复位向量,即 CPU 复位操作完成后自动进入执行的程序入口。

程序中包含相应 GISR 服务程序和 SISR 服务程序,将其入口地址加入相应中断向量表中。GISR 服务程序进入后,首先取得 PIVR 的值,据此计算应调用哪一个外设中断向量。SISR 服务程序在服务操作完成后,清除相应中断标志,返回,完成一次中断服务。

5. 实验程序分析

本实验设计的程序是在实验五基础上修改得来,由于实验五控制指示灯闪烁的延时控制是用循环计算方法得到的,延时不精确也不均匀,采用中断方式可以实现指示灯的定时闪烁,时间更加准确。对于定时器的周期寄存器为计数 40 000 次产生 1 个中断,由于 DSP 工作在 40 MHz 主频,正好是 1 ms 中断一次,所以在中断服务程序中计算中断 500 次时改变指示灯状态,实现指示灯亮 0.5 s 再灭 0.5 s,即每秒闪烁 1 次。

实验程序的工程中包含了两种源代码,主程序采用 C 语言编制利于控制,中断向量表在 vector. asm 汇编语言文件中,利于直观地控制存储区分配。在工程中只需将它们添加进来即可,编译系统会自动识别分别处理完成整合工作。

实验程序的 C 语言主程序中包含了内嵌汇编语句,提供一种在需要更直接控制 DSP 状态的方法,同样的方法也能提高 C 语言部分程序的计算效率。

四、实验步骤

1. 实验准备

(1) 连接设备

① 关闭计算机和实验箱电源。

② 如使用 PP 型仿真器则用附带的并口连线连接计算机并口和仿真器相应接口。

③ 检查 ICETEK-LF2407-A 板上 JP6 的位置,应连接在 1~2 位置(靠近 DSP 芯片端),即设置 DSP 工作在 MP 方式。

④ 关闭实验箱上的 3 个开关。

(2) 开启设备

① 打开计算机电源。

② 打开实验箱电源开关,打开 ICETEK-LF2407-A 板上电源开关,注意板上指示灯 DS_1 灭、DS_2 和 DS_3 亮。

③ 如使用 USB 型仿真器用附带的 USB 电缆连接计算机和仿真器相应接口,注意仿真器上两个指示灯均亮。

(3) 设置 Code Composer 为 Emulator 方式:参见“CodeComposer 入门实验”之 4.3。

(4) 启动 Code Composer。双击桌面上“CC C2000”图标,启动 Code Composer 4.1。

2. 打开工程文件,浏览程序

打开菜单“Project”的“Open”项;选择 C:\2407EDULab\Lab7-Timer 目录中的“Timer. mak”。在项目浏览器中,双击 led. c,激活 led. c 文件,浏览该文件的内容,理解各语句作用。打开 led. cmd,浏览并理解各语句作用,对照 C 源程序学习中断向量表的写法。

3. 编译工程

单击“Project”菜单的 Rebuild all 项,编译工程中的文件,生成 Timer. out 文件。

4. 下载程序

单击“File”菜单的“Load program”项,选择 C:\2407EDULab\Lab67-Timer 目录中的 Timer. out 文件,通过仿真器将其下载到 2407A DSP 上。

5. 运行程序观察结果

单击“Debug”菜单的“Run”项,运行程序。观察实验箱控制模块上指示灯 J_5 闪烁情况。单击“Debug”菜单的“Halt”项,停止程序运行。

6. 修改程序重新运行

适当改变程序中“ ♯define T1MS 0x9c3f”语句中的延时参数,重复步骤 3-5,使指示灯约 1 s 闪烁两次、三次、四次。

五、实验结果

指示灯在定时器的定时中断中按照设计定时闪烁。

使用定时器和中断服务程序可以完成许多需要定时完成的任务,比如 DSP 定时启动 A/D 转换,日常生活中的计时器计数、空调的定时启动和关闭等。

在调试程序时,有时需要指示程序工作的状态,可以利用指示灯的闪烁来达到,指示灯灵活的闪烁方式可表达多种状态信息。

六、问题与思考

当选用连续增计数模式来产生非对称的 PWM 波形时,周期值是如何得到的。

实验七　模数转换实验

一、实验目的

1. 掌握 A/D 转换的基本过程。
2. 熟悉 TMS320LF2407A 片内 A/D 转换模块的技术指标和常用方法。

二、实验设备

计算机、ICETEK-LF2407-EDU 实验箱(或 ICETEK 仿真器＋ICETEK-LF2407-A 系统板＋信号源＋示波器＋相关连线及电源)。

三、实验原理

1. TMS320LF2407A 模数转换模块特性

(1) 带内置采样和保持的 10 位模数转换模块 ADC,最小转换时间为 500 ns。

(2) 多达 16 个的模拟输入通道(ADCIN0～ADCIN15)。

(3) 自动排序的能力。一次可执行最多 16 个通道的"自动转换",而每次要转换的通道都可通过编程来选择。

(4) 两个独立的最多可选择 8 个转换通道的排序器,既可以独立工作,也可以级联后工作。

(5) 排序控制器可决定模拟通道转换的顺序。

(6) 可单独访问的 16 个转换结果寄存器。

(7) 多个触发源启动转换。

① 软件设置启动标志;

② 事件管理器(共两个)提供多个事件源;

③ 外部 ADCSOC 引脚。

(8) 灵活的中断控制。

(9) 采样和保持获取时间窗口有单独的预定标控制。

(10) 内置校验模式和自测试模式。

2. 模数转换工作过程

(1) 模数转换模块接到启动转换信号后,按照排序器的设置,开始转换第一个通道的数据。

(2) 经过一个采样时间的延迟后,将采样结果放入转换结果寄存器保存。

(3) 按顺序进行下一个通道的转换。

(4) 转换结束,设置标志,也可发出中断。

(5) 如果是连续转换方式则从新开始转换过程;否则等待下一个启动信号。

3. 模数转换的程序控制

模数转换相对于计算机来说是一个较为缓慢的过程。一般采用中断方式启动转换或保存结果,这样在 CPU 忙于其他工作时可以少占用处理时间。设计转换程序应首先考虑处理过程如何与模数转换的时间相匹配,根据实际需要选择适当的触发转换的手段,也要能及时地保存结果。由于 TMS320LF2407A DSP 芯片内的 A/D 转换精度是 10 位的,转换结果的高 10

位为所需数值,所以在保留时应注意将结果的低 6 位去除,取出高 10 位有效数字。

4. 源程序及注释

本实验程序设置 DSP 采用连续采集的方式工作,同时采集两个通道(ADCIN0、ADCIN1)的模拟量输入;使用片内通用定时器 1 产生定时中断,用以定时保存转换数据。

```
#include "2407c.h"

#define ADCNUMBER 256

void interrupt gptimel(void);        /* 中断服务程序,用于设置保存标志 */
void ADInit(void);                   /* 初始化 A/D 转换模块和通用定时器 1 */

ioport unsigned char port000c;       /* I/O 端口用于设置 ICETEK-IF2407-A 板上指示灯 */
unsigned int uWork,uWork1,nADCount,nLed, * pResult1, * pResult2;
int nNewConvert,nWork;
unsigned int nADCIn0[ADCNUMBER]; /* 存储区 1,保存通道 ADCIN0 的转换结果,循环保存 */
unsigned int nADCIn[ADCNUMBER];  /* 存储区 2,保存通道 ADCIN1 的转换结果,循环保存 */
main()
{
    asm("CLRC   SXM");               /* 清标志,关中断 */
    asm("CLRC   OVM");
    asm("CLRC   CNF");

    pResult1 = RESULT0;
    pRestlt2 = RESULT2;
    nNewConvert = 0;

    * WDCR = 0x6f;
    * WDKEY = 0x5555;
    * WDKEY = 0xaaaa;                /* 关闭看门狗中断 */
    * SCSR1 = 0x81fe;                /* 打开所有外设,设置时钟频率为 40MHz */
    uWork = ( * WSGR);               /* 设置 I/O 等待状态为 0 */
    uWork& = 0x0fe3f;
    ( * WSGR) = uWork;
    ADInit();                        /* 初始化 A/D 相关设备 */

    * IMR = 3;                       /* 使能定时器中断 */
    * IFR = 0xffff;                  /* 清所有中断标志 */
    asm("clrc INTM");                /* 开中断 */
    while(1)
    {
        if(nNewConvert)              /* 如果保存标志置位,以下开始转换和保存转换结果 */
```

```
    {
        nNewConvert = 0;                    / * 清保存标志 * /
        nWork = ( * pResrlt1);              / * 取 ADCINT0 通道转换结果 * /
        uWork>> = 6;                        / * 移位去掉 6 位 * /
        nADCIn0[nADCount] = uWork;          / * 保存结果 * /
        uWork = ( * pResult2);              / * 取 ADCINT1 通道转换结果 * /
        uWork>> = 6;                        / * 移位去掉低 6 位 * /
        nADCIn1[nADCornt] = uWork;          / * 保存结果 * /
        nADCount ++ ;
        if(nADCount> = ADCNUMBER)           / * 缓冲区满后设置指示灯闪烁 * /
        {
            nADCount = 0;
            nWork ++ ;
            if(nWork> = 16)
            {
                nWork = 0;
                nLed ++ ;nLed& = 0x0f;
                    pirt0000c = nLed;
            }
        }
    }
}
void ADInit(void)                           / * 初始化设置 * /
{
    int i;

    for(i = 0;i<ADCNUMBER;i + + )           / * 缓冲区清 0 * /
        nADCIn0[i] = nADCIn1[i] = 0;
    port000c = 0;                           / * 关指示灯 * /

    * ADCTRL1 = 0x2040;                     / * 设置连续转换模式 * /
    * MAXCONV = 0x2;                        / * 每次完成转换两个通道 * /
    * CHSELSEQ1 = 0x3210;                   / * 转换次序,先 ADCIN0,再 ADCIN1 * /
    * ADCTRL2 = 0x2000;                     / * 启动转换 * /
    nADCount = nLed = nWork = 0;            / * 以下设置通用定时器参数 * /
    * EVAIMRA = 0x80;                       / * 使能 T1PINT * /
    * EVAIFRA = 0xffff;                     / * 清中断标志 * /
    * GPTCONA = 0x0100;
    * T1PR = 2000;                          / * 保存结果周期 = 2000 * 25 ns = 50 us =
                                              20 KHz * /
```

```
    * T1CNT = 0;                        / * 计数器从 0 开始计数 * /
    * T1CON = 0x1040;                   / * 连续增计数方式,启动计数器 * /
}
void interrupt gptime1(void)
{
    uWork1 = ( * PIVR);
    switch(uWork1)
    {
        case 0x27;
        {


    nNewConvert = 1;                    / * 设置保存标志 * /
    ( * EVAIFRA) = 0x80;                / * 清中断标志位 * /
    break;
        }
    }
}
```

四、实验步骤

1. 实验准备。

(1) 连接设备。

① 关闭计算机和实验箱电源。

② 如使用 PP 型仿真器则用附带的并口连线连接计算机并口和仿真器相应接口。

③ 检查 ICETEK-LF2407-A 板上 JP6 的位置,应连接在 1~2 位置(靠近 DSP 芯片端),即设置 DSP 工作在 MP 方式。

④ 用实验箱附带的信号连接线(两边均为单声道耳机插头)连接第一信号源的波形输出端到"A/D 输入"的 ADCIN0 插座(位于实验箱底板中部,第二信号源旁边);用信号连线连接第二信号源的输出端到"A/D 输入"的 ADCIN1 插座。

⑤ 关闭实验箱上 3 个开关。

(2) 开启设备。

① 打开计算机电源。

② 打开实验箱电源开关,打开 ICETEK-LF2407-A 板上电源开关,注意板上指示灯 DS₁灭、DS₂ 和 DS₃ 亮。

③ 如使用 USB 型仿真器用附带的 USB 电缆连接计算机和仿真器相应接口,注意仿真器上两个指示灯均亮。

(3) 设置 Code Composer 为 Emulator 方式。

(4) 启动 Code Composer。双击桌面上"CC C2000"图标,启动 Code Composer 4.1。

2. 打开工程并浏览程序。

打开菜单"Project"的"Open"项;选择 C:\2407EDULab\Lab8-AD 目录中的 adc.mak。

在项目浏览器中,双击 ad.c,激活 ad.c 文件,浏览该文件的内容,理解各语句作用。打开

ad. cmd,浏览并理解各语句作用。

3. 编译工程。

单击"Project"菜单的"Rebuild all"项,编译工程中的文件,生成 adc. out 文件。

4. 下载程序。

单击"File"菜单的"Load program"项,选择 C:\2407EDULab\Lab8-AD 目录中的 adc. out 文件,通过仿真器将其下载到 2407A DSP 上。

5. 打开观察窗口。

选择菜单"View"、"Graph"、"Time/Frequency"做如下设置,然后单击"OK"按钮(如图 11-9 所示)。

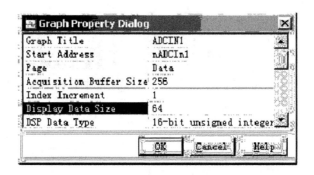

图 11-9　观察窗口设置图一

选择菜单"View"、"Graph"、"Time/Frequency"做如下设置,然后单击"OK"按钮(如图 11-10 所示)。

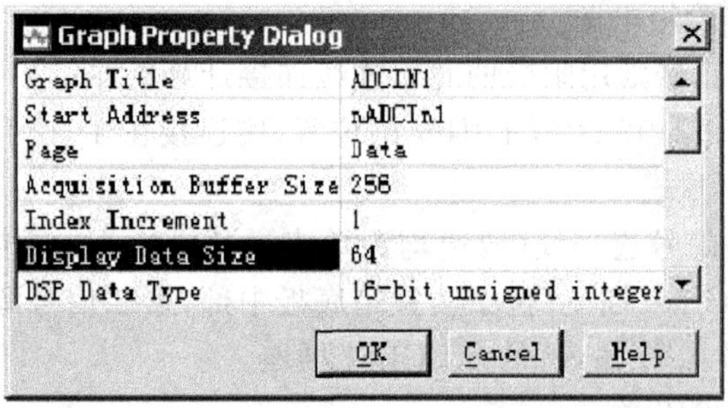

图 11-10　观察窗口设置图二

在弹出的图形窗口中右击,选择"Clear Display"。

在有"中断位置"注释的语句上加上软件跟踪断点(toggle breakpoint),即单击语句后按 F9 键;通过设置,打开了两个图形窗口观察两个通道模数转换的结果。

6. 设置信号源。

由于模数输入信号未经任何转换就进入 DSP,所以必须保证输入的模拟信号的幅度为 0~3.3 V。实验箱上信号源输出为 0~3.3 V。

但如果使用外接信号源,则必须用示波器检测信号范围,保证最小值为 0 V、最大值为 3.3 V,否则容易损坏 DSP 芯片的模数采集模块。

首先设置一号信号源(上部)开关为"关"。设置实验箱上一号信号源的"频率选择"在

"100 Hz～1 kHz"挡,"波形选择"在"三角波"挡,"频率微调"选择较大位置靠近最大值,"幅值微调"选择最大。开启一号信号源开关,一号信号源电源指示灯亮。

首先设置二号信号源(下部)开关为"关"。设置实验箱上二号信号源的"频率选择"在"100 Hz～1 kHz"挡,"波形选择"在"正弦波"挡,"频率微调"选择适中位置,"幅值微调"选择最大。开启二号信号源开关,二号信号源电源指示灯亮。

7. 运行程序观察结果。

单击"Debug"菜单的"Run"项,运行程序。

当程序停在所设置的软件断点上时,观察"ADCIN0"、"ADCIN1"窗口中的图形显示。

适当改变信号源的 4 个调节旋钮的位置,按 F5 健再次运行到断点位置,观察图形窗口中的显示。注意:输入信号的频率不能大于 10 kHz,否则会引起混叠失真,而无法观察到波形,如果有兴趣,可以试着做一下,观察采样失真后的图形。

8. 停止运行结束实验。

五、实验结果

用实验中的设置,我们可以看到如图 11-11 所示结果。

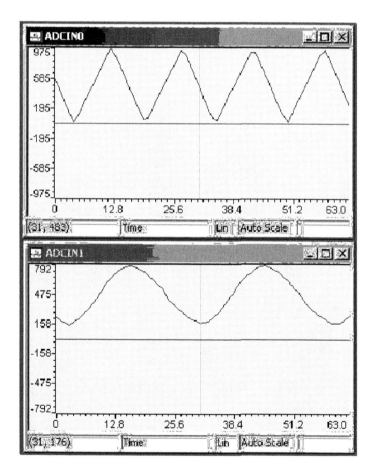

图 11-11 实验结果图

实验程序使用定时器中断去读取模数转换的结果,这是一种较为简单的方法。用这种方法,没有考虑到 A/D 转换的精确时钟,必然会造成保存的结果中发生多点(重复)、丢点等不精确的结果。在要求较高的场合,一般使用定时器中断启动 A/D 转换,再相应转换完成后的中断信号,将结果保存这种方案。

六、问题与思考

请修改实验程序,完成同时采集四路输入信号功能。

如何设置才能做到用定时器中断启动 A/D 转换,再由 A/D 转换完成后的中断,中断 CPU 保存结果?

实验八 数模转换实验

一、实验目的

1. 了解数模转换的基本操作。
2. 了解 ICETEK-LF2407-A 板扩展数模转换方式。
3. 掌握数模转换程序设计方法。

二、实验设备

计算机、示波器、ICETEK-LF2407-EDU 实验箱(或 ICETEK 仿真器 ICETEK-LF2407-A 系统板＋相关连线及电源)。

三、实验原理

1. 数模转换操作

利用专用的数模转换芯片,可以实现将数字信号转换成模拟量输出的功能。在 ICETEK-LF2407-A 板上,使用的是 DAC7625 数模芯片,它可以实现同时转换四路模拟信号数出,并有 12 位精度,转换时间 10 μs。其控制方式较为简单:首先将需要转换的数值通过数据总线传送到 DAC7625 上相应寄存器,再发送转换信号,经过一个时间延迟,转换后的模拟量就从 DAC7625 输出引脚输出。

2. DAC7625 与 TMS320LF2407A 的连接

由于 TMS320LF2407A DSP 没有数模转换输出设备,采用外扩数模转换芯片的方法。在 ICETEK-LF2407-A 板上选用的是 DAC7625。DAC7625 的转换寄存器被映射到了 DSP 的 I/O 空间,地址是 0~3,控制转换由 I/O 端口 4 的写信号控制,这部分在硬件上由译码电路(GAL 芯片)完成。在 DAC7625 的输出端,为了增加输出功率,经过一级运放再输出到板上插座上。

硬件原理图如图 11-12 所示。

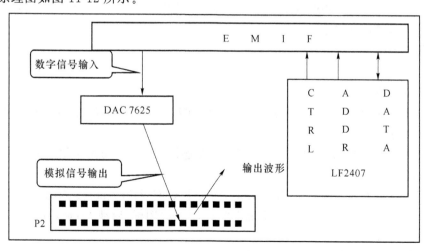

图 11-12 实验硬件原理图

3．源程序分析

软件流程图如图 11-13 所示。

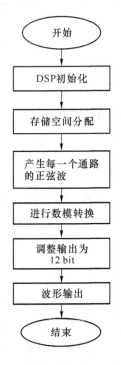

图 11-13　实验软件流程图

四、实验步骤

1．实验准备。

（1）连接设备。

① 关闭计算机和实验箱电源。

② 如使用 PP 型仿真器则用附带的并口连线连接计算机并口和仿真器相应接口。

③ 检查 ICETEK-LF2407-A 板上 JP6 的位置，应连接在 1-2 位置（靠近 DSP 芯片端），即设置 DSP 工作在 MP 方式。

④ 关闭实验箱上 3 个开关。

（2）开启设备。

① 打开计算机电源。

② 打开实验箱电源开关，打开 ICETEK-LF2407-A 板上电源开关，注意板上指示灯 DS$_1$灭、DS$_2$ 和 DS$_3$亮。

③ 如使用 USB 型仿真器用附带的 USB 电缆连接计算机和仿真器相应接口，注意仿真器上两个指示灯均亮。

（3）设置 Code Composer 为 Emulator 方式：参见"CodeComposer 入门实验"之 4.3。

（4）启动 Code Composer。双击桌面上"CC C2000"图标，启动 Code Composer 4.1。

2．打开工程并浏览程序。

打开菜单"Project"的"Open"项；选择 C:\2407EDULab\Lab9-DA 目录中的"dac.mak"。
在项目浏览器中，双击 lfdac.asm，激活 lfdac.asm 文件，浏览该文件的内容，理解各语句作用。

3. 编译工程。

单击"Project"菜单的"Rebuild all"项，编译工程中的文件，生成 dac. out 文件。

4. 下载程序。

单击"File"菜单的"Load program"项，选择 C:\2407EDULab\Lab9-DA 目录中的 dac. out 文件，通过仿真器将其下载到 2407A DSP 上。

5. 连接示波器。

用信号线从实验箱底板上右侧"D/A 输出"的 4 个插座引线到示波器。

6. 运行并观察结果。

单击"Debug"菜单的"Run"项，运行程序；

观察示波器上的波形。

7. 结束运行退出 Code Composer 4. 1。

五、实验结果

4 路输出均为 0～5 V，示波器显示波形为正弦波。

六、问题与思考

程序采用查表法输出波形，这样做的优点是速度快，缺点是占用存储空间较多。请考虑使用别的方法产生同样波形输出。

实验九　PWM 实验

一、实验目的

1. 了解 TMS320LF2407A DSP 片内事件管理器模块的脉宽调制电路 PWM 的参数。
2. 掌握 PWM 电路的控制方法。
3. 学会用程序控制产生不同占空比的 PWM 波形。

二、实验设备

计算机、示波器、ICETEK-LF2407-EDU 实验箱（或 ICETEK 仿真器＋ICETEK-LF2407-A 系统板＋相关连线及电源）。

三、实验原理

1. 脉宽调制电路 PWM 的特性

每个事件管理器模块（TMS320LF2407A DSP 片内有两个）可同时产生多达 8 路的 PWM 波形输出。由 3 个带可编程死区控制的比较单元产生独立的 3 对（即 6 个输出），以及由通用定时器比较产生的 2 个独立的 PWM 输出。

PWM 的特性如下。

（1）16 位寄存器。

（2）有从 0 到 16 μs 的可编程死区发生器控制 PWM 输出对。

（3）最小的死区宽度为 1 个 CPU 时钟周期。

（4）对 PWM 频率的变动可根据需要改变 PWM 的载波频率。

（5）在每个 PWM 周期内和以后可根据需要改变 PWM 脉冲的宽度。

（6）外部可屏蔽的功率驱动保护中断。

（7）脉冲形式发生器电路，用于可编程对称、非对称以及 4 个空间。

（8）矢量 PWM 波形产生。

（9）自动重装载的比较和周期存器使 CPU 的负荷最小。

2. PWM 电路的设置

在电机控制和运动控制的应用中，PWM 电路被设计为减少产生 PWM 波形的 CPU 开销和减少用户的工作量。与比较单元相关的 PWM 电路其 PWM 波形的产生由以下寄存器控制：对于 EVA 模块，T1CON、COMCONA、ACTRA 和 DBTCONA；对于 EVB 模块，T3CON、COMCONB、ACTRB 和 DBTCONB。

产生 PWM 的寄存器设置如下。

（1）设置和装载 ACTRx 寄存器。

（2）如果使能死区，则设置和装载 DBTCONx 寄存器。

（3）设置和装载 T1PR 或 T3PR 寄存器，即规定 PWM 波形的周期。

（4）初始化 CMPRx 寄存器。

（5）设置和装载 COMCONx 寄存器。

（6）设置和装载 T1CON 或 T3CON 寄存器，来启动比较操作。

（7）更新 CMPRx 寄存器的值，使输出的 PWM 波形的占空比发生变化。

3. 源程序及注释

```
#include "regs240x.h"
main()
{
    unsigned int uWork;

    asm("setc INTM");          /* 关中断 */
    asm("setc   SXM");         /* 符号位扩展有效 */
    asm("ckrc   OVM");         /* 累加器中结果正常溢出 */
    asm("clrc   CNF");         /* B0 被配置为数据存储空间 */

    WDCR = 0x6f;
    WDKEY = 0x5555;
    WDKEY = 0xaaaa;            /* 关闭看门狗中断 */

    SCSR1 = 0x81fe;           /* DSP 工作在 40MHz */
    IMR = 0;                  /* 屏蔽所有可屏蔽中断 */
    IFR = 0x0ffff;            /* 清除中断标志 */
    uWork = WSGR;             /* I/O 引脚 0 等待 */
    uWork& = 0x0fe3f;
    WSGR = uWork;

    MCRA = MCRA10x0c0;        /* IOPA6-7 被配置为基本功能方式,PWM1-2 */
    ACTRA = 0x06;             /* PWM2 低有效,PWM1 高有效 */
    DBTCONA = 0x00;           /* 不使能死区控制 */
    CMPR1 = 0x1000;           /* 比较单元 1 设置 */
    CMPR2 = 0x3000;           /* 比较单元 2 设置 */
    T1PER = 0x6000;           /* 设置定时器 1 的周期寄存器,以确定不同的输出占空比 */
    COMCONA = 0x8200;         /* 使能比较操作 */
    T1CON = 0x1000;           /* 定时器 1 为连续增计数模式 */
    T1CON = T1CON10x0040;     /* 启动定时器 */
    while(1)
    {
    }
}
```

四、实验步骤

1. 实验准备。

(1) 连接设备。

① 关闭计算机和实验箱电源。

② 如使用 PP 型仿真器则用附带的并口连线连接计算机并口和仿真器相应接口。

③ 检查 ICETEK-LF2407-A 板上 JP6 的位置，应连接在 1～2 位置（靠近 DSP 芯片端），即设置 DSP 工作在 MP 方式。

④ 关闭实验箱上 3 个开关。

(2) 开启设备。

① 打开计算机电源。

② 打开实验箱电源开关，打开 ICETEK-LF2407-A 板上电源开关，注意板上指示灯 DS$_1$ 灭、DS$_2$ 和 DS$_3$ 亮。

③ 如使用 USB 型仿真器用附带的 USB 电缆连接计算机和仿真器相应接口，注意仿真器上两个指示灯均亮。

(3) 设置 Code Composer 为 Emulator 方式。

参见"CodeComposer 入门实验"之 4.3。

(4) 启动 Code Composer。

双击桌面上"CC C2000"图标，启动 Code Composer 4.1。

2. 打开工程并浏览程序。

打开菜单"Project"的"Open"项；选择 C:\2407EDULab\Lab10-PWM 目录中的"pwm.mak"。

在项目浏览器中，双击 pwm.c，激活 pwm.c 文件，浏览该文件的内容，理解各语句作用。

3. 编译工程。

单击"Project"菜单的"Rebuild all"项，编译工程中的文件，生成 pwm.out 文件。

4. 下载程序。

单击"File"菜单的"Load program"项，选择 C:\2407EDULab\Lab10-PWM 目录中的 pwm.out 文件，通过仿真器将其下载到 2407A DSP 上。

5. 连接示波器。

连接示波器探头的地线与实验箱地线输出；测试 ICETEK-LF2407-A 板扩展插座 P1（位于板上复位按钮旁边，未与实验箱连接的插座）的第 3 脚和第 4 脚，即 PWM1 和 PWM2 的输出，如图 11-14 所示。

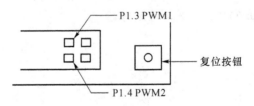

图 11-14　连接示波器图

注：P1 插座的地线为 P1.17 和 P1.18。

6. 运行并观察结果。

单击"Debug"菜单的"Run"项,运行程序,观察示波器上的波形。

7. 重新设置参数。

(1) 停止运行。

(2) 修改程序的"T1CON＝0x1000;"语句,将计时器设置为"连续增/减计数方式"。

(3) 再次运行程序观察示波器上的波形的改变。

(4) 再次修改程序调整 PWM 的参数:载波频率、占空比,运行并观察得到的波形是否与设计的一致。

8. 结束运行退出 Code Composer。

五、实验结果

通过示波器可观察到不同占空比的 PWM 输出波形,其载波频率、占空比与程序中对控制寄存器的设置相关。

六、问题与思考

试设计 4 路(PWM1、PWM2、PWM3、PWM4)输出,载波频率为 8 ms,波形关系如图 11-15 所示(一个周期)。

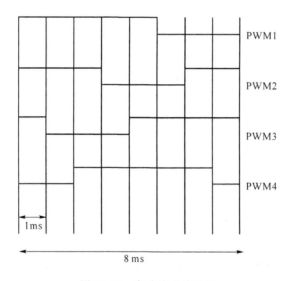

图 11-15　实验波形关系图

实验十　外设控制实验——发光二极管阵列显示实验

一、实验目的

通过实验学习使用 2407A DSP 的扩展 I/O 端口控制外围设备的方法，了解发光二极管阵列的控制编程方法。

二、实验设备

计算机、ICETEK-LF2407-EDU 实验箱。

三、实验原理

ICETEK-LF2407-A 是一块以 TMS320LF2407ADSP 为核心的 DSP 扩展评估板，它通过扩展接口与实验箱的显示/控制模块连接，可以控制其各种外围设备。发光二极管显示阵列的显示是由 I/O 扩展端口控制，DSP 须将显示的图形按列的顺序存储起来（8×8 点阵，8 个字节，高位在下方，低位在上方），然后定时刷新控制显示。具体方法是，将以下控制字按先后顺序、每两个为一组发送到端口 0x8005，发送完毕后，隔不太长的时间（以人眼观察不闪烁的时间间隔）再发送一遍。由于位值为"0"时点亮，所以需要将显示的数据取反。

0x01，第 8 列数据取反，0x02，第 7 列数据取反。

0x04，第 6 列数据取反，0x08，第 5 列数据取反。

0x10，第 4 列数据取反，0x20，第 3 列数据取反。

0x40，第 2 列数据取反，0x80，第 1 列数据取反。

四、实验步骤

1. 实验准备。

（1）连接设备。

① 关闭计算机和实验箱电源。

② 如使用 PP 型仿真器则用附带的并口连线连接计算机并口和仿真器相应接口。

③ 检查 ICETEK-LF2407-A 板上 JP6 的位置，应连接在 1～2 位置（靠近 DSP 芯片端），即设置 DSP 工作在 MP 方式。

④ 关闭实验箱上 3 个开关。

⑤ 设置 ICETEK-CTR 板上拨动开关（位于板子左上角）的第 1 位 BS_3 为"OFF"状态。

（2）开启设备。

① 打开计算机电源。

② 打开实验箱电源开关，ICETEK-CTR 板上 J_2、J_3 灯亮。

③ 打开 ICETEK-LF2407-A 板上电源开关，注意板上指示灯 DS_1 灭、DS_2 和 DS_3 亮。

④ 如使用 USB 型仿真器用附带的 USB 电缆连接计算机和仿真器相应接口，注意仿真器上两个指示灯均亮。

（3）设置 Code Composer 为 Emulator 方式。

（4）启动 Code Composer。

2. 打开工程并浏览程序,工程目录为 C:\2407EDULab\Lab12-LedArray。

3. 编译并下载程序。

4. 运行程序,观察结果,如果显示出现乱码,可退出 CC 后关闭实验箱,再打开重新做一次。

5. 停止程序运行并退出。

五、实验结果与分析

实验结果:可以观察到发光二极管阵列显示从 0～9 的计数。

分析:本程序使用循环延时的方法,如果想实现较为精确的定时,可使用通用计时器,在通用计时器中断中取得延时,改变显示内容。另外本程序中 DSP 一直在做刷新显示的工作,如果使用通用计时器定时刷新显示,将能减少 DSP 用于显示的操作。适当更新显示可取得动画效果。

六、问题与思考

试设计用定时器定时刷新的程序,并显示秒计数的最低位。

第十二章　　计算机网络技术

实验一　局域网组建及网线制作

一、实验目的

1. 熟悉网络组建环境。
2. 熟悉网线的制作方法。

二、实验内容

1. 熟悉网络组建环境。
2. 动手制作直通线网线,并掌握直通线的应用。
3. 动手制作交叉线网线,并掌握交叉线的应用。
4. 简单网络资源共享。

三、实验仪器、设备

每组实验需要以下器材:超 5 类双绞线、RJ-45 水晶头若干、RJ-45 压线钳 1 把、双绞线电缆测试仪 1 个、PC 两台、集线器(或交换机)1 台。

四、实验原理

1. T568A、T568B 标准

要使双绞线能够与网卡、HUB、交换机、路由器等网络设备互连,需要制作 RJ-45 接头(俗称水晶头)。RJ-45 接头必须符合 EIA/TIA 标准。T568A 和 T568B 的接线标准如图 12-1 所示。

2. UTP 线序

直通电缆的线序如图 12-2 所示,交叉电缆的线序如图 12-3 所示。

3. 交换机的应用

交换机是交换式网络设备的公用连接点。交换机包含多个端口。计算机用网线和交换机相连的方法是:将双绞线一端的 RJ-45 接头插到交换机的一个口上,另一端插到计算机网卡上的 RJ-45 插座上。如果所有设备都已接通电源,那么交换机上的连接指示灯就会显示连接状态,可据此判断网络连接是否正常。

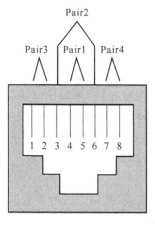

图 12-1　T568A、T568B 标准

直通电缆(Straight Through Cable)

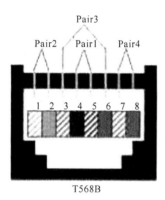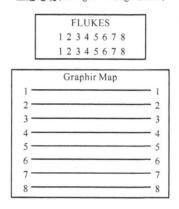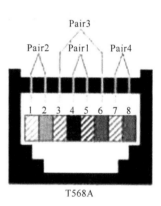

图 12-2　直通电缆的线序

交叉电缆（Cross Connect or Cross-Over Cable）

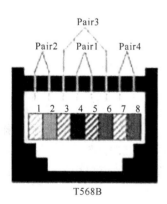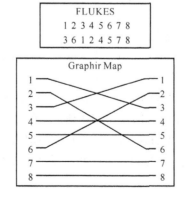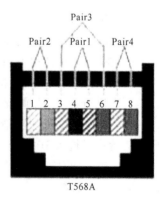

图 12-3　交叉电缆的线序

4. 联网计算机的简单设置

实现 Windows 对等网,应对联网计算机的网络协议、标识、网络客户和服务进行简单的设置。方法如下。

(1)添加网络协议。

打开"控制面板"窗口,双击"网络连接"图标,在"网络连接"窗口中双击"本地连接"图标,弹出"本地连接状态"对话框,单击"属性"按钮,打开"属性"对话框,单击"安装"按钮,选择"协议",单击"添加"按钮,弹出"选择网络协议"对话框,选定所要添加的协议。一般 Windows 的操作系统中都已存在 TCP/IP,在 Windows 2000 中需添加 NetBEUI 协议。

(2)添加服务。

同添加协议方式类似,打开"属性"对话框,单击"安装"按钮,选择"服务"选项,单击"添加"按钮,弹出"选择网络服务"对话框,选定所要添加的服务。

(3)添加客户端。

与添加协议方式类似,打开"属性"对话框,单击"安装"按钮,选择"客户端"选项,单击"添加"按钮,弹出"选择网络客户端"对话框,选定所要添加的客户端。

设置完成后,基本配置如图 12-4 所示。

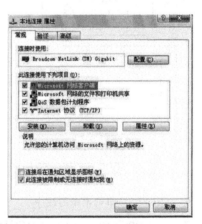

图 12-4　基本配置

(4)IP 地址的分配。

① 打开"本地连接属性"对话框。

② 在"此连接使用下列项目"列表中选择"Internet 协议(TCP/IP)"选项。

③ 单击"属性"按钮后执行以下任一操作。

要自动分配 IP 地址,请单击"自动获得 IP 地址"单选按钮。

要指定表态 IP 地址,请单击"使用下面的 IP 地址"单选按钮,然后输入 IP 地址和子网掩码。实验中可输入 IP 地址为"192.168.1.＊",子网掩码均为"255.255.255.0"。

(5)单击"开始→运行"命令,在"运行"对话框中输入"cmd",在打开的窗口中输入"ipconfig"查看网络配置。

五、实验步骤

1. 直通线(EIA 568B)的制作

(1)利用斜口钳剪下所需要的双绞线,长度至少 0.6 m,最多不超过 100 m,利用双绞线剥线器将双绞线的外皮除去 2～3 cm。

（2）小心地剥开每一对线，遵循 EIA 568B 的要求来制作接头。

左起：橙白→橙→绿白→蓝→蓝白→绿→棕白→棕。

（3）将多余的裸露出的双绞线用剪刀或斜口钳剪下，只剩约 14 mm 的长度，之所以留下这个长度是为了符合 EIA/TIA 的标准。最后再将双绞线的每一根线依序放入 RJ-45 接头的引脚内，第一只引脚内应该放白橙色的线，其余类推。

（4）确定双绞线的每根线已经正确放置之后，就可以用 RJ-45 压线钳压接 RJ-45 接头。

（5）重复以上步骤，再制作另一端的 RJ-45 接头。因为工作站与集线器之间是直接对接，所以另一端 RJ-45 接头的引脚接法完全一样。

2. 对等网的组建

（1）设备之间的连接

将局域网内的客户机通过直通线直接与集线器连接，连接集线器的电源。

（2）计算机的设置

首先我们要检查系统的网络组件是否已安装全。在桌面上右击"网上邻居"图标，在弹出的快捷菜单中单击"属性"命令，右击"本地连接"图标，在弹出的快捷菜单中单击"属性"命令，在"本地连接属性"对话框中检查是否安装有如下几项。

① Microsoft 网络客户端。

② Microsoft 网络的文件与打印机共享。

③ Internet 协议（TCP/IP）。

要连接一个局域网并共享资源，以上组件是必不可少的。一般情况下，以上 3 个选项是默认安装的。

a. 设置 IP 地址：选择 Internet 协议（TCP/IP），打开其属性。选择"使用下面的 IP 地址"单选按钮，在 IP 地址栏中输入"192.168.0.1"，子网掩码为"255.255.255.0"，然后单击"确定"按钮。

同理，其他计算机的 IP 地址为 192.168.0.2、192.168.0.3、192.168.0.4 等，子网掩码均为 255.255.255.0。

b. 网络设置：右击"我的电脑"图标，在弹出的快捷菜单中单击"属性"命令，在打开的对话框中单击"计算机名"标签，在该选项卡中单击"更改"按钮，在弹出的对话框中"计算机名"栏中输入计算机名称，在"工作组"栏中输入工作组的名字，单击"确定"按钮。

注意，局域网内的计算机不能重名，局域网内的计算机的工作组名一定要相同。

（3）检测网络是否连通

① 在 Windows 桌面上双击"网上邻居"图标，如果在打开的窗口中看到自己和其他计算机名，这就表示网络已经连通了。

② 或者直接 ping 对方的 IP 地址，如果可以互相 ping 通对方，表示此局域网是通的。如果不能在"网上邻居"里看到计算机名，可按以下步骤诊断。

a. 检查网络物理上是否连通。

b. 如果只是看不到自己的本机名，检查是否添加了"Microsoft 文件与打印机共享"服务。

c. 如果"网上邻居"窗口里只有自己，首先保证网络物理是连通的，然后检查工作组名字是否和其他计算机一致。

　　d. 如果什么都看不到,可能是网卡的设置问题,重新检查网卡设置,或者换一块网卡试试。

六、实验注意事项

请注意接线的顺序和压线钳的力度的掌握。

七、实验报告要求

1. 实验报告必须认真填写,书写工整,不得出现错字、别字。

2. 实验名称按本书给出的实验名称填写。

3. 实验日期按实际进行实验的日期填写,不得错写或漏写。

4. 实验目的按本书给出的实验目的填写,不得自行编造。

5. 实验步骤必须详细,包括设置了哪些参数、出现了什么结果等,不得跳步或笼统填写。

6. 实验报告上交前由班长把关,书写不符合以上要求及书写不认真、潦草者应重新填写。

八、思考题

1. 10M/100M 线缆中,所有的 4 对线缆是不是都发挥了通信作用?

2. 千兆网线用哪类线? 制作方法与传统的百兆网线有何不同?

实验二　Web 服务器的配置与管理

一、实验目的

1. 配置 Web 服务器。
2. 测试 Web 服务器的性能。

二、实验内容

1. 安装并测试 IIS 组件。
2. 配置 Web 服务器。
3. 测试 Web 服务器的性能。

三、实验仪器、设备

计算机(Windows Server 2003 操作系统)、IIS 组件。

四、实验原理

超文本传送协议(HTTP)是目前应用层中使用面最广的一种协议,Web 服务是指 HTTP 在网站中的应用,也就是说 HTTP 不但可以用于网站这种应用上,也可以用在其他应用上,如在腾讯公司的 QQ 中也用到了 HTTP。

Web 服务采用客户端/服务器工作模式,它以超文本置标语言(HTML)与 HTTP 为基础,为用户提供界面一致的信息浏览系统。信息资源以页面的形式存储在服务器中,相关的页面资源是通过超链接来进行关联的,页面到页面之间的链接信息由统一资源定位符(URL)维持。

这里的客户端是指 IE、fireFox 等浏览器,而服务器指 IIS、Apache 等服务器组件。当在浏览器地址栏中输入一个网址时,如 lingquan. lcu. cn,浏览器首先把此域名交给本机的域名客户端(这个客户端是后台运行的),域名客户端根据域名解析规则把域名发送给相关的域名服务器,然后把返回来的 IP 地址交给浏览器,浏览器向 lingquan. lcu. cn 所在的主机发送请求,Web 服务器根据请求的页面资源,从服务器主机的硬盘中取出文件并发送给客户端,通过浏览器的解释分析就可以正常显示了。

IIS 基础知识:

因特网信息服务(Internet Information Server,IIS)是一种 Web(网页)服务组件,其中包括 Web 服务器、FTP 服务器、NNTP 服务器和 SMTP 服务器,分别用于网页浏览、文件传输、新闻服务和邮件发送等方面,它使得在网络(包括互联网和局域网)上发布信息成了一件很容易的事。

五、实验步骤

1. IIS 安装

Windows Server 2003 版默认是安装 IIS 组件的。如果没有安装可以按下面的方法进行安装。

(1) 打开"控制面板"窗口,双击"添加/删除程序"图标,在打开的窗口中单击"添加/删除

Windows 组件",选中"Internet 信息服务(IIS)"复选框,按提示操作即可完成 IIS 组件的添加。

(2) 当 IIS 添加成功之后,依次单击"开始→程序→管理工具→Internet 服务管理器"命令以打开 IIS 管理器,对于有"已停止"字样的服务,均在其上单击右键,在弹出的快捷菜单中单击"启动"命令来开启。

2. 利用 IIS 配置第一个 Web 站点

(1) 在硬盘中建立一个文件夹,如 D:\web,那么这个文件夹在配置成功后将成为一个 Web 站点的主目录。

(2) 在"默认 Web 站点"上单击右键,在弹出的快捷菜单中单击"属性"命令,弹出"默认 Web 站点属性"对话框(如图 12-5 所示)。

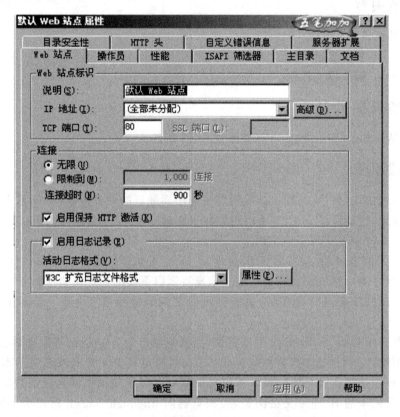

图 12-5　"默认 Web 站点属性"对话框

(3) 选择"主目录"选项卡,再在"本地路径"栏中输入(或用"浏览"按钮选择)网页所在的"D:\web"目录。这样网站的主目录就映射到 D:\web 文件夹。

(4) 添加首页文件名:打开"文档"窗口,单击"添加"按钮,根据提示在"默认文档名"后输入网页的首页文件名"Index. htm"。这样当一个用户浏览站点时,打开的第一个页面就是"index. htm"。

(5) 这样一个简单的 Web 站点就建成了。可以在 D:\web 中放入一个"index. htm"文件作为测试,那么打开浏览器输入:http://localhost 并单击"Enter"按钮,若看到 index. htm 页面内容,则说明站点配置成功。

3. 在一个服务器上建立多个 Web 站点

在一个服务器上建立多个站点有 3 种方式:一是多个站点对应多个 IP 地址;二是同一 IP 但端口不同的多个站点;三是同一 IP 但主机头不同的多个站点。

（1）多个站点对应多个 IP 地址。如果本机已绑定了多个 IP 地址,想利用不同的 IP 地址得出不同的 Web 页面,则只需在"默认 Web 站点"处单击右键,在弹出的快捷菜单中单击"新建→站点"命令,然后根据提示在"说明"处输入任意用于说明它的内容(如为"Test1"),在"输入 Web 站点使用的 IP 地址"的下拉列表框中选中需绑定的 IP 地址即可;当建立好此 Web 站点之后,再按上步的方法进行其他站点的相应设置。这样就可以通过把不同的域名解析为不同的 IP 来访问不同的站点了。

（2）一个 IP 地址但不同端口来建立多个 Web 站点。比如给一个 Web 站点设为 80,一个设为 81,一个设为 82……则对于端口号是 80 的 Web 站点,访问格式仍然直接是 IP 地址就可以了,而对于绑定其他端口号的 Web 站点,访问时必须在 IP 地址后面加上相应的端口号,也即使用如"http://192.168.0.1:81"的格式。

（3）一个 IP 地址但不同"主机头"来建立多个 Web 站点,如果已在 DNS 服务器中将所有需要的域名都已经映射到了唯一的 IP 地址,则用设不同"主机头名"的方法,可以直接用域名来完成对不同 Web 站点的访问。比如本机只有一个 IP 地址为 192.168.0.1,已经建立(或设置)好了两个 Web 站点,一个是"默认 Web 站点",另一个是"我的第二个 Web 站点",现在想输入 www.lingquan.com 可直接访问前者,输入 www.lingquan.net 可直接访问后者。其操作步骤如下。

a. 请确保已先在 DNS 服务器中将这两个域名都已映射到了 IP 地址上,并确保所有的 Web 站点的端口号均保持为 80 这个默认值。右击"默认 Web 站点在弹出的快捷菜单中单击"属性→Web 站点"命令,单击"IP 地址"右侧的"高级"按钮,在"此站点有多个标识下"双击已有的 IP 地址(或单击选中它后再单击"编辑"按钮),然后在"主机头名"下输入"www.lingquan.com",再单击"确定"按钮保存退出。

b. 接着按与上步同样的方法为"我的第二个 Web 站点"设好新的主机头名为"www.lingquan.net"即可。

c. 最后,打开 IE 浏览器,在地址栏输入不同的网址,就可以调出不同 Web 站点的内容了。

六、实验注意事项

1. Web 的默认服务端口为 80,如果配置 Web 服务器时改变了服务端口,访问站点时应在地址后加上服务端口号。

2. 注意 IP 地址限制、用户验证、Web 权限等的设置。

七、实验报告要求

1. 实验报告必须用认真填写,书写工整,不得出现错字、别字。

2. 实验名称按本指导书给出的实验名称填写。

3. 实验日期按实际进行实验的日期进行填写,不得错写或漏写。

4. 实验目的按本书给出的实验目的填写,不得自行编造。

5. 实验步骤必须详细,包括设置了哪些参数、出现了什么结果等,不得跳步或笼统填写。

6. 实验报告上交前由班长把关,书写不符合以上要求及书写不认真、潦草者应重新填写。

八、思考题

如何利用不同主机头的设置方法发布个人网站?

实验三 FTP 服务器的配置及 FlashFXP 的使用

一、实验目的

了解 FTP 服务的概念,掌握利用 Server-U 工具配置与管理 FTP 服务器的方法,能够熟练使用 FlashFXP 客户端工具上传和下载文件。

二、实验内容

1. 利用 Server-U 软件配置 FTP 服务器。
2. 安装 FlashFXP 软件,利用 FlashFXP 软件向配置的 FTP 服务器上传、下载文件。

三、实验仪器、设备

计算机、Server-U、FlashFXP。

四、实验原理

文件传送协议(File Transfer Protocol,FTP)是一个用于从一台主机到另一台主机传送文件的协议。该协议的历史可追溯到 1971 年(当时因特网尚处于实验之中),不过至今仍然极为流行。FTP 在 RFC 959 中具体说明。FTP 采用客户端/服务器工作模式,工作原理如图 12-6 所示。

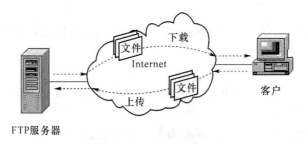

图 12-6　FTP 工作原理图

在一个典型的 FTP 会话中,用户坐在本地主机前,想把文件传送到一台远程主机或把它们从一台远程主机传送来。该用户必须提供一个用户名、口令对才能访问远程账号。给出这些身份认证信息后,它就可以在本地文件系统和远程文件系统之间传送文件了。如图 12-6 所示,用户通过一个 FTP 用户代理与 FTP 交互。用户首先提供一个远程主机的主机名,这使得本地主机中的 FTP 客户进程建立一个与远程主机中的 FTP 服务器进程之间的连接。用户接着提供用户名和口令,这些信息将作为 FTP 命令参数经由 TCP 连接传送到服务器。服务器批准之后,该用户就可在本地文件系统和远程文件系统之间复制文件。

匿名 FTP 服务的实质是:提供服务的机构在它的 FTP 服务器上建立一个公开账户(一般为 anonymous),并赋予该账户访问公共目录的权限,以便提供免费服务。

如果用户要访问这些提供匿名服务的 FTP 服务器,一般不需要输入用户名与用户密码。大多数 FTP 服务都是匿名服务的。为了保证 FTP 服务器的安全,几乎所有的匿名 FTP 服务器都只允许用户下载文件,而不允许用户上传文件。

五、实验步骤

1. 了解 FTP 服务的原理。

2. 从教学网站下载 Server-U 软件并安装。双击安装文件 Serv-U6.4,并按照提示操作即可。安装后的界面如图 12-7 所示。

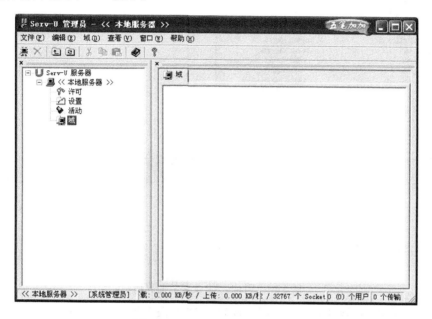

图 12-7　Server-U 安装后的界面

3. 利用 Server-U 软件配置一个匿名 FTP 服务器,并测试服务器性能。

右击新建域。IP 地址选择可用的 IP,如 127.0.0.1(用这个地址只能本机访问本机,别人的机器不能访问该本机)或本机上网时的 IP(如 192.168.26.＊＊＊)。因为没有域名服务器,可以先随便输入一个域名。端口号使用默认的 21(也可以用别的端口号,范围 0～65 535,但访问时必须与设置的一样才行,否则无法访问,相当于多了一个密码)。这样就配置好了一个域。也就是说在计算机上已经配置好了一个 FTP 服务。

新建了域,但不代表现在可以访问,只是服务已经运行了,还需要配置用户才可以进行访问。

下面我们建立相关的用户,使其允许匿名访问和允许用户名为 test、密码为 test 的用户访问。

(1) 右击"用户",在弹出的快捷菜单中选择"新建用户"命令。

(2) "用户名称"为"test","密码"为"test"。

(3) 主目录选择 D:\ftp(根据情况相应改动)。

(4) 查看"是否锁定用户于主目录",选择相应的就可以了。

(5) 这样一个用户就建立好了。可以在浏览器中输入 ftp://127.0.0.1/或本机的 IP 号,并在用户名和密码中都输入刚才的设置,就可以看到刚才的目录中的文件了。如果用户名为"anonymous",那么将建立一个匿名访问的用户。

4. 利用 Server-U 软件配置一个带权限的 FTP 服务器,并测试服务器性能。

要求:访问用户的权限为访问、上传,给用户限额为 1 GB 存储空间。

5. 从教学网站下载安装 FlashFXP 软件。

双击 FlashFXP 安装文件,安装后的界面如图 12-8 所示。

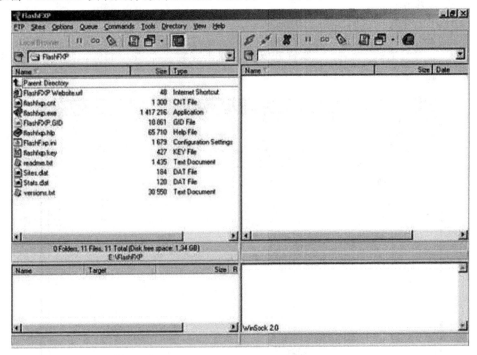

图 12-8　FlashFXP 安装后的界面

6. 利用 FlashFXP 软件向自己或同学配置的 FTP 服务器上传、下载文件。

六、实验注意事项

1. 注意 FTP 服务默认端口为 21,如果在配置服务器时修改了其默认端口,在访问 FTP 服务器时一定在 IP 地址后输入修改后的端口号。

2. 匿名 FTP 服务器的默认用户名为 Anonymous,访问用户只具有访问下载的权限,而没有上传和修改的权限。

七、实验报告要求

1. 实验报告必须认真填写,书写工整,不得出现错字、别字。

2. 实验名称按本书给出的实验名称填写。

3. 实验日期按实际进行实验的日期进行填写,不得错写或漏写。

4. 实验目的按本书给出的实验目的填写,不得自行编造。

5. 实验步骤必须详细,包括设置了哪些参数、出现了什么结果等,不得跳步或笼统填写。

6. 实验报告上交前由班长把关,书写不符合以上要求及书写不认真、潦草者应重新填写。

八、思考题

如何用命令行方式访问 FTP 站点?

实验四 网络系统测试工具的功能与应用

一、实验目的

掌握 4 种集成于 Windows Server 2003 网络系统测试工具的功能。

二、实验内容

1. ping 工具的使用。
2. ipconfig 工具的使用。
3. tracert 工具的使用。
4. netstat/nbtstat 工具的使用。

三、实验仪器、设备

计算机。

四、实验原理

1. ping 工具

（1）作用

ping 的主要作用是验证与远程计算机的连接。该命令只有在安装了 TCP/IP 后才可以使用。

（2）原理

向远程计算机通过 ICMP 发送特定的数据包，然后等待回应并接收返回的数据包，对每个接收的数据包均根据传输的消息进行验证。默认情况下，传输 4 个包含 32 B 数据（由字母组成的一个循环大写字母序列）的回显数据包。过程如下。

① 通过将 ICMP 回显数据包发送到计算机并侦听回显回复数据包来验证与一台或多台远程计算机的连接。

② 每个发送的数据包最多等待 1 s。

③ 打印已传输和接收的数据包数。

（3）用法

ping [-t] [-a] [-n count] [-l length] [-f] [-i ttl] [-v tos] [-r count] [-s count] [[-j computer-list] | [-k computer-list]] [-w timeout] destination-list

（4）参数介绍：

① -t：ping 指定的计算机直到中断。

② -a：将地址解析为计算机名。

③ -n count：发送 count 指定的 ECHO 数据包数。默认值为 4。

④ -l length：发送包含由 length 指定的数据量的 ECHO 数据包。默认为 32 B，最大 65 527 B。

⑤ -f：在数据包中发送"不要分段"标志。数据包就不会被路由上的网关分段。

⑥ -i ttl：将"生存时间"字段设置为 ttl 指定的值。

⑦ -v tos：将"服务类型"字段设置为 tos 指定的值。

⑧ -r count：在"记录路由"字段中记录传出和返回数据包的路由。count 最少 1 台，最多 9 台计算机。

⑨ -s count：指定 count 指定的跃点数的时间戳。

⑩ -j computer-list：利用 computer-list 指定的计算机列表路由数据包。连续计算机可以被中间网关分隔（路由稀疏源），IP 允许的最大数量为 9。

⑪ -k computer-list：利用 computer-list 指定的计算机列表路由数据包。连续计算机不能被中间网关分隔（路由严格源），IP 允许的最大数量为 9。

⑫ -w timeout：指定超时间隔，单位为 μs。

⑬ destination-list：指定要 ping 的远程计算机。

2. ipconfig 工具

（1）作用

该工具主要用于发现和解决 TCP/IP 网络问题，可以用该工具获得主机配置信息，包括 IP 地址、子网掩码和默认网关等。

（2）用法

① 查看所有配置信息：winipcfg 或 ipconfig/all。

Host Name（计算机名）：janker。

Description（描述）：adapater（点对点数据传输协议）。

Physical Address（MAC 地址）：00-A0-0C-18-31-4C。

IP Address（IP 地址）：202.96.168.10。

Subnet Mask（子网掩码）：255.255.255.255（用于识别是否在同一局域网内）。

Default Gateway（默认网关）：202.96.168.10（沟通不同网络的接点）。

DNS Server（域名服务器）：202.96.199.162（提供域名到 IP 的查询服务）。

NetBIOS over Tcpip（NetBios 协议）：Enabled（能）。

② 刷新配置。

对于启用 DHCP 的 Windows 95 客户，应使用 winipcfg 命令的 release 和 renew 选项，而 Windows 98/Me 客户用 ipconfig/release_all 和 ipconfig /renew_all 命令，手动释放或更新客户的 IP 配置租约。

3. 网络连接统计工具——netstat

（1）作用

该工具显示了用户计算机上的 TCP 连接表、UDP 监听者表以及 IP 协议统计。

（2）用法

可以使用 netstat 命令显示协议统计信息和当前的 TCP/IP 连接。netstat -a 命令将显示所有连接，而 netstat -r 显示路由表和活动连接。netstat -e 命令将显示 Ethernet 统计信息，而 netstat -s 显示每个协议的统计信息。如果使用 netstat -n，则不能将地址和端口号转换成名称。

① 显示所有连接。

C:\>netstat -a

Active Connections   ;活动的连接

Proto Local Address Foreign Address State　　　　　　　　;协议 本地地址 外部地址 状态

  TCP 0.0.0.0:21 0.0.0.0:0 LISTENING　　　　　　　;机器提供 FTP 文件传输 服务

  TCP 0.0.0.0:80 0.0.0.0:0 LISTENING　　　　　　　;机器提供 Web 网页服务

  TCP 61.128.203.194:139 0.0.0.0:0 LISTENING　　　　;本机提供 NetBios 服务

  TCP 61.128.203.194:7626 0.0.0.0:0 LISTENING　　　;机器很可能被安装了"冰河"木马

  TCP 61.128.203.194:80 202.102.25.121:1164 ESTABLISHED　;IP 地址为 202.102.25.121 的人正在浏览你机器上的网页

  TCP 192.168.0.254:1071 202.102.249.245:80 SYN_SENT　;正在向 IP 地址为 202.102.249.245 的网站提交网页请求

  TCP 61.128.203.194:1211 202.108.41.2:80 ESTABLISHED;正在浏览 IP 地址 202.108.41.2 网站的网页

  TCP 61.128.203.194:1210 202.102.245.25:80 CLOSE_WAIT;正在关闭和 IP 地址为 202.102.245.25 网站的连接

  TCP 61.128.203.194:1081 202.101.98.155:6667 ESTABLISHED;正在用 IRC 软件聊天

  UDP 0.0.0.0:135 *:*　　　　　　　　　　;本地系统服务

  UDP 61.128.203.194:137 *:*　　　　　　　　;NetBios 名字服务

  UDP 61.128.203.194:138 *:*　　　　　　　　;NetBios 数据报服务

  UDP 61.128.203.194:139 *:*　　　　　　　　;NetBios 会话服务

  UDP 0.0.0.0:4000 *:*　　　　　　　　　　;正在用 OICQ 软件聊天

  ② 显示所有协议的统计信息。

  C:\>netstat - s

  IP Statistics;IP 统计结果

  Packets Received = 5378528　　　　　　　　　;接收包数

  Received Header Errors = 738854　　　　　　　;接收头错误数

  Received Address Errors = 23150　　　　　　　;接收地址错误数

  Datagrams Forwarded = 0　　　　　　　　　　;数据报递送数

  Unknown Protocols Received = 0　　　　　　　;未知协议接收数

  Received Packets Discarded = 0　　　　　　　;接收后丢弃的包数

  Received Packets Delivered = 4616524　　　　;接收后转交的包数

  Output Requests = 132702　　　　　　　　　　;请求数

  Routing Discards = 157　　　　　　　　　　　;路由丢弃数

  Discarded Output Packets = 0　　　　　　　　;丢弃请求包数

  Output Packet No Route = 0　　　　　　　　　;不路由的请求包数

  Reassembly Required = 0　　　　　　　　　　;重新组装的请求数

  Reassembly Successful = 0　　　　　　　　　;重新组装成功数

  Reassembly Failures =0　　　　　　　　　　　;重新组装失败数

  Datagrams Successfully Fragmented= 0　　　　;分片成功的数据报数

Datagrams Failing Fragmentation＝ 0   ;分片失败的数据报数

Fragments Created ＝ 0   ;分片建立数

ICMP Statistics   ;ICMP 统计结果

	Received	Sent	
Messages	20	70	
Errors	0	0	
Destination Unreachable	0	51	;无法到达主机数
Time Exceeded	0	0	;超时数
Parameter Problems	0	0	;参数错误数
Source Quenches	0	0	;源夭折数
Redirects	0	0	;重定向数
Echos	14	5	;回应数
Echo Replies	5	14	;回应回复数
Timestamps	0	0	;时间戳数
Timestam PReplies	0	0	;时间戳回复数
Address Masks	0	0	;地址掩码数
Address Mask Replies	0	0	;地址掩码回复数

TCP Statistics

Active Opens＝ 4271   ;主动打开数

Passive Opens＝ 93   ;被动打开数

Failed Connection Attempts＝ 140   ;连接失败尝试数

Reset Connections＝ 1372   ;复位连接数

Current Connections＝ 3   ;当前正连数

Segments Received＝ 71895   ;接收到的片数

Segments Sent＝ 49543   ;发送的片数

Segments Retransmitted＝ 576   ;被重新传输的片数

UDP Statistics

Datagrams Received＝ 29296   ;数据报结束数

No Ports＝ 1398   ;无端口数

Receive Errors＝ 0   ;接收错误数

Datagrams Sent＝ 20159   ;发送数据报数

说明:通常可以通过这些信息得知机器上正在打开的端口和服务,利用这点可以检查机器上是否有木马。一般来说若有非正常端口在监听中,就需要注意了。同时,还可以看到机器正在和那些 IP 地址以 TCP、UDP 或其他协议进行连接的状态。

4. tracert 命令

(1) 作用

tracert 命令用来显示数据包到达目标主机所经过的路径,并显示到达每个节点的时间。命令功能同 ping 类似,但它所获得的信息要比 ping 命令详细得多,它把数据包所走的全部路径、节点的 IP 以及花费的时间都显示出来。该命令适用于大型网络。tracert 命令用 IP 生存时间（TTL）字段和 ICMP 错误消息来确定从一个主机到网络上其他主机的路径。

（2）tracert 工作原理

通过向目标发送不同 IP 生存时间（TTL）值的"Internet 控制消息协议（ICMP）"回应数据包，tracert 诊断程序确定到目标所采取的路由。要求路径上的每个路由器在转发数据包之前至少将数据包上的 TTL 递减 1。数据包上的 TTL 减为 0 时，路由器应该将"ICMP 已超时"的消息发回源系统。

tracert 先发送 TTL 为 1 的回应数据包，并在随后的每次发送过程将 TTL 递增 1，直到目标响应或 TTL 达到最大值，从而确定路径。通过检查中间路由器发回的"ICMP 已超时"的消息确定路径，某些路由器不经询问直接丢弃 TTL 过期的数据包，这在 tracert 实用程序中看不到。

tracert 命令按顺序打印出返回"ICMP 已超时"消息的路径中的近端路由器接口列表。如果使用-d 选项，则 tracert 实用程序不在每个 IP 地址上查询 DNS。

（3）命令格式

tracert IP 地址或主机名［-d］［-h maximum_hops］［-j host_list］［-w timeout］

其中各参数含义如下。

① -d：不解析目标主机的名字。

② -h maximum_hops：指定搜索到目标地址的最大跳跃数。

③ -j host_list：按照主机列表中的地址释放源路由。

④ -w timeout：指定超时时间间隔，程序默认的时间单位是 ms。

五、实验步骤

1. ping 命令操作步骤

① 判断本地的 TCP/IP 栈是否已安装。

ping 127.0.0.1 或 Ping 机器名

说明：若显示 Reply from 127.0.0.1…，则说明已安装。

② 判断能否到达指定 IP 地址的远程计算机。

C:\>ping 192.168.0.1 或 202.102.245.25

说明：若显示 Reply…，则说明能够到达；若显示 Request timed out，则说明不能够到达。

③ 根据域名获得其对应的 IP 地址。

C:\>ping www.domain.com 回车

说明：显示的 Reply from xxx.xxx.xxx.xxx…，则 xxx.xxx.xxx.xxx 就是域名对应的 IP 地址。

④ 根据 IP 地址获取域名。

C:\>ping -a xxx.xxx.xxx.xxx

说明：若显示 Pinging www.domain.com［xxx.xxx.xxx.xxx］…，则 www.domain.com 就是 IP 对应的域名。

⑤ 根据 IP 地址获取机器名。

C:\>ping -a 127.0.0.1

说明：若显示 Pinging janker［127.0.0.1］…，则 janker 就是 IP 对应的机器名。此方法只能反解本地的机器名。

⑥ ping 指定的 IP 地址 30 次。

C:\>ping -n 30 202.102.245.25

⑦ 用 400 字节长的包 ping 指定的 IP 地址。

C:\>ping -l 400 202.102.245.25

2. ipconfig 命令操作步骤

查看所用计算机的所有配置信息。

C:\> Ipconfig /all

3. netstat 命令操作步骤

① netstat 显示所有连接。

C:\>netstat － a

② netstat 显示所有协议的统计信息。

C:\>netstat － s

4. tracert 命令操作步骤

① 路由跟踪 www.edu.cn。

C:\> tracert www.edu.cn

② 精确定位跨网段或由多个局域网互联网络中的故障点。

方法是：在其中的一个客户机上先跟踪检测本局域网服务器的主机名,如果返回正确的信息,则说明本局域网内部的连接没有问题。接着再跟踪检测对方服务器的主机名,如果返回出错信息,则说明故障点出现在对方的局域网中,或者连接两个局域网的线路或连接设备有问题。

六、实验注意事项

1. 注意在 Windows 桌面中进入 MS-DOS 的方法及快捷方式 CMD 的使用。

2. 注意在"开始"菜单中运行命令与 MS-DOS 方式下运行命令的区别。

七、实验报告要求

1. 实验报告必须认真填写,书写工整,不得出现错字、别字。

2. 实验名称按本书给出的实验名称填写。

3. 实验日期按实际进行实验的日期进行填写,不得错写或漏写。

4. 实验目的按本书给出的实验目的填写,不得自行编造。

5. 实验步骤必须详细,包括设置了哪些参数、出现了什么结果等,不得跳步或笼统填写。

6. 实验报告上交前由班长把关,书写不符合以上要求及书写不认真、潦草者应重新填写。

八、思考题

4 种测试命令的优、缺点分别是什么?

第十三章 电力拖动自动控制系统

一、控制屏介绍及操作说明

1. 特点

(1) 实验装置采用挂件结构,可根据不同实验内容进行自由组合,故结构紧凑、使用方便、功能齐全、综合性能好,能在一套装置上完成"电力电子技术"、"自动控制系统"、"直流调速系统"、"交流调速系统"、"电机控制"及"控制理论"等课程所开设的主要实验项目。

(2) 实验装置占地面积小,节约实验室用地,无须设置电源控制屏、电缆沟、水泥墩等,可减少基建投资;实验装置只需三相四线的电源即可投入使用,实验室建设周期短、见效快。

(3) 实验机组容量小,耗电少,配置齐全;装置使用的电机经过特殊设计,其参数特性能模拟 3 kW 左右的通用实验机组。

(4) 装置布局合理,外形美观,面板示意图明确、清晰、直观;实验连接线采用强、弱电分开的手枪式插头,两者不能互插,避免强电接入弱电设备,造成该设备损坏;电路连接方式安全、可靠、迅速、简便;除电源控制屏和挂件外,还设置有实验桌,桌面上可放置机组、示波器等实验仪器,操作舒适、方便。电机采用导轨式安装,更换机组简捷、方便;实验台底部安装有轮子和不锈钢固定调节机构,便于移动和固定。

(5) 控制屏供电采用三相隔离变压器隔离,设有电压型漏电保护装置和电流型漏电保护装置,切实有效保护操作者的人身安全,为开放性的实验室创造了前提条件。

(6) 挂件面板分为 3 种接线孔,即强电、弱电及波形观测孔,三者有明显的区别,不能互插。

(7) 实验线路选择紧跟教材的变化,完全配合教学内容,满足教学大纲要求。

2. 技术参数

(1) 输入电压:三相四线制 380(1±10%)V,(50±1) Hz。

(2) 工作环境:环境温度范围为 −5~40 ℃,相对湿度≤75%,海拔≤1 000 m。

(3) 装置容量:≤1.5 kVA。

(4) 电机输出功率:≤200 W。

(5) 外形尺寸:长×宽×高=1 870 mm×730 mm×1 600 mm。

二、DJK01 电源控制屏

电源控制屏主要为实验提供各种电源,如三相交流电源、直流励磁电源等;同时为实验提供所需的仪表,如直流电压表、电流表、交流电压表、电流表。屏上还设有定时器兼报警记录仪,供教师考核学生实验之用;在控制屏正面的大凹槽内,设有两根不锈钢管,可挂置实验所需挂件,凹槽底部设有 12 芯、10 芯、4 芯、3 芯等插座,从这些插座提供有源挂件的电源;在控屏两边设有单相三极 220 V 电源插座及三相四极 380 V 电源插座,此外还设有供实验台照明用的 40 W 日光灯。DJK01 电源控制屏的面板如图 13-1 所示。

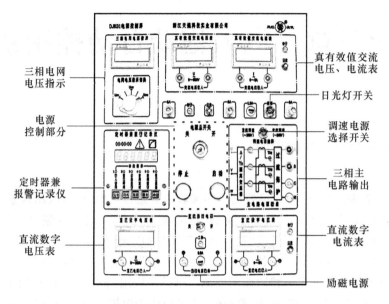

图 13-1 DJK01 电源控制屏面板图

1. 三相电网电压指示

三相电网电压指示主要用于检测输入的电网电压是否有缺相的情况,操作交流电压表下面的切换开关,观测三相电网各线间电压是否平衡。

2. 定时器兼报警记录仪

平时作为时钟使用,具有设定实验时间、定时报警和切断电源等功能,它还可以自动记录由于接线操作错误所导致的告警次数(具体操作方法详见 DJDK01 型电力电子技术及电机控制实验装置使用说明书)。

3. 电源控制部分

它的主要功能是控制电源控制屏的各项功能,由电源总开关、启动按钮及停止按钮组成。当打开电源总开关时,红灯亮;当按下启动按钮后,红灯灭,绿灯亮,此时控制屏的三相主电路及励磁电源都有电压输出。

4. 三相主电路输出

三相主电路输出可提供三相交流 200 V/3 A 或 240 V/3 A 电源。输出的电压大小由"调速电源选择开关"控制,当开关置于"直流调速"侧时,A、B、C 输出线电压为 200 V,可完成电力电子实验以及直流调速实验;当开关置于"交流调速"侧时,A、B、C 输出线电压为 240 V,可完成交流电机调压调速及串级调速等实验。在 A、B、C 三相电源输出附近装有黄、绿、红发光二极管,用以指示输出电压。同时在主电源输出回路中还装有电流互感器,电流互感器可测定主电源输出电流的大小,供电流反馈和过流保护使用,面板上的 TA_1、TA_2、TA_3 3 处观测点用于观测 3 路电流互感器输出电压信号。

5. 励磁电源

在按下启动按钮后将励磁电源开关拨向"开"侧,则励磁电源输出为 220 V 的直流电压,并有发光二极管指示输出是否正常,励磁电源由 0.5 A 熔丝做短路保护,由于励磁电源的容量有限,仅为直流电机提供励磁电流,不能作为大容量的直流电源使用。

6. 面板仪表

面板下部设置有±300 V 数字式直流电压表和±5 A 数字式直流电流表,精度为 0.5 级,能为可逆调速系统提供电压及电流指示;面板上部设置有 500 V 真有效值交流电压表和 5 A 真有效值交流电流表,精度为 0.5 级,供交流调速系统实验时使用。

三、基本要求和安全操作说明

"半导体变流技术"、"电工电子技术"是电气工程及其自动化、自动化等专业的三大电子技术基础课程之一,"电力拖动自动控制系统"、"电机控制"是这些专业重要的专业课。上述课程涉及面广,内容包括电力、电子、控制、计算机技术等,而实验环节是这些课程的重要组成部分。通过实验,可以加深对理论的理解,培养和提高学生独立动手能力和分析、解决问题的能力。

1. 实验的特点和要求

电力电子技术与电机控制实验的内容较多、较新,实验系统也比较复杂,系统性较强。电力电子技术与电机控制实验是上述课程理论教学的重要补充和继续,而理论教学则是实验教学的基础。学生在实验中应学会运用所学的理论知识去分析和解决实际系统中出现的各种问题,提高动手能力;同时通过实验来验证理论,促使理论和实践相结合,使认识不断提高、深化。具体地说,学生在完成指定的实验后,应具备以下能力。

(1)掌握电力电子变流装置主电路、触发或驱动电路的构成及调试方法,能初步设计和应用这些电路。

(2)掌握交、直流电机控制系统的组成和调试方法,系统参数的测量和整定方法。

(3)能设计交、直流电机控制系统的具体实验线路,列出实验步骤。

(4)熟悉并掌握基本实验设备、测试仪器的性能及使用方法。

(5)能够运用理论知识对实验现象、结果进行分析和处理,解决实验中遇到的问题。

(6)能够综合实验数据,解释实验现象,编写实验报告。

本书介绍了 50 余个电力电子技术、电机控制及控制理论方面的实验。电力电子技术方面的实验可以完成三相全控整流及有源逆变电路、单相整流电路及各类触发电路、交流调压电路、自关断电力电子器件的驱动与保护电路等实验,直流调速系统实验可选择双闭环晶闸管不可逆直流调速系统、逻辑无环流可逆直流调速系统、三闭环错位选触无环流可逆直流调速系统、双闭环直流 PWM(H 桥)调速系统等实验,交流调速系统则可进行双闭环异步电机调压调速系统实验、双闭环异步电机串级调速系统实验、三相异步电机正弦波脉宽调制(SPWM)变频调速、三相异步电机空间电压矢量(SVPWM)变频调速实验和三次谐波注入的马鞍波变频调速等实验。

2. 实验前的准备

实验准备即为实验的预习阶段,是保证实验能否顺利进行的必要步骤。每次实验前都应先进行预习,从而提高实验质量和效率,否则就有可能在实验时不知如何下手,浪费时间,完不成实验要求,甚至有可能损坏实验装置。因此,实验前应做到以下几点。

(1)复习教材中与实验有关的内容,熟悉与本次实验相关的理论知识。

(2)阅读本教材中的实验指导,了解本次实验的目的和内容;掌握本次实验系统的工作原理和方法;明确实验过程中应注意的问题。

(3)写出预习报告,其中应包括实验系统的详细接线图、实验步骤、数据记录表格等。

（4）进行实验分组，一般情况下，电力电子技术实验分组为每组 1～2 人，交、直流调速系统实验的实验小组为每组 2～3 人。

3．实验实施

在完成理论学习、实验预习等环节后，就可进入实验实施阶段。实验时要做到以下几点：

（1）实验开始前，指导教师要对学生的预习报告作检查，要求学生了解本次实验的目的、内容和方法，只有满足此要求后，方能进行实验。

（2）指导教师对实验装置作介绍，要求学生熟悉本次实验使用的实验设备、仪器，明确这些设备的功能与使用方法。

（3）按实验小组进行实验，实验小组成员应进行明确的分工，以保证实验操作协调，记录数据准确可靠，各人的任务应在实验进行中实行轮换，以便实验参加者能全面掌握实验技术，提高动手能力。

（4）按预习报告上的实验系统详细线路图进行接线，一般情况下，接线次序为先主电路，后控制电路；先串联，后并联。在进行调速系统实验时，也可由两人同时进行主电路和控制电路的接线。

（5）完成实验系统接线后，必须进行自查。串联回路从电源的某一端出发，按回路逐项检查各仪表、设备、负载的位置、极性等是否正确；并联支路则检查其两端的连接点是否在指定的位置。距离较远的两连接端必须选用长导线直接跨接，不得用两根导线在实验装置上的某接线端进行过渡连接。

（6）实验时，应按实验教材所提出的要求及步骤，逐项进行实验和操作。除作阶跃启动试验外，系统启动前，应使负载电阻值最大，给定电位器处于零位；测试记录点的分布应均匀；改接线路时，必须断开主电源方可进行。实验中应观察实验现象是否正常，所得数据是否合理，实验结果是否与理论相一致。

（7）完成本次实验全部内容后，应请指导教师检查实验数据、记录的波形。经指导教师认可后方可拆除接线，整理好连接线、仪器、工具，使之物归原位。

4．实验总结

实验的最后阶段是实验总结，即对实验数据进行整理、绘制波形和图表、分析实验现象、撰写实验报告。每位实验参与者都要独立完成一份实验报告，实验报告的编写应持严肃认真、实事求是的科学态度。如实验结果与理论有较大出入时，不得随意修改实验数据和结果，不得用凑数据的方法来向理论靠拢，而是用理论知识来分析实验数据和结果，解释实验现象，找出引起较大误差的原因。

实验报告的一般格式如下。

（1）实验名称、专业、班级、实验学生姓名、同组者姓名和实验时间。

（2）实验目的、实验线路、实验内容。

（3）实验设备、仪器、仪表的型号、规格、铭牌数据及实验装置编号。

（4）实验数据的整理、列表、计算，并列出计算所用的计算公式。

（5）画出与实验数据相对应的特性曲线及记录的波形。

（6）用理论知识对实验结果进行分析总结，得出明确的结论。

（7）对实验中出现的某些现象、遇到的问题进行分析、讨论，写出心得体会，并对实验提出自己的建议和改进措施。

（8）实验报告应写在一定规格的报告纸上，保持整洁。

（9）每次实验每人独立完成一份报告，按时送交指导教师批阅。

5. 实验安全操作规程

为了顺利完成电力电子技术及电机控制实验，确保实验时人身安全与设备可靠运行，要严格遵守如下安全操作规程。

（1）在实验过程时，绝对不允许实验人员双手同时接到隔离变压器的两个输出端，将人体作为负载使用。

（2）为了提高学生的安全用电常识，任何接线和拆线都必须在切断主电源后方可进行。

（3）为了提高实验过程中的效率，学生独立完成接线或改接线路后，应仔细再次核对线路，并使组内其他同学引起注意后方可接通电源。

（4）如果在实验过程中发生过流警告，应仔细检查线路以及电位器的调节参数，确定无误后方能重新进行实验。

（5）在实验中应注意所接仪表的最大量程，选择合适的负载完成实验，以免损坏仪表、电源或负载。

（6）电源控制屏以及各挂件所用保险丝规格和型号是经反复试验选定的，不得私自改变其规格和型号，否则可能会引起不可预料的后果。

（7）在完成电流、转速闭环实验前一定要确保反馈极性是否正确，应构成负反馈，避免出现正反馈，造成过流。

（8）除作阶跃起动试验外，系统起动前负载电阻必须放在最大阻值，给定电位器必须退回至零位后，才允许合闸起动并慢慢增加给定，以免元件和设备过载损坏。

（9）在直流电机启动时，要先开励磁电源，后加电枢电压。在完成实验时，要先关电枢电压，再关励磁电源。

实验一　晶闸管直流调速系统的参数和环节特性的测定实验

一、实验目的

1. 熟悉晶闸管直流调速系统的组成及基本结构。
2. 掌握晶闸管直流调速系统的参数及反馈环节测定方法。

二、实验所需挂件及附件

实验所需挂件及附件见表 13-1。

表 13-1　实验所需挂件及附件(一)

序号	型　号	备　注
1	DJK01 电源控制屏	该控制屏包含"三相电源输出"等几个模块
2	DJK02 晶闸管主电路	
3	DJK02-1 三相晶闸管触发电路	该挂件包含"触发电路","正反桥功放"等几个模块
4	DJK04 电机调速控制实验 Ⅰ	该挂件包含"给定"、"电流调节器"、"速度变换"、"电流反馈与过流保护"等几个模块
5	DJK10 变压器实验	该挂件包含"三相不控整流"和"心式变压器"等模块
6	DD03-3 电机导轨、光码盘测速系统及数显转速表	
7	DJ13-1 直流发电机	
8	DJ15 直流并励电动机	
9	D42　三相可调电阻	
10	数字存储示波器	自备
11	万用表	自备

三、实验线路及原理

晶闸管直流调速系统由整流变压器、晶闸管整流调速装置、平波电抗器、电动机、发电机组等组成。

在本实验中,整流装置的主电路为三相桥式电路,控制电路可直接由给定电压 U_g 作为触发器的移相控制电压 U_{ct},改变 U_g 的大小即可改变控制角 α,从而获得可调的直流电压,以满足实验要求。实验系统的组成原理图如图 13-2 所示。

四、实验内容

1. 测定晶闸管直流调速系统主电路总电阻值 R。
2. 测定晶闸管直流调速系统主电路电感值 L。

3. 测定直流电动机-直流发电机-测速发电机组的飞轮惯量 GD^2。

4. 测定晶闸管直流调速系统主电路电磁时间常数 T_d。

5. 测定直流电动机电势常数 C_e 和转矩常数 C_M。

6. 测定晶闸管直流调速系统机电时间常数 T_M。

7. 测定晶闸管触发及整流装置特性 $U_d = f(U_{ct})$。

8. 测定测速发电机特性 $U_{TG} = f(n)$。

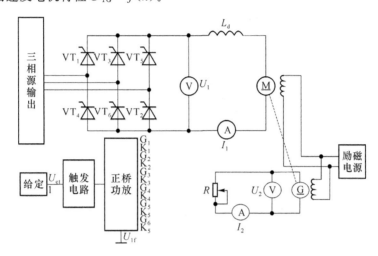

图 13-2　实验系统原理图

五、预习要求

学习教材中有关晶闸管直流调速系统各参数的测定方法。

六、实验方法

为研究晶闸管—电动机系统,须首先了解电枢回路的总电阻 R、总电感 L 以及系统的电磁时间常数 T_d 与机电时间常数 T_M,这些参数均需通过实验手段来测定,具体方法如下。

1. 电枢回路总电阻 R 的测定

电枢回路的总电阻 R 包括电动机的电枢电阻 R_a、平波电抗器的直流电阻 R_L 及整流装置的内阻 R_n,即

$$R = R_a + R_L + R_n \tag{13-1}$$

由于阻值较小,不宜用欧姆表或电桥测量,因是小电流检测,接触电阻影响很大,故常用直流伏安法。为测出晶闸管整流装置的电源内阻,须测量整流装置的理想空载电压 U_{do},而晶闸管整流电源是无法测量的,为此应用伏安比较法,实验线路如图 13-3 所示。

将变阻器 R_1、R_2 接入被测系统的主电路,测试时电动机不加励磁,并使电动机堵转。合上 S_1、S_2,调节给定使输出直流电压 U_d 为 $30\%U_{ed} \sim 70\%U_{ed}$,然后调整 R_2 使电枢电流为 $80\%I_{ed} \sim 90\%I_{ed}$,读取电流表 A 和电压表 V_2 的数值为 I_1、U_1,则此时整流装置的理想空载电压为

$$U_{do} = I_1 R + U_1 \tag{13-2}$$

调节 R_1 使之与 R_2 的电阻值相近,拉开开关 S_2,在 U_d 的条件下读取电流表、电压表的数值 I_2、U_2,则

$$U_{do} = I_2 R + U_2 \tag{13-3}$$

求解式(13-2)、式(13-3),可得电枢回路总电阻为

$$R = (U_2 - U_1)/(I_1 - I_2) \tag{13-4}$$

如把电机电枢两端短接,重复上述实验,可得

$$R_L + R_n = (U_2' - U_1')/(I_1' - I_2') \tag{13-5}$$

则电动机的电枢电阻为

$$R_a = R - (R_L + R_n) \tag{13-6}$$

同样,短接电抗器两端,也可测得电抗器直流电阻 R_L。

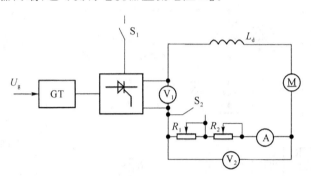

图 13-3　伏安比较法实验线路图

2. 电枢回路电感 L 的测定

电枢回路总电感包括电动机的电枢电感 L_a、平波电抗器电感 L_d 和整流变压器漏感 L_B,由于 L_B 数值很小,可以忽略,故电枢回路的等效总电感为

$$L = L_a + L_d \tag{13-7}$$

电感的数值可用交流伏安法测定。实验时应给电动机加额定励磁,并使电动机堵转,实验线路如图 13-4 所示。

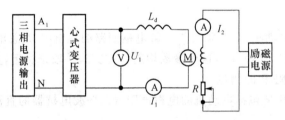

图 13-4　测量电枢回路电感的实验线路图

实验时交流电压由 DJK01 电源输出,接 DJK10 的高压端,从低压端输出接电动机的电枢,用交流电压表和电流表分别测出电枢两端和电抗器上的电压值 U_a 和 U_L 及电流 I,从而可得到交流阻抗 Z_a 和 Z_L,计算出电感值 L_a 和 L_d,计算公式如下:

$$Z_a = U_a/I \tag{13-8}$$

$$Z_L = U_L/I \tag{13-9}$$

$$L_a = \sqrt{Z_a^2 - R_a^2}/(2\pi f) \tag{13-10}$$

$$L_d = \sqrt{Z_L^2 - R_L^2}/(2\pi f) \tag{13-11}$$

3. 直流电动机-发电机-测速发电机组的飞轮惯量 GD^2 的测定

电力拖动系统的运动方程式为

$$T - T_z = (GD^2/375)\mathrm{d}n/\mathrm{d}t \tag{13-12}$$

式中，T 为电动机的电磁转矩，单位为 N·m；T_z 为负载转矩，空载时即为空载转矩 T_k，单位为 N·m，n 为电动机转速，单位为 r/min。

电动机空载自由停车时，$T=0$，$T_z=T_k$，则运动方程式为

$$T_k = -(GD^2/375)\,dn/dt \tag{13-13}$$

从而有

$$GD^2 = 375 T_k / |\,dn/dt\,| \tag{13-14}$$

式中，GD^2 的单位为 N·m²；T_k 可由空载功率 P_k（单位为 W）求出，即

$$P_k = U_a I_{a0} - I_{a0}^2 R_a \tag{13-15}$$

$$T_k = 9.55 P_k / n \tag{13-16}$$

dn/dt 可以从自由停车时所得的曲线 $n=f(t)$ 求得，其实验线路如图 13-5 所示。

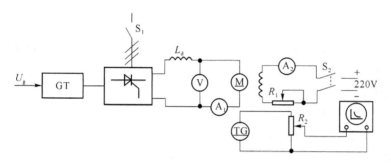

图 13-5　测定 GD^2 时的实验线路图

电动机加额定励磁，将电动机空载启动至稳定转速后，测量电枢电压 U_a 和电流 I_{a0}，然后断开给定，用数字存储示波器记录 $n=f(t)$ 曲线，即可求取某一转速时的 T_k 和 dn/dt。由于空载转矩不是常数，可以以转速 n 为基准选择若干个点，测出相应的 T_k 和 dn/dt，以求得 GD^2 的平均值。由于本实验装置的电动机容量比较小，应用此法测 GD^2 时会有一定的误差。

4. 主电路电磁时间常数 T_d 的测定

采用电流波形法测定电枢回路电磁时间常数 T_d，电枢回路突加给定电压时，电流 i_d 按指数规律上升：

$$i_d = I_d(1-e^{-t/T_d})$$

其电流变化曲线如图 13-6 所示。当 $t=T_d$ 时，有

$$i_d = I_d(1-e^{-1}) = 0.632 I_d$$

实验线路如图 13-7 所示。电动机不加励磁，调节给定使电动机电枢电流为 50% I_{ed}～90% I_{ed}。然后保持 U_g 不变，将给定的 S_2 拨到接地位置，然后拨动给定 S_2 从接地到正电压跃阶信号，用数字存储示波器记录 $i_d=f(t)$ 的波形，在波形图上测量出当电流上升至稳定值的 63.2% 时的时间，即为电枢回路的电磁时间常数 T_d。

5. 电动机电势常数 C_e 和转矩常数 C_M 的测定

将电动机加额定励磁，使其空载运行，改变电枢电压 U_d，测得相应的 n 即可由下式算出 C_e，即

$$C_e = K_e \Phi = (U_{d2}-U_{d1})/(n_2-n_1)$$

式中，C_e 的单位为 V/(r·min⁻¹)。

转矩常数（额定磁通）C_M 的单位为 N·m/A。C_M 可由 C_e 求出，即

$$C_M = 9.55 C_e$$

6. 系统机电时间常数 T_M 的测定

系统的机电时间常数可由下式计算：

$$T_M = (GD^2R)/(375C_eC_M\Phi^2)$$

由于 $T_M > T_d$，也可以近似地把系统看成是一阶惯性环节，即

$$n = KU_d/(1 + T_MS)$$

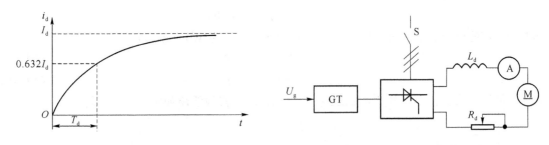

图 13-6　电流上升曲线　　　　　图 13-7　测定 T_d 的实验线路图

当电枢突加给定电压时，转速 n 将按指数规律上升，当 n 到达稳态值的 63.2% 时，所经过的时间即为拖动系统的机电时间常数。

测试时电枢回路中附加电阻应全部切除，突然给电枢加电压，用数字存储示波器记录过渡过程曲线 $n = f(t)$，即可由此确定机电时间常数。

7. 晶闸管触发及整流装置特性 $U_d = f(U_g)$ 和测速发电机特性 $U_{TG} = f(n)$ 的测定

实验线路如图 13-5 所示，可不接示波器。电动机加额定励磁，逐渐增加触发电路的控制电压 U_g，分别读取对应的 U_g、U_{TG}、U_d、n 的数值若干组，即可描绘出特性曲线 $U_d = f(U_g)$ 和 $U_{TG} = f(n)$。

由 $U_d = f(U_g)$ 曲线可求得晶闸管整流装置的放大倍数曲线 $K_s = f(U_g)$：

$$K_s = \Delta U_d / \Delta U_g$$

七、实验报告

1. 作出实验所得的各种曲线，计算有关参数。

2. 由 $K_s = f(U_g)$ 特性分析晶闸管装置的非线性现象。

八、注意事项

1. 由于实验时装置处于开环状态，电流和电压可能有波动，可取平均读数。

2. 由于 DJK04 上的过流保护整定值的限制，在完成机电时间常数测定的实验中，其电枢电压不能加得太高。

3. 当电动机堵转时，会出现大电流，因此测量的时间要短，以防电动机过热。

4. 在测试 $U_d = f(U_g)$ 时，DJK02 上的偏移电压要先调到 $\alpha = 120°$，具体方法见单闭环直流调速。

实验二　晶闸管直流调速系统主要单元的调试

一、实验目的

1. 熟悉直流调整系统主要单元部件的工作原理及调速系统对其提出的要求。
2. 掌握直流调速系统主要单元部件的调试步骤和方法。

二、实验所需挂件及附件

实验所需挂件及附件见表 13-2。

表 13-2　实验所需挂件及附件(二)

序号	型　号	备　注
1	DJK01 电源控制屏	该控制屏包含"三相电源输出"等几个模块
2	DJK04 电机调速控制实验 I	该挂件包含"给定"、"调节器 I"、"调节器 II"、"电流反馈与过流保护"等几个模块
3	DJK04-1 电机调速控制实验 II	该挂件包含"转矩极性鉴别"、"零电平鉴别"、"逻辑变换控制"等几个模块,完成选做实验项目时需要
4	DJK06 给定及实验器件	该挂件包含"给定"等几个模块
5	DJK08 可调电阻、电容箱	
6	慢扫描示波器	
7	万用表	自备

三、实验内容

1. 调节器 I(速度调节器)的调试。
2. 调节器 II(电流调节器)的调试。
3. 反号器的调试。
4. "零电平检测"及"转矩极性鉴别"的调试(选做)。
5. 逻辑控制器的调试(选做)。

四、实验方法

将 DJK04 挂件上的十芯电源线、DJK04-1 和 DJK06 挂件上的蓝色三芯电源线与控制屏相应电源插座连接,打开挂件上的电源开关,就可以开始实验。

1. 调节器 I(一般作为速度调节器使用)的调试

(1) 调节器调零

将 DJK04 中"调节器I"所有输入端接地,再将 DJK08 中的可调电阻 120 kΩ 接到"调节器I"的"4"、"5"两端,用导线将"5"、"6"端短接,使"调节器I"成为 P(比例)调节器。用万用表的毫伏挡测量"调节器I"的"7"端的输出,调节面板上的调零电位器 RP_3,使输出电压尽可能接近于零。

(2) 调整输出正、负限幅值

将"5"、"6"短接线去掉,将 DJK08 中的可调电容 $0.47\ \mu F$ 接入"5"、"6"两端,使调节器成为 PI（比例积分）调节器，将"调节器 I"的所有输入端上的接地线去掉，将 DJK04 的给定输出端接到"调节器 I"的"3"端，当加＋5 V 的正给定电压时，调整负限幅电位器 RP₂，观察调节器负电压输出的变化规律；当调节器输入端加－5 V 的给定电压时，调整正限幅电位器 RP₁，观察调节器正电压输出的变化规律。

（3）测定输入输出特性

将反馈网络中的电容短接（将"5"、"6"端短接），使"调节器 I"为 P（比例）调节器，同时将正负限幅电位器 RP₁ 和 RP₂ 均顺时针旋到底，在调节器的输入端分别逐渐加入正、负电压，测出相应的输出电压变化，直至输出限幅值，并画出对应的曲线。

（4）观察 PI 特性

拆除"5"、"6"短接线，给调节器输入端突加给定电压，用慢扫描示波器观察输出电压的变化规律。改变调节器的外接电阻和电容值（改变放大倍数和积分时间），观察输出电压的变化。

2. 调节器 II（一般作为电流调节器使用）的调试

（1）调节器的调零

将 DJK04 中"调节器 II"所有输入端接地，再将 DJK08 中的可调电阻 13 kΩ 接"调节器 II"的"8"、"9"两端，用导线将"9"、"10"短接，使"调节器 II"成为 P（比例）调节器。用万用表的毫伏挡测量调节器 II 的"11"端的输出，调节面板上的调零电位器 RP₃，使输出电压尽可能接近于零。

（2）调整输出正、负限幅值

把"9"、"10"短接线去掉，将 DJK08 中的可调电容 0.47 μF 接入"9"、"10"两端，使调节器成为 PI（比例积分）调节器，将"调节器 II"的所有输入端上的接地线去掉，将 DJK04 的给定输出端接到调节器 II 的"4"端，当加＋5 V 的给定电压时，调整负限幅电位器 RP₂，观察调节器负电压输出的变化规律；当调节器输入端加－5 V 的给定电压时，调整正限幅电位器 RP₁，观察调节器正电压输出的变化规律。

（3）测定输入输出特性

将反馈网络中的电容短接（将"9"、"10"端短接），使"调节器 II"为 P 调节器，同时将正负限幅电位器 RP₁ 和 RP₂ 均顺时针旋到底，在调节器的输入端分别逐渐加入正、负电压，测出相应的输出电压变化，直至输出限幅值，并画出对应的曲线。

（4）观察 PI 特性

拆除"9"、"10"短接线，突加给定电压，用慢扫描示波器观察输出电压的变化规律。改变调节器的外接电阻和电容值（改变放大倍数和积分时间），观察输出电压的变化。

3. 反号器的调试

测定输入输出的比例，将反号器输入端"1"接"给定"的输出，调节"给定"输出为 5 V 电压，用万用表测量"2"端输出是否等于－5 V 电压，如果两者不等，则通过调节电位器 RP₁ 使输出等于负的输入。再调节"给定"电压使输出为－5 V 电压，观测反号器输出是否为 5 V。

4. "转矩极性鉴别"及"零电平检测"的调试（选做）

（1）测定"转矩极性鉴别"的环宽，一般环宽为 0.4～0.6 V，记录高电平的电压值，调节单元中的 RP₁ 电位器使特性满足其要求，使得"转矩极性鉴别"的特性范围为－0.25～0.25 V。

转矩极性鉴别具体调试方法如下。

① 调节给定 U_g，使"转矩极性鉴别"的"1"脚得到约 0.25 V 电压，调节电位器 RP₁，恰好使其"2"端输出从"高电平"跃变为"低电平"。

② 调节负给定从 0 V 起调，当转矩极性鉴别器的"2"端从"低电平"跃变为"高电平"时，检测转矩极性鉴别器的"1"端应为 -0.25 V 左右，否则应适当调整电位器 RP_1，使"2"端输出由"高电平"变"低电平"。

③ 重复上述步骤，观测正、负给定时跳变点是否基本对称，如有偏差则适当调节，使得正、负的跳变电压的绝对值基本相等。

（2）测定"零电平检测"的环宽，一般环宽也为 $0.4 \sim 0.6$ V，调节 RP_1 电位器，使回环沿纵坐标右侧偏离 0.2 V，即特性范围为 $0.2 \sim 0.6$ V。

"零电平检测"具体调试方法如下。

① 调节给定 U_g，使"零电平检测"的"1"端输入约 0.6 V 电压，调节电位器 RP_1，恰好使"2"端输出从"高电平"跃变为"低电平"。

② 慢慢减小给定，当"零电平检测"的"2"端输出从"低电平"跃变为"高电平"时，检测"零电平检测"的"1"端输入应为 0.2 V 左右，否则应调整电位器。

（3）根据测得数据，画出两个电平检测器的回环特性。

5. 逻辑控制的调试（选做）

（1）将 DJK04 的"给定"输出接到 DJK04-1"逻辑控制"的"Um"输入端，将 DJK06 的"给定"输出接到 DJK04-1"逻辑控制"的"UI"输入端，并将 DJK04、DJK04-1、DJK06 挂件共地。

（2）将 DJK04 和 DJK06"给定"的 RP_1 电位器，均顺时针旋到底，将给定部分的 S_2 打到运行侧表示输出是"1"，打到停止侧表示输出是"0"。

（3）两个给定都输出"1"时，用万用表测量逻辑控制的"3(U_z)"、"6(U_{1f})"端输出应该是"0"，"4(U_F)"、"7(U_{1r})"端的输出应该是"1"，依次按表 13-3 从左到右的顺序，控制 DJK04 和 DJK06"给定"的输出状态，同时用万用表测量逻辑控制的"U_z"、"U_{1f}"和"U_F"、"U_{1r}"端的输出是否符合表 13-3。

表 13-3　逻辑控制调试参照表

输入	U_m	1	1	0	0	0	1
	U_I	1	0	0	1	0	0
输出	$U_Z(U_{1f})$	0	0	0	1	1	1
	$U_F(U_{1r})$	1	1	1	0	0	0

五、实验报告

（1）画出各控制单元的调试连线图。

（2）简述各控制单元的调试要点。

实验三　单闭环不可逆直流调速系统实验

一、实验目的

1. 了解单闭环直流调速系统的原理、组成及各主要单元部件的原理。
2. 掌握晶闸管直流调速系统的一般调试过程。
3. 认识闭环反馈控制系统的基本特性。

二、实验所需挂件及附件

实验所需挂件及附件见表 13-4。

表 13-4　实验所需挂件及附件（三）

序号	型　号	备　注
1	DJK01 电源控制屏	该控制屏包含"三相电源输出"等几个模块
2	DJK02 晶闸管主电路	
3	DJK02-1 三相晶闸管触发电路	该挂件包含"触发电路"、"正反桥功放"等几个模块
4	DJK04 电动机调速控制实验 I	该挂件包含"给定"、"调节器 I"、"调节器 II"、"转速变换"、"电流反馈与过流保护"、"电压隔离器"等几个模块
5	DJK08 可调电阻、电容箱	
6	DD03-3 电动机导轨、光码盘测速系统及数显转速表	
7	DJ13-1 直流发电机	
8	DJ15 直流并励电动机	
9	D42 三相可调电阻	
10	慢扫描示波器	自备
11	万用表	自备

三、实验线路及原理

为了提高直流调速系统的动静态性能指标,通常采用闭环控制系统(包括单闭环系统和多闭环系统)。对调速指标要求不高的场合,采用单闭环系统,而对调速指标要求较高的则采用多闭环系统。按反馈的方式不同可分为转速反馈、电流反馈、电压反馈等。在单闭环系统中,转速单闭环使用较多。

在本装置中,转速单闭环实验是将反映转速变化的电压信号作为反馈信号,经"转速变换"后接到"速度调节器"的输入端,与"给定"的电压相比较,经放大后,得到移相控制电压 U_{ct},用作控制整流桥的"触发电路",触发脉冲经功放后加到晶闸管的门极和阴极之间,以改变"三相全控整流"的输出电压,这就构成了速度负反馈闭环系统。电动机的转速随给定电压变化,电动机最高转速由速度调节器的输出限幅所决定,速度调节器采用 P(比例)调节对阶跃输入有稳态误差,要想消除上述误差,则需将调节器换成 PI(比例积分)调节。这时当"给定"恒定时,闭环系统对速度变化起到了抑制作用,当电动机负载或电源电压波动时,电动机的转速能稳定在一定的范围内变化。转速单闭环系统原理图如图 13-8 所示。

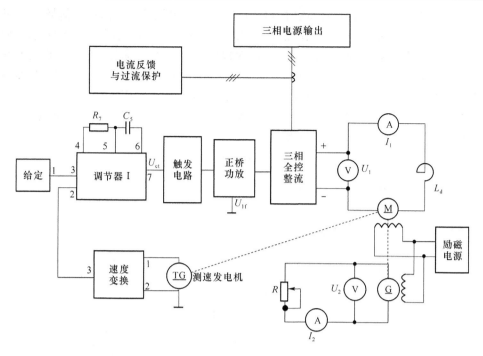

图 13-8　转速单闭环系统原理图

　　在电流单闭环中,将反映电流变化的电流互感器输出电压信号作为反馈信号加到"电流调节器"的输入端,与"给定"的电压相比较,经放大后,得到移相控制电压 U_{ct},控制整流桥的"触发电路",改变"三相全控整流"的电压输出,从而构成了电流负反馈闭环系统。电动机的最高转速也由电流调节器的输出限幅所决定。同样,电流调节器若采用 P(比例)调节,对阶跃输入有稳态误差,要消除该误差将调节器换成 PI(比例积分)调节。当"给定"恒定时,闭环系统对电枢电流变化起到了抑制作用,当电动机负载或电源电压波动时,电动机的电枢电流能稳定在一定的范围内变化。电流单闭环系统原理图如图 13-9 所示。

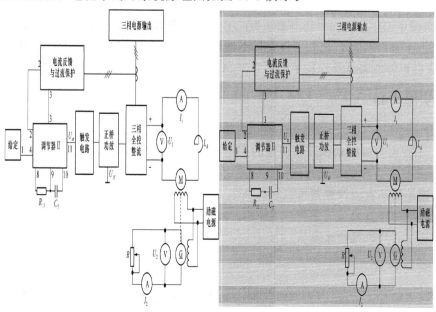

图 13-9　电流单闭环系统原理图

　　在电压单闭环中,将反映电压变化的电压隔离器输出电压信号作为反馈信号加到"电压调节器"的输入端,与"给定"的电压相比较,经放大后,得到移相控制电压 U_{ct},控制整流桥的"触发电路",改变"三相全控整流"的电压输出,从而构成了电压负反馈闭环系统。电动机的最高转速也由电压调节器的输出限幅所决定。同样,调节器若采用 P(比例)调节,对阶跃输入有稳态误差,要消除该误差将调节器换成 PI(比例积分)调节。当"给定"恒定时,闭环系统对电枢电压变化起到了抑制作用,当电动机负载或电源电压波动时,电动机的电枢电压能稳定在一定的范围内变化。电压单闭环系统原理图如图 13-10 所示。

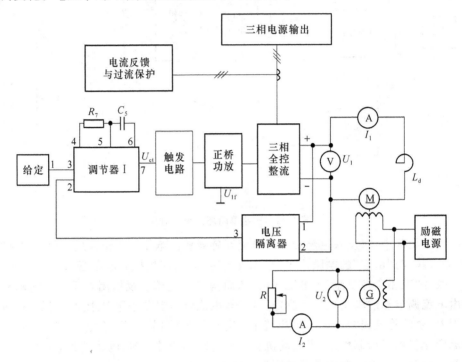

图 13-10　电压单闭环系统原理图

　　在本实验中 DJK04 上的"调节器 Ⅰ"作为"速度调节器"和"电压调节器"使用,"调节器 Ⅱ"作为"电流调节器"使用;若使用 DD03-4 不锈钢电机导轨、涡流测功机及光码盘测速系统和 D55-4 智能电机特性测试及控制系统两者来完成电机加载,请详见附录相关内容。

四、实验内容

1. DJK04 的基本单元的调试。
2. U_{ct} 不变时直流电动机开环特性的测定。
3. U_d 不变时直流电动机开环特性的测定。
4. 转速单闭环直流调速系统。
5. 电流单闭环直流调速系统。
6. 电压单闭环直流调速系统。

五、预习要求

　　1. 复习自动控制系统(直流调速系统)教材中有关晶闸管直流调速系统、闭环反馈控制系统的内容。

2. 掌握调节器的基本工作原理。

3. 根据实验原理图,能画出实验系统的详细接线图,并理解各控制单元在调速系统中的作用。

4. 实验时,如何能使电动机的负载从空载(接近空载)连续地调至额定负载?

六、实验方法

1. DJK02 和 DJK02-1 上的"触发电路"调试

(1) 打开 DJK01 总电源开关,操作"电源控制屏"上的"三相电网电压指示"开关,观察输入的三相电网电压是否平衡。

(2) 将 DJK01"电源控制屏"上"调速电源选择开关"拨至"直流调速"侧。

(3) 用 10 芯的扁平电缆将 DJK02 的"三相同步信号输出"端和 DJK02-1"三相同步信号输入"端相连,打开 DJK02-1 电源开关,拨动"触发脉冲指示"开关,使"窄"的发光管亮。

(4) 观察 A、B、C 三相的锯齿波,并调节 A、B、C 三相锯齿波斜率调节电位器(在各观测孔左侧),使三相锯齿波斜率尽可能一致。

(5) 将 DJK04 上的"给定"输出 U_g 直接与 DJK02-1 上的移相控制电压 U_{ct} 相接,将给定开关 S_2 拨到接地位置(即 $U_{ct}=0$),调节 DJK02-1 上的偏移电压电位器,用双踪示波器观察 A 相同步电压信号和"双脉冲观察孔" VT_1 的输出波形,使 $\alpha=120°$(注意此处的 α 表示三相晶闸管电路中的移相角,它的 0° 是从自然换流点开始计算,而单相晶闸管电路的 0°移相角表示从同步信号过零点开始计算,两者存在相位差,前者比后者滞后 30°)。

(6) 适当增加给定 U_g 的正电压输出,观测 DJK02-1 上"脉冲观察孔"的波形,此时应观测到单窄脉冲和双窄脉冲。

(7) 用 8 芯的扁平电缆将 DJK02-1 面板上"触发脉冲输出"和"触发脉冲输入"相连,使得触发脉冲加到正反桥功放的输入端。

(8) 将 DJK02-1 面板上的 U_{1f} 端接地,用 20 芯的扁平电缆将 DJK02-1 的"正桥触发脉冲输出"端和 DJK02"正桥触发脉冲输入"端相连,并将 DJK02"正桥触发脉冲"的 6 个开关拨至"通",观察正桥 $VT_1 \sim VT_6$ 晶闸管门极和阴极之间的触发脉冲是否正常。

2. U_{ct} 不变时的直流电机开环外特性的测定

(1) 按图 13-1 的接线图接线,DJK02-1 上的移相控制电压 U_{ct} 由 DJK04 上的"给定"输出 U_g 直接接入,直流发电机接负载电阻 R,L_d 用 DJK02 上 200 mH,将给定的输出调到零。

(2) 先闭合励磁电源开关,按下 DJK01"电源控制屏"启动按钮,使主电路输出三相交流电源,然后从零开始逐渐增加"给定"电压 U_g,使电动机慢慢启动并使转速 n 达到 1 200 r/min。

(3) 改变负载电阻 R 的阻值,使电动机的电枢电流从空载直至 I_{ed}。即可测出在 U_{ct} 不变时的直流电动机开环外特性 $n=f(I_d)$,测量并记录数据于表 13-5 中。

表 13-5　数据记录表

$n/r \cdot min^{-1}$							
I_d/A							

3. U_d 不变时直流电机开环外特性的测定

(1) 控制电压 U_{ct} 由 DJK04 的"给定" U_g 直接接入,直流发电机接负载电阻 R,L_d 用 DJK02 上 200 mH,将给定的输出调到零。

（2）按下 DJK01"电源控制屏"启动按钮,然后从零开始逐渐增加给定电压 U_g,使电动机启动并达到 1 200 r/min。

（3）改变负载电阻 R,使电动机的电枢电流从空载直至 I_{ed}。用电压表监视三相全控整流输出的直流电压 U_d,在实验中始终保持 U_d 不变(通过不断的调节 DJK04 上"给定"电压 U_g 来实现),测出在 U_d 不变时直流电动机的开环外特性 $n=f(I_d)$,并记录于表 13-6 中。

表 13-6　数据记录表

$n/\text{r} \cdot \text{min}^{-1}$						
I_d/A						

4. 基本单元部件调试

（1）移相控制电压 U_{ct} 调节范围的确定

直接将 DJK04"给定"电压 U_g 接入 DJK02-1 移相控制电压 U_{ct} 的输入端,"三相全控整流"输出接电阻负载 R,用示波器观察 U_d 的波形。当给定电压 U_g 由零调大时,U_d 将随给定电压的增大而增大,当 U_g 超过某一数值时,此时 U_d 接近为输出最高电压值 $U_d{}'$,一般可确定"三相全控整流"输出允许范围的最大值为 $U_{dmax}=0.9U_d{}'$,调节 U_g 使得"三相全控整流"输出等于 U_{dmax},此时将对应的 $U_g{}'$ 的电压值记录下来,$U_{ctmax}=U_g{}'$,即 U_g 的允许调节范围为 $0\sim U_{ctmax}$。如果我们把输出限幅定为 U_{ctmax} 的话,则"三相全控整流"输出范围就被限定,不会工作到极限值状态,保证 6 个晶闸管可靠工作。记录 $U_g{}'$ 于表 13-7 中。

表 13-7　数据记录表

$U_d{}'$	
$U_{dmax}=0.9\,U_d{}'$	
$U_{ctmax}=U_g{}'$	

将给定退到零,再单击"停止"按钮,结束实验。

（2）调节器的调整

① 调节器的调零

将 DJK04 中"调节器Ⅰ"所有输入端接地,再将 DJK08 中的可调电阻 40 kΩ 接到"调节器Ⅰ"的"4"、"5"两端,用导线将"5"、"6"短接,使"调节器Ⅰ"成为 P(比例)调节器。用万用表的毫伏挡测量"调节器Ⅰ"的"7"端的输出,调节面板上的调零电位器 RP_3,使输出电压尽可能接近于零。

将 DJK04 中"调节器Ⅱ"所有输入端接地,再将 DJK08 中的可调电阻 13 kΩ 接到"调节器Ⅱ"的"8"、"9"两端,用导线将"9"、"10"短接,使"调节器Ⅱ"成为 P(比例)调节器。用万用表的毫伏挡测量调节器Ⅱ的"11"端的输出,调节面板上的调零电位器 RP_3,使输出电压尽可能接近于零。

② 正、负限幅值的调整

把"调节器Ⅰ"的"5"、"6"短接线去掉,将 DJK08 中的可调电容 0.47 μF 接入"5"、"6"两端,使调节器Ⅰ成为 PI(比例积分)调节器,将"调节器Ⅰ"的所有输入端的接地线去掉,将 DJK04 的给定输出端接到调节器Ⅰ的"3"端。当加＋5 V 的给定电压时,调整负限幅电位器 RP_2,使输出电压尽可能接近于零;当调节器输入端加－5 V 的给定电压时,调整正限幅电位器 RP_1,使调节器Ⅰ的输出正限幅为 U_{ctmax}。

把"调节器Ⅱ"的"9"、"10"短接线去掉,将 DJK08 中的可调电容 0.47 μF 接入"9"、"10"两端,使调节器成为 PI(比例积分)调节器,将"调节器Ⅱ"所有输入端的接地线去掉,将 DJK04 的给定输出端接到调节器Ⅱ的"4"端,当加+5 V 的给定电压时,调整负限幅电位器 RP_2,使输出电压尽可能接近于零。当调节器输入端加−5 V 的给定电压时,调整正限幅电位器 RP_1,使调节器Ⅱ的输出正限幅为 U_{ctmax}。

③ 电流反馈系数的整定

直接将"给定"电压 U_g 接入 DJK02-1 移相控制电压 U_{ct} 的输入端,整流桥输出接电阻负载 R,负载电阻放在最大值,输出给定调到零。

按下启动按钮,从零增加给定,使输出电压升高,当 $U_d＝220$ V 时,减小负载的阻值,调节"电流反馈与过流保护"上的电流反馈电位器 RP_1,使得负载电流 $I_d＝1.3$ A 时,"2"端 I_f 的的电流反馈电压 $U_{fi}＝6$ V,这时的电流反馈系数 $β＝U_{fi}/I_d＝4.615$ V/A。

④ 转速反馈系数的整定

直接将"给定"电压 U_g 接 DJK02-1 上的移相控制电压 U_{ct} 的输入端,"三相全控整流"电路接直流电动机负载,L_d 用 DJK02 上的 200 mH,输出给定调到零。

按下启动按钮,接通励磁电源,从零逐渐增加给定,使电动机提速到 $n＝1\,500$ r/min 时,调节"转速变换"上转速反馈电位器 RP_1,使得该转速时反馈电压 $U_{fn}＝−6$ V,这时的转速反馈系数 $α＝U_{fn}/n＝0.004$ V/(r·min^{-1})。

⑤ 电压反馈系数的整定

直接将控制屏上的励磁电压接到电压隔离器的"1、2"端,用直流电压表测量电压隔离器的输入电压 U_d,根据电压反馈系数 $γ＝6$ V/220 V＝0.027 3,调节电位器 RP_1 使电压隔离器的输出电压恰好为 $U_{fn}＝U_dγ$。

5. 转速单闭环直流调速系统

(1) 按图 13-8 接线,在本实验中,DJK04 的"给定"电压 U_g 为负给定,转速反馈为正电压,将"调节器Ⅰ"接成 P(比例)调节器或 PI(比例积分)调节器。直流发电机接负载电阻 R,L_d 用 DJK02 上 200 mH,给定输出调到零。

(2) 直流发电机先轻载,从零开始逐渐调大"给定"电压 U_g,使电动机的转速接近 $n＝1\,200$ r/min。

(3) 由小到大调节直流发电机负载 R,测出电动机的电枢电流 I_d 和电机的转速 n,直至 $I_d＝I_{ed}$,即可测出系统静态特性曲线 $n＝f(I_d)$。将结果记于表 13-8 中。

表 13-8　数据记录表

$n/\text{r·min}^{-1}$							
I_d/A							

6. 电流单闭环直流调速系统

(1) 按图 13-9 接线,在本实验中,给定 U_g 为负给定,电流反馈为正电压,将"调节器ⅠⅠ"接成比例(P)调节器或 PI(比例积分)调节器。直流发电机接负载电阻 R,L_d 用 DJK02 上 200 mH,将给定输出调到零。

(2) 直流发电机先轻载,从零开始逐渐调大"给定"电压 U_g,使电动机转速接近 $n＝1\,200$ r/min。

(3) 由小到大调节直流发电机负载 R,测定相应的 I_d 和 n,直至最大允许电流(该电流值由给定电压决定),即可测出系统静态特性曲线 $n＝f(I_d)$。将结果记录于表 13-9 中。

表 13-9　数据记录表

$n/\text{r} \cdot \text{min}^{-1}$								
I_d/A								

7. 电压单闭环直流调速系统

(1) 按图 13-10 接线,在本实验中,给定 U_g 为负给定,电压反馈为正电压,将"调节器 Ⅰ"接成比例(P)调节器或 PI(比例积分)调节器。直流发电机接负载电阻 R,L_d 用 DJK02 上 200 mH,将给定输出调到零,在"电压隔离器"输出端"3"与地之间并联 6 μF 电容(从 DJK08 获得)。

(2) 直流发电机先轻载,从零开始逐渐调大"给定"电压 U_g,使电动机转速接近 $n = 1\ 200$ r/min。

(3) 由小到大调节直流发电机负载 R,测定相应的 I_d 和 n,直至电动机 $I_\text{d} = I_\text{ed}$,即可测出系统静态特性曲线 $n = f(I_\text{d})$。将结果记于表 13-10 中。

表 13-10　数据记录表

$n/\text{r} \cdot \text{min}^{-1}$								
I_d/A								

七、实验报告

1. 根据实验数据,画出 U_ct 不变时直流电动机的开环机械特性。
2. 根据实验数据,画出 U_d 不变时直流电动机的开环机械特性。
3. 根据实验数据,画出转速单闭环直流调速系统的机械特性。
4. 根据实验数据,画出电流单闭环直流调速系统的机械特性。
5. 根据实验数据,画出电压单闭环直流调速系统的机械特性。
6. 比较以上各种机械特性,并做出解释。

八、思考题

1. P 调节器和 PI 调节器在直流调速系统中的作用有什么不同?
2. 实验中,如何确定转速反馈的极性并把转速反馈正确地接入系统中？调节什么元件能改变转速反馈的强度?
3. 改变"调节器 Ⅰ"和"调节器 Ⅱ"上可变电阻、电容的参数,对系统有什么影响?

九、注意事项

1. 双踪示波器有两个探头,可同时观测两路信号,但这两探头的地线都与示波器的外壳相连,所以两个探头的地线不能同时接在同一电路的不同电位的两个点上,否则这两点会通过示波器外壳发生电气短路。为此,为了保证测量的顺利进行,可将其中一根探头的地线取下或外包绝缘,只使用其中一路的地线,这样从根本上解决了这个问题。当需要同时观察两个信号时,必须在被测电路上找到这两个信号的公共点,将探头的地线接于此处,探头各接至被测信号,只有这样才能在示波器上同时观察到两个信号,而不发生意外。

2. 电动机启动前,应先加上电动机的励磁,才能使电动机启动。在启动前必须将移相控制电压调到零,使整流输出电压为零,这时才可以逐渐加大给定电压,不能在开环或速度闭环时突加给定,否则会引起过大的启动电流,使过流保护动作,告警,跳闸。

3. 通电实验时,可先用电阻作为整流桥的负载,待确定电路能正常工作后,再换成电动机作为负载。

4. 在连接反馈信号时,给定信号的极性必须与反馈信号的极性相反,确保为负反馈,否则会造成失控。

5. 在完成电压单闭环直流调速系统实验时,由于晶闸管整流输出的波形不仅有直流成分,同时还包含有大量的交流信号,所以在电压隔离器输出端必须要接电容进行滤波,否则系统必定会发生震荡。

6. 直流电动机的电枢电流不要超过额定值使用,转速也不要超过 1.2 倍的额定值。以免影响电机的使用寿命,或发生意外。

7. DJK04 与 DJK02-1 不共地,所以实验时须短接 DJK04 与 DJK02-1 的地。

实验四 双闭环不可逆直流调速系统实验

一、实验目的

1. 了解闭环不可逆直流调速系统的原理、组成及各主要单元部件的原理。
2. 掌握双闭环不可逆直流调速系统的调试步骤、方法及参数的整定。
3. 研究调节器参数对系统动态性能的影响。

二、实验所需挂件及附件

实验所需挂件及附件见表 13-11。

表 13-11 实验所需挂件及附件(四)

序号	型　　号	备　　注
1	DJK01 电源控制屏	该控制屏包含"三相电源输出"等几个模块
2	DJK02 晶闸管主电路	
3	DJK02-1 三相晶闸管触发电路	该挂件包含"触发电路"、"正反桥功放"等几个模块
4	DJK04 电机调速控制实验 I	该挂件包含"给定"、"调节器 I"、"调节器 II"、"转速变换"、"电流反馈与过流保护"等几个模块
5	DJK08 可调电阻、电容箱	
6	DD03-3 电机导轨、光码盘测速系统及数显转速表	
7	DJ13-1 直流发电机	
8	DJ15 直流并励电动机	
9	D42 三相可调电阻	
10	慢扫描示波器	自备
11	万用表	自备

三、实验线路及原理

由于加工和运行的要求,许多生产机械经常使电动机处于启动、制动、反转的过渡过程中,因此起动和制动过程的时间在很大程度上决定了生产机械的生产效率。为缩短这一部分时间,仅采用 PI 调节器的转速负反馈单闭环调速系统,其性能还不很令人满意。双闭环直流调速系统是由速度调节器和电流调节器进行综合调节,可获得良好的静态、动态性能(两个调节器均采用 PI 调节器),由于调整系统的主要参量为转速,故将转速环作为主环放在外面,电流环作为副环放在里面,这样可以抑制电网电压扰动对转速的影响。实验系统的原理框图如图 13-11 所示。

启动时,加入给定电压 U_g,"速度调节器"和"电流调节器"即以饱和限幅值输出,使电动机以限定的最大启动电流加速启动,直到电动机转速达到给定转速(即 $U_g = U_{fn}$),并在出现超调后,"速度调节器"和"电流调节器"退出饱和,最后稳定在略低于给定转速值下运行。

　　系统工作时,要先给电动机加励磁,改变给定电压 U_g 的大小即可方便地改变电动机的转速。"速度调节器"、"电流调节器"均设有限幅环节,"速度调节器"的输出作为"电流调节器"的给定,利用"速度调节器"的输出限幅可达到限制启动电流的目的。"电流调节器"的输出作为"触发电路"的控制电压 U_{ct},利用"电流调节器"的输出限幅可达到限制 α_{max} 的目的。

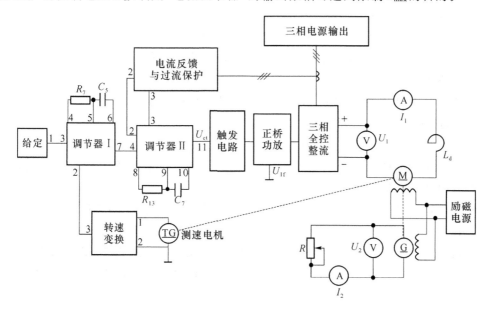

图 13-11　双闭环直流调速系统原理框图

　　在本实验中 DJK04 上的"调节器Ⅰ"作为"速度调节器"使用,"调节器Ⅱ"作为"电流调节器"使用;若使用 DD03-4 不锈钢电机导轨、涡流测功机及光码盘测速系统和 D55-4 智能电动机特性测试及控制系统两者来完成电动机加载,请详见附录相关内容。

四、实验内容

1. 各控制单元调试。
2. 测定电流反馈系数 β、转速反馈系数 α。
3. 测定开环机械特性及高、低转速时系统闭环静态特性 $n=f(I_d)$。
4. 闭环控制特性 $n=f(U_g)$ 的测定。
5. 观察、记录系统动态波形。

五、预习要求

1. 阅读电力拖动自动控制系统教材中有关双闭环直流调速系统的内容,掌握双闭环直流调速系统的工作原理。
2. 理解 PI(比例积分)调节器在双闭环直流调速系统中的作用,掌握调节器参数的选择方法。
3. 了解调节器参数、反馈系数、滤波环节参数的变化对系统动态、静态特性的影响。

六、思考题

1. 为什么双闭环直流调速系统中使用的调节器均为 PI 调节器?
2. 转速负反馈的极性如果接反会产生什么现象?

3. 双闭环直流调速系统中哪些参数的变化会引起电动机转速的改变？哪些参数的变化会引起电动机最大电流的变化？

七、实验方法

1. 双闭环调速系统调试原则

(1) 先单元、后系统，即先将单元的参数调好，然后才能组成系统。

(2) 先开环、后闭环，即先使系统运行在开环状态，然后再确定电流和转速均为负反馈后，才可组成闭环系统。

(3) 先内环、后外环，即先调试电流内环，然后调试转速外环。

(4) 先调整稳态精度，后调整动态指标。

2. DJK02 和 DJK02-1 上的"触发电路"调试

(1) 打开 DJK01 总电源开关，操作"电源控制屏"上的"三相电网电压指示"开关，观察输入的三相电网电压是否平衡。

(2) 将 DJK01"电源控制屏"上"调速电源选择开关"拨至"直流调速"侧。

(3) 用 10 芯的扁平电缆将 DJK02 的"三相同步信号输出"端和 DJK02-1"三相同步信号输入"端相连，打开 DJK02-1 电源开关，拨动"触发脉冲指示"开关，使"窄"的发光管亮。

(4) 观察 A、B、C 三相的锯齿波，并调节 A、B、C 三相锯齿波斜率调节电位器（在各观测孔左侧），使三相锯齿波斜率尽可能一致。

(5) 将 DJK04 上的"给定"输出 U_g 直接与 DJK02-1 上的移相控制电压 U_{ct} 相接，将给定开关 S_2 拨到接地位置（即 $U_{ct}=0$），调节 DJK02-1 上的偏移电压电位器，用双踪示波器观察 A 相同步电压信号和"双脉冲观察孔" VT_1 的输出波形，使 $\alpha=150°$（注意此处的 α 表示三相晶闸管电路中的移相角，它的 0° 是从自然换流点开始计算，而单相晶闸管电路的 0° 移相角表示从同步信号过零点开始计算，两者存在相位差，前者比后者滞后 30°）。

(6) 适当增加给定 U_g 的正电压输出，观测 DJK02-1 上"脉冲观察孔"的波形，此时应观测到单窄脉冲和双窄脉冲。

(7) 用 8 芯的扁平电缆将 DJK02-1 面板上"触发脉冲输出"和"触发脉冲输入"相连，使得触发脉冲加到正反桥功放的输入端。

(8) 将 DJK02-1 面板上的 U_{1f} 端接地，用 20 芯的扁平电缆将 DJK02-1 的"正桥触发脉冲输出"端和 DJK02"正桥触发脉冲输入"端相连，并将 DJK02"正桥触发脉冲"的 6 个开关拨至"通"，观察正桥 $VT_1 \sim VT_6$ 晶闸管门极和阴极之间的触发脉冲是否正常。

3. 控制单元调试

(1) 移相控制电压 U_{ct} 调节范围的确定。

直接将 DJK04"给定"电压 U_g 接入 DJK02-1 移相控制电压 U_{ct} 的输入端，"三相全控整流"输出接电阻负载 R，用示波器观察 U_d 的波形。当给定电压 U_g 由零调大时，U_d 将随给定电压的增大而增大，当 U_g 超过某一数值时，此时 U_d 接近为输出最高电压值 U_d'，一般可确定"三相全控整流"输出允许范围的最大值为 $U_{dmax}=0.9\,U_d'$，调节 U_g 使得"三相全控整流"输出等于 U_{dmax}，此时将对应的 U_g' 的电压值记录下来，$U_{ctmax}=U_g'$，即 U_g 的允许调节范围为 $0\sim U_{ctmax}$。如果把输出限幅定为 U_{ctmax} 的话，则"三相全控整流"输出范围就被限定，不会工作到极限值状态，保证 6 个晶闸管可靠工作，记录 U_g' 于表 13-12 中。

表 13-12　数据记录表

$U_{\mathrm{d}}{}'$	
$U_{\mathrm{dmax}}=0.9\ U_{\mathrm{d}}{}'$	
$U_{\mathrm{ctmax}}=U_{\mathrm{g}}{}'$	

将给定退到零,再单击"停止"按钮,结束步骤。

（2）调节器的调零。

将 DJK04 中"调节器Ⅰ"所有输入端接地,再将 DJK08 中的可调电阻 120 kΩ 接到"调节器Ⅰ"的"4"、"5"两端,用导线将"5"、"6"短接,使"调节器Ⅰ"成为 P（比例）调节器。用万用表的毫伏挡测量调节器Ⅰ的"7"端的输出,调节面板上的调零电位器 RP_3,使电压尽可能接近于零。

将 DJK04 中"调节器Ⅱ"所有输入端接地,再将 DJK08 中的可调电阻 13 kΩ 接到"调节器Ⅱ"的"8"、"9"两端,用导线将"9"、"10"短接,使"调节器Ⅱ"成为 P（比例）调节器。用万用表的毫伏挡测量调节器Ⅱ的"11"端,调节面板上的调零电位器 RP_3,使输出电压尽可能接近于零。

（3）调节器正、负限幅值的调整。

把"调节器Ⅰ"的"5"、"6"短接线去掉,将 DJK08 中的可调电容 0.47 μF 接入"5"、"6"两端,使调节器成为 PI（比例积分）调节器,将"调节器Ⅰ"所有输入端的接地线去掉,将 DJK04 的给定输出端接到调节器Ⅰ的"3"端,当加＋5 V 的给定电压时,调整负限幅电位器 RP_2,使输出电压为－6 V,当调节器输入端加－5 V 的给定电压时,调整正限幅电位器 RP_1,使输出电压尽可能接近于零。

把"调节器Ⅱ"的"9"、"10"短接线去掉,将 DJK08 中的可调电容 0.47 μF 接入"9"、"10"两端,使调节器成为 PI（比例积分）调节器,将"调节器Ⅱ"的所有输入端的接地线去掉,将 DJK04 的给定输出端接到调节器Ⅱ的"4"端。当加＋5 V 的给定电压时,调整负限幅电位器 RP_2,使输出电压尽可能接近于零；当调节器输入端加－5 V 的给定电压时,调整正限幅电位器 RP_1,使调节器Ⅰ的输出正限幅为 U_{ctmax}。

（4）电流反馈系数的整定。

直接将"给定"电压 U_{g} 接入 DJK02-1 移相控制电压 U_{ct} 的输入端,整流桥输出接电阻负载 R,负载电阻放在最大值,输出给定调到零。

按下启动按钮,从零增加给定,使输出电压升高,当 $U_{\mathrm{d}}=220$ V 时,减小负载的阻值,调节"电流反馈与过流保护"上的电流反馈电位器 RP_1,使得负载电流 $I_{\mathrm{d}}=1.3$ A 时,"2"端 I_{f} 的电流反馈电压 $U_{\mathrm{fi}}=6$ V,这时的电流反馈系数 $\beta=U_{\mathrm{fi}}/I_{\mathrm{d}}=4.615$ V/A。

（5）转速反馈系数的整定。

直接将"给定"电压 U_{g} 接 DJK02-1 上的移相控制电压 U_{ct} 的输入端,"三相全控整流"电路接直流电动机负载,L_{d} 用 DJK02 上的 200 mH,输出给定调到零。

按下启动按钮,接通励磁电源,从零逐渐增加给定,使电机提速到 $n=1\ 500$ r/min 时,调节"转速变换"上转速反馈电位器 RP_1,使得该转速时反馈电压 $U_{\mathrm{fn}}=-6$ V,这时的转速反馈系数 $\alpha=U_{\mathrm{fn}}/n=0.004$ V/(r·min^{-1})。

4. 开环外特性的测定

（1）DJK02-1 控制电压 U_{ct} 由 DJK04 上的给定输出 U_{g} 直接接入,"三相全控整流"电路接电动机,L_{d} 用 DJK02 上的 200 mH,直流发电机接负载电阻 R,负载电阻放在最大值,输出给定调到零。

(2) 按下启动按钮,先接通励磁电源,然后从零开始逐渐增加"给定"电压 U_g,使电机启动升速,转速到达 1 200 r/min。

(3) 增大负载(即减小负载电阻 R),使得电动机电流 $I_d = I_{ed}$,可测出该系统的开环外特性 $n = f(I_d)$,记录于表 13-13 中。

表 13-13　数据记录表

$n/r \cdot min^{-1}$						
I_d/A						

将给定退到零,断开励磁电源,按下停止按钮,结束实验。

5. 系统静特性测试

(1) 按图 13-11 接线,DJK04 的给定电压 U_g 输出为正给定,转速反馈电压为负电压,直流发电机接负载电阻 R,L_d 用 DJK02 上的 200 mH,负载电阻放在最大值,给定的输出调到零。将"调节器 I"、"调节器 II"都接成 P(比例)调节器后,接入系统,形成双闭环不可逆系统,按下启动按钮,接通励磁电源,增加给定,观察系统能否正常运行,确认整个系统的接线正确无误后,将"调节器 I","调节器 II"均恢复成 PI(比例积分)调节器,构成实验系统。

(2) 机械特性 $n = f(I_d)$ 的测定。

① 发电机先空载,从零开始逐渐调大给定电压 U_g,使电动机转速接近 $n = 1 200$ r/min,然后接入发电机负载电阻 R,逐渐改变负载电阻,直至 $I_d = I_{ed}$,即可测出系统静态特性曲线 $n = f(I_d)$,并记录于表 13-14 中。

表 13-14　数据记录表

$n/r \cdot min^{-1}$						
I_d/A						

② 降低 U_g,再测试 $n = 800$ r/min 时的静态特性曲线,并记录于表 13-15 中。

表 13-15　数据记录表

$n/r \cdot min^{-1}$						
I_d/A						

③ 闭环控制系统 $n = f(U_g)$ 的测定

调节 U_g 及 R,使 $I_d = I_{ed}$、$n = 1 200$ r/min,逐渐降低 U_g,在表 13-16 中记录 U_g 和 n,即可测出闭环控制特性 $n = f(U_g)$。

表 13-16　数据记录表

$n/r \cdot min^{-1}$						
U_g/V						

6. 系统动态特性的观察

用慢扫描示波器观察动态波形。在不同的系统参数下("调节器 I"的增益和积分电容、"调节器 II"的增益和积分电容、"转速变换"的滤波电容),用示波器观察、记录下列动态波形。

（1）突加给定 U_g，电动机启动时的电枢电流 I_d（"电流反馈与过流保护"的"2"端）波形和转速 n（"转速变换"的"3"端）波形。

（2）突加额定负载（$20\% I_{ed} \Rightarrow 100\% I_{ed}$）时电动机电枢电流波形和转速波形。

（3）突降负载（$100\% I_{ed} \Rightarrow 20\% I_{ed}$）时电动机的电枢电流波形和转速波形。

八、实验报告

1. 根据实验数据，画出闭环控制特性曲线 $n = f(U_g)$。

2. 根据实验数据，画出两种转速时的闭环机械特性 $n = f(I_d)$。

3. 根据实验数据，画出系统开环机械特性 $n = f(I_d)$，计算静差率，并与闭环机械特性进行比较。

4. 分析系统动态波形，讨论系统参数的变化对系统动态、静态性能的影响。

实验五 逻辑无环流可逆直流调速系统实验

一、实验目的

1. 了解、熟悉逻辑无环流可逆直流调速系统的原理和组成。
2. 掌握各控制单元的原理、作用及调试方法。
3. 掌握逻辑无环流可逆直流调速系统的调试步骤和方法。
4. 了解逻辑无环流可逆直流调速系统的静态特性和动态特性。

二、实验所需挂件及附件

实验所需挂件及附件见表 13-17。

表 13-17 实验所需挂件及附件(五)

序 号	型 号	备 注
1	DJK01 电源控制屏	该控制屏包含"三相电源输出"等几个模块
2	DJK02 晶闸管主电路	
3	DJK02-1 三相晶闸管触发电路	该挂件包含"触发电路"、"正反桥功放"等几个模块
4	DJK04 电机调速控制实验 I	该挂件包含"给定"、"调节器 I"、"调节器 II"、"转速变换"、"反号器"、"电流反馈与过流保护"等几个模块
5	DJK04-1 电机调速控制实验 II	该挂件包含"转矩极性检测"、"零电平检测"和"逻辑控制"等几个模块
6	DJK08 可调电阻、电容箱	
7	DD03-3 电机导轨、光码盘测速系统及数显转速表	
8	DJ13-1 直流发电机	
9	DJ15 直流并励电动机	
10	D42 三相可调电阻	
11	慢扫描示波器	自备
12	万用表	自备

三、实验线路及原理

在此之前的晶闸管直流调速系统实验,由于晶闸管的单向导电性,用一组晶闸管对电动机供电,只适用于不可逆运行。而在某些场合中,既要求电动机能正转,同时也能反转,并要求在减速时产生制动转矩,加快制动时间。

要改变电动机的转向有以下方法,一是改变电动机电枢电流的方向,二是改变励磁电流的方向。由于电枢回路的电感量比励磁回路的要小,使得电枢回路有较小的时间常数。可满足某些设备对频繁起动、快速制动的要求。

本实验的主回路由正桥及反桥反向并联组成,通过逻辑控制来控制正桥和反桥的工作与关闭,并保证在同一时刻只有一组桥路工作,另一组桥路不工作,这样就没有环流产生。由于没有环流,主回路不需要再设置平衡电抗器,但为了限制整流电压幅值的脉动和尽量使整流电流连续,仍然保留了平波电抗器。

该控制系统主要由"速度调节器"、"电流调节器"、"反号器"、"转矩极性鉴别"、"零电平检测"、"逻辑控制"、"转速变换"等环节组成。其系统原理框图如图 13-12 所示。

正向启动时,给定电压 U_g 为正电压,"逻辑控制"的输出端 U_{1f} 为"0"态,U_{1r} 为"1"态,即正桥触发脉冲开通,反桥触发脉冲封锁,主回路"正桥三相全控整流"工作,电机正向运转。

当 U_g 反向时,整流装置进入本桥逆变状态,而 U_{1f}、U_{1r} 不变,当主回路电流减小并过零后,U_{1f}、U_{1r} 输出状态转换,U_{1f} 为"1"态,U_{1r} 为"0"态,即进入它桥制动状态,使电机降速至设定的转速后再切换成反向电动运行;当 $U_g = 0$ 时,则电机停转。

反向运行时,U_{1f} 为"1"态,U_{1r} 为"0"态,主电路"反桥三相全控整流"工作。

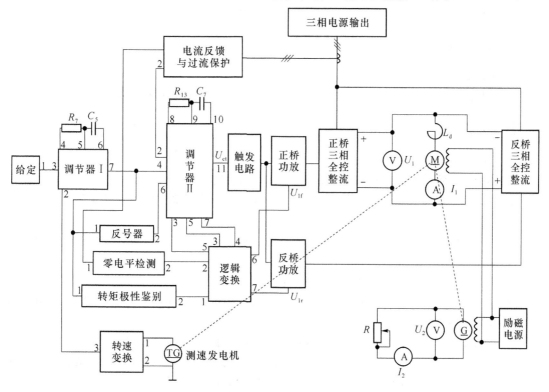

图 13-12　逻辑无环流可逆直流调速系统原理图

"逻辑控制"的输出取决于电机的运行状态,正向运转,正转制动本桥逆变及反转制动它桥逆变状态,U_{1f} 为"0"态,U_{1r} 为"1"态,保证了正桥工作,反桥封锁;反向运转,反转制动本桥逆变,正转制动它桥逆变阶段,则 U_{1f} 为"1"态,U_{1r} 为"0"态,正桥被封锁,反桥触发工作。由于"逻辑控制"的作用,在逻辑无环流可逆系统中保证了任何情况下两整流桥不会同时触发,一组触发工作时,另一组被封锁,因此系统工作过程中既无直流环流也无脉动环流。

在本实验中 DJK04 上的"调节器 I"作为"速度调节器"使用,"调节器 II"作为"电流调节器"使用;若使用 DD03-4 不锈钢电动机导轨、涡流测功机及光码盘测速系统和 D55-4 智能电机特性测试及控制系统两者来完成电动机加载,请详见附录相关内容。

四、实验内容

1. 控制单元调试。
2. 系统调试。
3. 正反转机械特性 $n=f(I_d)$ 的测定。
4. 正反转闭环控制特性 $n=f(U_g)$ 的测定。
5. 系统动态特性的观察。

五、预习要求

1. 阅读电力拖动自动控制系统教材中有关逻辑无环流可逆调速系统的内容,熟悉系统原理图和逻辑无环流可逆调速系统的工作原理。
2. 掌握逻辑控制器的工作原理及其在系统中的作用。

六、思考题

1. 逻辑无环流可逆调速系统对逻辑控制有何要求?
2. 思考逻辑无环流可逆调速系统中"推 β"环节的组成原理和作用如何?

七、实验方法

1. 逻辑无环流调速系统调试原则

(1) 先单元、后系统,即先将单元的参数调好,然后才能组成系统。

(2) 先开环、后闭环,即先使系统运行在开环状态,然后再确定电流和转速均为负反馈后才可组成闭环系统。

(3) 先双闭环、后逻辑无环流,即先使正反桥的双闭环正常工作,然后再组成逻辑无环流。

(4) 先调整稳态精度,后调动态指标。

2. DJK02 和 DJK02-1 上的"触发电路"调试

(1) 打开 DJK01 总电源开关,操作"电源控制屏"上的"三相电网电压指示"开关,观察输入的三相电网电压是否平衡。

(2) 将 DJK01"电源控制屏"上"调速电源选择开关"拨至"直流调速"侧。

(3) 用 10 芯的扁平电缆将 DJK02 的"三相同步信号输出"端和 DJK02-1"三相同步信号输入"端相连,打开 DJK02-1 电源开关,拨动"触发脉冲指示"开关,使"窄"的发光管亮。

(4) 观察 A、B、C 三相的锯齿波,并调节 A、B、C 三相锯齿波斜率调节电位器(在各观测孔左侧),使三相锯齿波斜率尽可能一致。

(5) 将 DJK04 上的"给定"输出 U_g 直接与 DJK02-1 上的移相控制电压 U_{ct} 相接,将给定开关 S_2 拨到接地位置(即 $U_{ct}=0$),调节 DJK02-1 上的偏移电压电位器,用双踪示波器观察 A 相同步电压信号和"双脉冲观察孔" VT_1 的输出波形,使 $\alpha=150°$(注意此处的 α 表示三相晶闸管电路中的移相角,它的 0° 是从自然换流点开始计算,而单相晶闸管电路的 0° 移相角表示从同步信号过零点开始计算,两者存在相位差,前者比后者滞后 30°)。

(6) 适当增加给定 U_g 的正电压输出,观测 DJK02-1 上"脉冲观察孔"的波形,此时应观测到单窄脉冲和双窄脉冲。

(7) 用 8 芯的扁平电缆将 DJK02-1 面板上"触发脉冲输出"和"触发脉冲输入"相连,使得触发脉冲加到正反桥功放的输入端。

（8）将 DJK02-1 面板上的 U_{1f} 端接地，用 20 芯的扁平电缆，将 DJK02-1 的"正、反桥触发脉冲输出"端和 DJK02"正、反桥触发脉冲输入"端相连，分别将 DJK02 正桥和反桥触发脉冲的 6 个开关拨至"通"，观察正桥 $VT_1 \sim VT_6$ 和反桥 $VT_1' \sim VT_6'$ 的晶闸管的门极和阴极之间的触发脉冲是否正常。

3. 控制单元调试

（1）移相控制电压 U_{ct} 调节范围的确定。

直接将 DJK04"给定"电压 U_g 接入 DJK02-1 移相控制电压 U_{ct} 的输入端，"三相全控整流"输出接电阻负载 R，用示波器观察 U_d 的波形。当给定电压 U_g 由零调大时，U_d 将随给定电压的增大而增大，当 U_g 超过某一数值时，此时 U_d 接近为输出最高电压值 U_d'，一般可确定"三相全控整流"输出允许范围的最大值为 $U_{dmax} = 0.9 U_d'$，调节 U_g 使得"三相全控整流"输出等于 U_{dmax}，此时将对应的 U_g' 的电压值记录下来，$U_{ctmax} = U_g'$，即 U_g 的允许调节范围为 $0 \sim U_{ctmax}$。如果我们把输出限幅定为 U_{ctmax} 的话，则"三相全控整流"输出范围就被限定，不会工作到极限值状态，保证 6 个晶闸管可靠工作。记录 U_g' 于表 13-18 中。

表 13-18　数据记录表

U_d'	
$U_{dmax} = 0.9 U_d'$	
$U_{ctmax} = U_g'$	

将给定退到零，再单击"停止"按钮，结束步骤。

（2）调节器的调零。

将 DJK04 中"调节器 I"所有输入端接地，再将 DJK08 中的可调电阻 120 kΩ 接到"调节器 I"的"4"、"5"两端，用导线将"5"、"6"短接，使"调节器 I"成为 P（比例）调节器。用万用表的毫伏挡测量调节器 II"7"端的输出，调节面板上的调零电位器 RP_3，使输出电压尽可能接近于零。

将 DJK04 中"调节器 II"所有输入端接地，再将 DJK08 中的可调电阻 13 kΩ 接到"调节器 II"的"8"、"9"两端，用导线将"9"、"10"短接，使"调节器 II"成为 P（比例）调节器。用万用表的毫伏挡测量调节器 II 的"11"端，调节面板上的调零电位器 RP_3，使输出电压尽可能接近于零。

（3）调节器正、负限幅值的调整。

把"调节器 I"的"5"、"6"短接线去掉，将 DJK08 中的可调电容 0.47 μF 接入"5"、"6"两端，使调节器成为 PI（比例积分）调节器，将"调节器 I"的所有输入端的接地线去掉，将 DJK04 的给定输出端接到调节器 I 的"3"端，当加 +5 V 的给定电压时，调整负限幅电位器 RP_2，使输出电压为 -6 V；当调节器输入端加 -5 V 的给定电压时，调整正限幅电位器 RP_1，使输出电压为 $+6$ V。

把"调节器 II"的"9"、"10"短接线去掉，将 DJK08 中的可调电容 0.47 μF 接入"9"、"10"两端，使调节器成为 PI（比例积分）调节器，将"调节器 II"的所有输入端的接地线去掉，将 DJK04 的给定输出端接到调节器 II 的"4"端。当加 +5 V 的给定电压时，调整负限幅电位器 RP_2，使输出电压尽可能接近于零；当调节器输入端加 -5 V 的给定电压时，调整正限幅电位器 RP_1，使调节器的输出正限幅为 U_{ctmax}。

（4）"转矩极性鉴别"的调试。

"转矩极性鉴别"的输出有下列要求。

① 电动机正转，输出 U_M 为"1"态。

② 电动机反转,输出 U_M 为"0"态。

将 DJK04 中的给定输出端接至 DJK04-1 的"转矩极性鉴别"的输入端,同时在输入端接上万用表以监视输入电压的大小,示波器探头接至"转矩极性鉴别"的输出端,观察其输出高、低电平的变化。"转矩极性鉴别"的输入输出特性应满足图 13-13(a)所示要求,其中 $U_{sr1} = -0.25\ \text{V}, U_{sr2} = +0.25\ \text{V}$。

(5)"零电平检测"的调试。

其输出应有下列要求。

① 主回路电流接近零,输出 U_I 为"1"态。

② 主回路有电流,输出 U_I 为"0"态。

其调整方法与"转矩极性鉴别"的调整方法相同,输入输出特性应满足图 13-13(b)所示要求,其中 $U_{sr1} = 0.2\ \text{V}, U_{sr2} = 0.6\ \text{V}$。

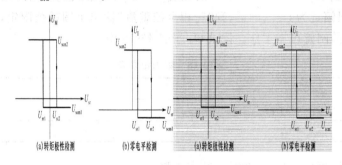

图 13-13　转矩极性和零电平检测

(6)"反号器"的调试。

① 调零(在出厂前反号器已调零,如果零漂比较大的话,用户可自行将挂件打开调零),将反号器输入端"1"接地,用万用表的毫伏挡测量"2"端,观察输出是否为零,如果不为零,则调节线路板上的电位器使之为最小值。

② 测定输入输出的比例,将反号器输入端"1"接"给定",调节"给定"输出为 5 V 电压,用万用表测量"2"端,输出是否等于 -5 V 电压,如果两者不等,则通过调节 RP_1 使输出等于负的输入。再调节"给定"电压使输出为 -5 V 电压,观测反号器输出是否为 5 V。

(7)"逻辑控制"的调试。

测试逻辑功能,列出真值表,真值表应符合表 13-19 的要求。

表 13-19　真值表

输入	U_M	1	1	0	0	0	1
	U_I	1	0	0	1	0	0
输出	$U_Z(U_{1f})$	0	0	0	1	1	1
	$U_F(U_{1r})$	1	1	1	0	0	0

调试方法如下。

① 首先将"零电平检测"、"转矩极性鉴别"调节到位,符合其特性曲线。给定接"转矩极性鉴别"的输入端,输出端接"逻辑控制"的 U_m。"零电平检测"的输出端接"逻辑控制"的 U_I,输入端接地。

② 将给定的 RP_1、RP_2 电位器顺时针转到底,将 S_2 打到运行侧。

③ 将 S_1 打到正给定侧,用万用表测量"逻辑控制"的"3"、"6"和"4"、"7"端,"3"、"6"端输

出应为高电平,"4"、"7"端输出应为低电平,此时将 DJK04 中给定部分 S_1 开关从正给定打到负给定侧,则"3"、"6"端输出从高电平跳变为低电平,"4"、"7"端输出也从低电平跳变为高电平。在跳变的过程中的"5",此时用示波器观测应出现脉冲信号。

④ 将"零电平检测"的输入端接高电平,此时将 DJK04 中给定部分 S_1 开关来回扳动,"逻辑控制"的输出应无变化。

(8) 转速反馈系数 α 和电流反馈系数 β 的整定。

直接将给定电压 U_g 接入 DJK02-1 上的移相控制电压 U_{ct} 的输入端,整流桥接电阻负载,测量负载电流和电流反馈电压,调节"电流反馈与过流保护"上的电流反馈电位器 RP_1,使得负载电流 $I_d=1.3$ A 时,"电流反馈与过流保护"的"2"端电流反馈电压 $U_{fi}=6$ V,这时的电流反馈系数 $\beta=U_{fi}/I_d=4.615$ V/A。

直接将"给定"电压 U_g 接入 DJK02-1 移相控制电压 U_{ct} 的输入端,"三相全控整流"电路接直流电动机作负载,测量直流电动机的转速和转速反馈电压值,调节"转速变换"上的转速反馈电位器 RP_1,使得 $n=1\,500$ r/min 时,转速反馈电压 $U_{fn}=-6$ V,这时的转速反馈系数 $\alpha=U_{fn}/n=0.004$ V/(r · min^{-1})。

4. 系统调试

根据图 13-12 接线,组成逻辑无环流可逆直流调速实验系统,首先将控制电路接成开环(即 DJK02-1 的移相控制电压 U_{ct} 由 DJK04 的"给定"直接提供)。要注意的是 U_{1f}、U_{1r} 不可同时接地,因为正桥和反桥首尾相连,加上给定电压时,正桥和反桥的整流电路会同时开始工作,造成两个整流电路直接发生短路,电流迅速增大,要么 DJK04 上的过流保护报警跳闸,要么烧毁保护晶闸管的熔丝,甚至还有可能会烧坏晶闸管。所以较好的方法是对正桥和反桥分别进行测试:先将 DJK02-1 的 U_{1f} 接地,U_{1r} 悬空,慢慢增加 DJK04 的"给定"值,使电机开始提速,观测"三相全控整流"的输出电压是否能达到 250 V 左右(注意:这段时间一定要短,以防止电机转速过高导致电刷损坏);正桥测试好后将 DJK02-1 的 U_{1r} 接地,U_{1f} 悬空,同样慢慢增加 DJK04 的给定电压值,使电机开始提速,观测整流桥的输出电压是否能达到 250V 左右。

开环测试好后,开始测试双闭环,U_{1f} 和 U_{1r} 同样不可同时接地。DJK02-1 的移相控制电压 U_{ct} 由 DJK04"调节器 Ⅱ"的"11"端提供,先将 DJK02-1 的 U_{1f} 接地,U_{1r} 悬空,慢慢增加 DJK04 的给定电压值,观测电动机是否受控制(速度随给定的电压变化而变化)。正桥测试好,将 DJK02-1 的 U_{1r} 接地,U_{1f} 悬空,观测电动机是否受控制(注意:转速反馈的极性必须互换一下,否则造成速度正反馈,电机会失控)。开环和闭环中正、反两桥都测试好后,就可以开始逻辑无环流的实验。

5. 机械特性 $n=f(I_d)$ 的测定

当系统正常运行后,改变给定电压,测出并记录当 n 分别为 1 200 r/min、800 r/min 时的正、反转机械特性 $n=f(I_d)$,方法与双闭环实验相同。实验时,将发电机的负载 R 逐渐增加(减小电阻 R 的阻值),使电动机负载从轻载增加到直流并励电动机的额定负载 $I_d=1.1$ A。记录实验数据于表 13-20 和表 13-21 中。

表 13-20　正转实验数据记录表

n/r · min^{-1}	1 200						
I_d/A							
n/r · min^{-1}	800						
I_d/A							

表 13-21　反转实验数据记录表

$N/\mathrm{r} \cdot \mathrm{min}^{-1}$	1 200					
$I_{\mathrm{d}}/\mathrm{A}$						
$n/\mathrm{r} \cdot \mathrm{min}^{-1}$	800					
$I_{\mathrm{d}}/\mathrm{A}$						

6. 闭环控制特性 $n = f(U_{\mathrm{g}})$ 的测定

从正转开始逐步增加正给定电压,记录实验数据于表 13-22 中。

表 13-22　实验数据记录表

$n/\mathrm{r} \cdot \mathrm{min}^{-1}$						
$U_{\mathrm{g}}/\mathrm{V}$						

从反转开始逐步增加负给定电压,记录实验数据于表 13-23 中。

表 13-23　实验数据记录表

$n/\mathrm{r} \cdot \mathrm{min}^{-1}$						
$U_{\mathrm{g}}/\mathrm{V}$						

7. 系统动态波形的观察

用双踪慢扫描示波器观察电动机电枢电流 I_{d} 和转速 n 的动态波形,两个探头分别接至"电流反馈与过流保护"的"2"端和"转速变换"的"3"端。

(1) 给定值阶跃变化(正向启动→正向停车→反向启动→反向切换到正向→正向切换到反向→反向停车)时的 I_{d}、n 的动态波形。

(2) 改变调节器 I 和调节器 II 的参数,观察动态波形的变化。

八、实验报告

1. 根据实验结果,画出正、反转闭环控制特性曲线 $n = f(U_{\mathrm{g}})$。

2. 根据实验结果,画出两种转速时的正、反转闭环机械特性 $n = f(I_{\mathrm{d}})$,并计算静差率。

3. 分析调节器 I、调节器 II 参数变化对系统动态过程的影响。

4. 分析电机从正转切换到反转过程中电机经历的工作状态以及系统能量转换情况。

九、注意事项

1. 参见本章实验三的注意事项。

2. 在记录动态波形时,可先用双踪慢扫描示波器观察波形,以便找出系统动态特性较为理想的调节器参数,再用数字储存式示波器记录动态波形。

3. 实验时,应保证"逻辑控制"工作逻辑正确后才能使系统正反向切换运行。

4. DJK04、DJK04-1 与 DJK02-1 不共地,所以实验时须短接 DJK04、DJK04-1 与 DJK02-1 的地。

实验六　双闭环三相异步电机调压调速系统实验

一、实验目的

1. 了解并熟悉双闭环三相异步电机调压调速系统的原理及组成。

2. 了解转子串电阻的绕线式异步电机在调节定子电压调速时的机械特性。

3. 通过测定系统的静态特性和动态特性,进一步理解交流调压系统中电流环和转速环的作用。

二、实验所需挂件及附件

实验所需挂件及附见表 13-24。

表 13-24　实验所需挂件及附件(六)

序号	型　号	备　注
1	DJK01 电源控制屏	该控制屏包含"三相电源输出"等几个模块
2	DJK02 晶闸管主电路	
3	DJK02-1 三相晶闸管触发电路	该挂件包含"触发电路"、"正反桥功放"等几个模块
4	DJK04 电机调速控制实验Ⅰ	该挂件包含"给定"、"调节器Ⅰ"、"调节器Ⅱ"、"转速变换"、"电流反馈与过流保护"等几个模块
5	DJK08 可调电阻、电容箱	
6	DD03-3 电机导轨、光码盘测速系统及数显转速表	
7	DJ13-1 直流发电机	
8	DJ17 三相线绕式异步电动机	
9	DJ17-2 线绕式异步电机转子专用箱	
10	D42　三相可调电阻	
11	慢扫描示波器	自备
12	万用表	自备

三、实验线路及原理

异步电动机采用调压调速时,由于同步转速不变和机械特性较硬,因此对普通异步电动机来说其调速范围很有限,无实用价值,而对力矩电机或线绕式异步电动机在转子中串入适当电阻后使机械特性变软其调速范围有所扩大,但在负载或电网电压波动情况下,其转速波动较大,因此常采用双闭环调速系统。

双闭环三相异步电机调压调速系统的主电路由三相晶闸管交流调压器及三相绕线式异步电动机组成。控制部分由"速度调节器"、"电流调节器"、"转速变换"、"触发电路"、"正桥功放"等组成。其系统原理框图如图 13-14 所示。

整个调速系统采用了速度、电流两个反馈控制环。这里的速度环作用基本上与直流调速系统相同,而电流环的作用则有所不同。系统在稳定运行时,电流环对抗电网扰动仍有较大的作用,但在启动过程中电流环仅起限制最大电流的作用,不会出现最佳启动的恒流特性,也不可能是恒转矩启动。

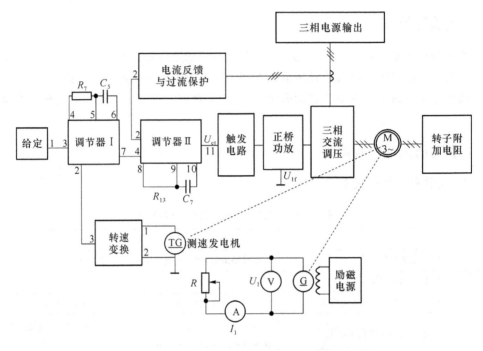

图 13-14　双闭环三相异步电机调压调速系统原理图

异步电动机调压调速系统结构简单,采用双闭环系统时静差率较小,且比较容易实现正转、反转、反接和能耗制动。但在恒转矩负载下不能长时间低速运行,因低速运行时转差功率 $P_s = SP_M$ 全部消耗在转子电阻中,使转子过热。

在本实验中 DJK04 上的"调节器Ⅰ"作为"速度调节器"使用,"调节器Ⅱ"作为"电流调节器"使用;若使用 DD03-4 不锈钢电机导轨、涡流测功机及光码盘测速系统和 D55-4 智能电机特性测试及控制系统两者来完成电机加载,请详见附录相关内容。

四、实验内容

1. 测定三相绕线式异步电动机转子串电阻时的机械特性。
2. 测定双闭环交流调压调速系统的静态特性。
3. 测定双闭环交流调压调速系统的动态特性。

五、预习要求

1. 复习电力电子技术、交流调速系统教材中有关三相晶闸管调压电路和异步电机晶闸管调压调速系统的内容,掌握调压调速系统的工作原理。
2. 学习有关三相晶闸管触发电路的内容,了解三相交流调压电路对触发电路的要求。

六、思考题

1. 在本实验中,三相绕线式异步电机转子回路串接电阻的目的是什么? 不串电阻能否正常运行?

2. 为什么交流调压调速系统不宜用于长期处于低速运行的生产机械和大功率设备上?

七、实验方法

1. DJK02 和 DJK02-1 上的"触发电路"调试

(1) 打开 DJK01 总电源开关,操作"电源控制屏"上的"三相电网电压指示"开关,观察输入的三相电网电压是否平衡。

(2) 将 DJK01"电源控制屏"上"调速电源选择开关"拨至"交流调速"侧。

(3) 用 10 芯的扁平电缆将 DJK02 的"三相同步信号输出"端和 DJK02-1"三相同步信号输入"端相连,打开 DJK02-1 电源开关,拨动 "触发脉冲指示"开关,使"窄"的发光管亮。

(4) 观察 A、B、C 三相的锯齿波,并调节 A、B、C 三相锯齿波斜率调节电位器(在各观测孔左侧),使三相锯齿波斜率尽可能一致。

(5) 将 DJK04 上的"给定"输出 U_g 直接与 DJK02-1 上的移相控制电压 U_{ct} 相接,将给定开关 S_2 拨到接地位置(即 $U_{ct}=0$),调节 DJK02-1 上的偏移电压电位器,用双踪示波器观察 A 相同步电压信号和"双脉冲观察孔" VT_1 的输出波形,使 $\alpha=180°$。

(6) 适当增加给定 U_g 的正电压输出,观测 DJK02-1 上"脉冲观察孔"的波形,此时应观测到单窄脉冲和双窄脉冲。

(7) 用 8 芯的扁平电缆,将 DJK02-1 面板上"触发脉冲输出"和"触发脉冲输入"相连,使得触发脉冲加到正、反桥功放的输入端。

(8) 将 DJK02-1 面板上的 U_{lf} 端接地,用 20 芯的扁平电缆将 DJK02-1 的"正桥触发脉冲输出"端和 DJK02"正桥触发脉冲输入"端相连,并将 DJK02"正桥触发脉冲"的 6 个开关拨至"通",观察正桥 $VT_1 \sim VT_6$ 晶闸管门极和阴极之间的触发脉冲是否正常。

2. 控制单元调试

(1) 调节器的调零。

将 DJK04 中"调节器 I"所有输入端接地,再将 DJK08 中的可调电阻 120 kΩ 接到"调节器 I"的"4"、"5"两端,用导线将"5"、"6"短接,使"调节器 I"成为 P(比例)调节器。调节面板上的调零电位器 RP_3,用万用表的毫伏挡测量调节器"7"端的输出,使输出电压尽可能接近于零。

将 DJK04 中"调节器 II"所有输入端接地,再将 DJK08 中的可调电阻 13 kΩ 接到"调节器 II"的"8"、"9"两端,用导线将"9"、"10"短接,使"调节器 II"成为 P(比例)调节器。调节面板上的调零电位器 RP_3,用万用表的毫伏挡测量调节器 II 的"11"端,使输出电压尽可能接近于零。

(2) 调节器正、负限幅值的调整。

直接将 DJK04 的给定电压 U_g 接入 DJK02-1 移相控制电压 U_{ct} 的输入端,三相交流调压输出的任意两路接一电阻负载(D42 三相可调电阻),放在阻值最大位置,用示波器观察输出的电压波形。当给定电压 U_g 由零调大时,输出电压 U 随给定电压的增大而增大,当 U_g 超过某一数值 U_g' 时,U 的波形接近正弦波时,一般可确定移相控制电压的最大允许值 $U_{ctmax}=U_g'$,即 U_g 的允许调节范围为 $0 \sim U_{ctmax}$。记录 U_g' 于下表 13-25 中。

表 13-25　数据记录表

$U_g{}'$	
$U_{ctmax}=U_g{}'$	

把"调节器Ⅰ"的"5"、"6"短接线去掉,将 DJK08 中的可调电容 0.47 μF 接入"5"、"6"两端,使调节器成为 PI(比例积分)调节器,将调节器Ⅰ的输入端接地线去掉,将 DJK04 的给定输出端接到转速调节器的"3"端,当加一定的正给定时,调整负限幅电位器 RP_2,使输出电压为 -6 V;当调节器输入端加负给定时,调整正限幅电位器 RP_1,使输出电压尽可能接近于零。

把"调节器Ⅱ"的"9"、"10"短接线去掉,将 DJK08 中的可调电容 0.47 μF 接入"9"、"10"两端,使调节器成为 PI(比例积分)调节器,将调节器Ⅱ的输入端接地线去掉,将 DJK04 的给定输出端接到调节器Ⅱ的"4"端,当加正给定时,调整负限幅电位器 RP_2,使输出电压尽可能接近于零;当调节器输入端加负给定时,调整正限幅电位器 RP_1,使输出正限幅为 U_{ctmax}。

(3)电流反馈的整定。

直接将 DJK04 的给定电压 U_g 接入 DJK02-1 移相控制电压 U_{ct} 的输入端,三相交流调压输出接三相线绕式异步电动机,测量三相线绕式异步电动机单相的电流值和电流反馈电压,调节"电流反馈与过流保护"上的电流反馈电位器 RP_1,使电流 $I_e=1A$ 时的电流反馈电压为 $U_{fi}=6$ V。

(4)转速反馈的整定。

直接将 DJK04 的给定电压 U_g 接入 DJK02-1 移相控制电压 U_{ct} 的输入端,输出接三相线绕式异步电动机,测量电动机的转速值和转速反馈电压值,调节"转速变换"电位器 RP_1,使 $n=1\ 300$ r/min 时的转速反馈电压为 $U_{fn}=-6$ V。

3. 机械特性 $n=f(T)$ 测定

(1)将 DJK04 的"给定"电压输出直接接至 DJK02-1 上的移相控制电压 U_{ct},电机转子回路接 DJ17-2 转子电阻专用箱,直流发电机接负载电阻 R(D42 三相可调电阻,将两个 900 Ω 接成串联形式),并将给定的输出调到零。

(2)直流发电机先轻载,调节转速给定电压 U_g 使电动机的端电压 $=U_e$。

转矩可按式计算:

$$T=9.55(I_G U_G+I_G^2 R_a+P_o)/n$$

式中,T 为三相线绕式异步电机电磁转矩,I_G 为直流发电机电流,U_G 为直流发电机电压,R_a 为直流发电机电枢电阻,P_o 为机组空载损耗。

(3)调节 U_g,降低电动机端电压,在 $2/3U_e$ 时重复上述实验,以取得一组机械特性。

输出电压为 U_e 时的实验数据见表 13-26。

表 13-26　实验数据记录表

$n/\text{r} \cdot \text{min}^{-1}$							
$U_2=U_G/\text{V}$							
$I_2=I_G/\text{A}$							
$T/\text{N} \cdot \text{m}$							

输出电压为 $2/3U_e$ 时的实验数据见表 13-27。

表 13-27　实验数据记录表

$n/r \cdot \min^{-1}$							
$U_2 = U_G/V$							
$I_2 = I_G/A$							
$T/N \cdot m$							

4. 系统调试

(1) 确定"调节器 I"和"调节器 II"的限幅值和电流、转速反馈的极性。

(2) 将系统接成双闭环调压调速系统,电动机转子回路仍每相串 3 Ω 左右的电阻,逐渐增大给定 U_g,观察电动机运行是否正常。

(3) 调节"调节器 I"和"调节器 II"的外接电阻和电容值(改变放大倍数和积分时间),用双踪慢扫描示波器观察突加给定时的系统动态波形,确定较佳的调节器参数。

5. 系统闭环特性的测定

(1) 调节 U_g 使转速至 $n = 1\,200$ r/min,从轻载按一定间隔调到额定负载,测出闭环静态特性 $n = f(T)$,将数据记录于表 13-28 中。

表 13-28　数据记录表

$n/r \cdot \min^{-1}$	1 200						
$U_2 = U_G/V$							
$I_2 = I_G/A$							
$T/N \cdot m$							

(2) 测出 $n = 800$ r/min 时的系统闭环静态特性 $n = f(T)$,将结果记录于表 13-29 中。

表 13-29　数据记录表

$n/r \cdot \min^{-1}$	800						
$U_2 = U_G/V$							
$I_2 = I_G/A$							
$T/N \cdot m$							

6. 系统动态特性的观察

用慢扫描示波器观察:(1) 突加给定起动电动机时的转速 n("转速变换"的"3"端)、电流 I("电流反馈与过流保护"的"2"端)及"调节器 I""7"端输出的动态波形。(2) 电动机稳定运行,突加、突减负载时的 n、I 的动态波形。

八、实验报告

1. 根据实验数据,画出开环时电动机的机械特性 $n = f(T)$。

2. 根据实验数据画出闭环系统静态特性 $n = f(T)$,并与开环特性进行比较。

3. 根据记录下的动态波形分析系统的动态过程。

九、注意事项

1. 在做低速实验时,实验时间不宜过长,以免电阻器过热引起串接电阻数值的变化。

2. 转子每相串接电阻为 3 Ω 左右,可根据需要进行调节,以便系统有较好的性能。

3. 计算转矩 T 时用到的机组空载损耗 P_0 为 5 W 左右。

实验七　双闭环三相异步电动机串级调速系统实验

一、实验目的

1. 熟悉双闭环三相异步电动机串级调速系统的组成及工作原理。
2. 掌握串级调速系统的调试步骤及方法。
3. 了解串级调速系统的静态与动态特性。

二、实验所需挂件及附件

实验所需挂件及附件见表 13-30。

表 13-30　实验所需挂件及附件(七)

序号	型　号	备　注
1	DJK01 电源控制屏	该控制屏包含"三相电源输出"等几个模块
2	DJK02 晶闸管主电路	
3	DJK02-1 三相晶闸管触发电路	该挂件包含"触发电路"、"正反桥功放"等几个模块
4	DJK04 电动机调速控制实验Ⅰ	该挂件包含"给定"、"调节器Ⅰ"、"调节器Ⅱ"、"转速变换"、"电流反馈与过流保护"等几个模块
5	DJK08 可调电阻、电容箱	
6	DJK10 变压器实验	该挂件包含"三相不控整流"和"心式变压器"等模块
7	DD03-3 电动机导轨、光码盘测速系统及数显转速表	
8	DJ13-1 直流发电机	
9	DJ17 三相线绕式异步电动机	
10	D42 三相可调电阻	
11	慢扫描示波器	自备
12	万用表	自备

三、实验线路及原理

异步电动机串级调速系统是较为理想的节能调速系统,采用电阻调速时转子损耗为 $P_s = SP_M$,这说明了随着 S 的增大效率 η 降低,如果能把转差功率 P_s 的一部分回馈电网就可提高电机调速时效率,串级调速系统采用了在转子回路中附加电势的方法,通常使用的方法是将转子三相电动势经二极管三相桥式不控整流得到一个直流电压,由晶闸管有源逆变电路来改变转子的反电动势,从而方便地实现无级调速,并将多余的能量回馈至电网,这是一种比较经济的调速方法。

本系统为晶闸管亚同步双闭环串级调速系统,控制系统由"速度调节器"、"电流调节器"、"触发电路"、"正桥功放"、"转速变换"等组成。其系统原理图如图 13-15 所示。

在本实验中 DJK04 上的"调节器Ⅰ"作为"速度调节器"使用,"调节器Ⅱ"作为"电流调节器"使用;若使用 DD03-4 不锈钢电动机导轨、涡流测功机及光码盘测速系统和 D55-4 智能电动机特性测试及控制系统两者来完成电动机加载,请详见附录相关内容。

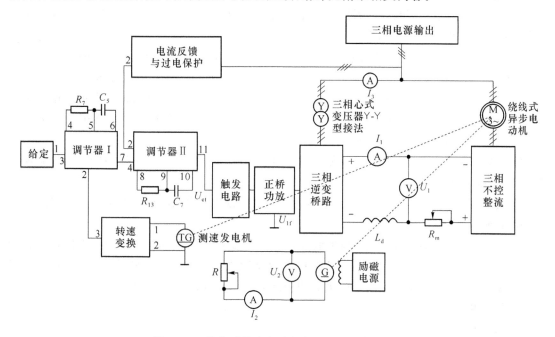

图 13-15 线绕式异步电动机串级调速系统原理图

四、实验内容

1. 控制单元及系统调试。
2. 测定开环串级调速系统的静态特性。
3. 测定双闭环串级调速系统的静态特性。
4. 测定双闭环串级调速系统的动态特性。

五、预习要求

复习电力拖动自动控制系统(交流调速)教材中有关异步电动机晶闸管串级调速系统的内容,掌握串级调速系统的工作原理及串级调速系统逆变变压器副边绕组额定相电压的计算方法。

六、思考题

1. 如果逆变装置的控制角 $\beta > 90°$ 或 $\beta < 30°$,则主电路会出现什么现象?为什么要对逆变角 β 的调节范围做一定的要求?

2. 串级调速系统的开环机械特性为什么比电动机本身的固有特性软?

七、实验方法

1. DJK02 和 DJK02-1 上的"触发电路"调试

(1) 打开 DJK01 总电源开关,操作"电源控制屏"上的"三相电网电压指示"开关,观察输入的三相电网电压是否平衡。

（2）将 DJK01"电源控制屏"上"调速电源选择开关"拨至"直流调速"侧。

（3）用 10 芯的扁平电缆将 DJK02 的"三相同步信号输出"端和 DJK02-1"三相同步信号输入"端相连,打开 DJK02-1 电源开关,拨动"触发脉冲指示"开关,使"窄"的发光管亮。

（4）观察 A、B、C 三相的锯齿波,并调节 A、B、C 三相锯齿波斜率调节电位器(在各观测孔左侧),使三相锯齿波斜率尽可能一致。

（5）将 DJK04 上的"给定"输出 U_g 直接与 DJK02-1 上的移相控制电压 U_{ct} 相接,将给定开关 S_2 拨到接地位置(即 $U_{ct}=0$),调节 DJK02-1 上的偏移电压电位器,用双踪示波器观察 A 相同步电压信号和"双脉冲观察孔" VT_1 的输出波形,使 $\alpha=150°$(注意此处的 α 表示三相晶闸管电路中的移相角,它的 $0°$ 是从自然换流点开始计算,而单相晶闸管电路的 $0°$ 移相角表示从同步信号过零点开始计算,两者存在相位差,前者比后者滞后 $30°$)。

（6）适当增加给定 U_g 的正电压输出,观测 DJK02-1 上"脉冲观察孔"的波形,此时应观测到单窄脉冲和双窄脉冲。

（7）用 8 芯的扁平电缆,将 DJK02-1 面板上"触发脉冲输出"和"触发脉冲输入"相连,使得触发脉冲加到正、反桥功放的输入端。

（8）将 DJK02-1 面板上的 U_{1f} 端接地,用 20 芯的扁平电缆,将 DJK02-1 的"正桥触发脉冲输出"端和 DJK02"正桥触发脉冲输入"端相连,并将 DJK02"正桥触发脉冲"的 6 个开关拨至"通",观察正桥 $VT_1 \sim VT_6$ 晶闸管门极和阴极之间的触发脉冲是否正常。

2. 控制单元调试

（1）调节器的调零。

将 DJK04 中"调节器Ⅰ"所有输入端接地,再将 DJK08 中的可调电阻 120 kΩ 接到"调节器Ⅰ"的"4"、"5"两端,用导线将"5"、"6"短接,使"调节器Ⅰ"成为 P(比例)调节器。调节面板上的调零电位器 RP_3,用万用表的毫伏挡测量调节器Ⅰ"7"端的输出,使输出电压尽可能接近于零。

将 DJK04 中"调节器Ⅱ"所有输入端接地,再将 DJK08 中的可调电阻 13 kΩ 接到"调节器Ⅱ"的"8"、"9"两端,用导线将"9"、"10"短接,使"调节器Ⅱ"成为 P(比例)调节器。调节面板上的调零电位器 RP_3,用万用表的毫伏挡测调节器的"11"端,使输出电压尽可能接近于零。

（2）调节器Ⅰ的整定。

把"调节器Ⅰ"的"5"、"6"短接线去掉,将 DJK08 中的可调电容 0.47 μF 接入"5"、"6"两端,使调节器成Ⅰ为 PI(比例积分)调节器,将调节器Ⅰ的输入端接地线去掉,将 DJK04 的给定输出端接到调节器Ⅰ的"3"端。当加一定的正给定时,调整负限幅电位器 RP_2,使输出电压为 -6 V;当调节器输入端加负给定时,调整正限幅电位器 RP_1,使输出电压尽可能接近于零。

（3）调节器Ⅱ的整定。

把"调节器Ⅱ"的"9"、"10"短接线继续短接,使调节器成为 P(比例)调节器,将调节器Ⅱ的输入端接地线去掉,将 DJK04 的给定输出端接到"调节器Ⅱ"的"4"端。当加正给定时,调整负限幅电位器 RP_2,使输出电压尽可能接近于零;把"调节器Ⅱ"的输出端与 DJK02-1 上的移相控制电压 U_{ct} 端相连,当调节器输入端加负给定时,调整正限幅电位器 RP_1,使脉冲停在逆变桥两端的电压为零的位置。去掉"9"、"10"两端的短接线,将 DJK08 中的可调电容 0.47 μF 接入"9"、"10"两端,使调节器成为 PI(比例积分)调节器。

（4）电流反馈的整定。

直接将 DJK04 的给定电压 U_g 接入 DJK02-1 移相控制电压 U_{ct} 的输入端,三相交流调压输出接三相线绕式异步电动机,测量三相线绕式异步电动机单相的电流值和电流反馈电压,调节"电流反馈与过流保护"上的电流反馈电位器 RP_1,使电流 $I_e=1$ A 时的电流反馈电压为 $U_{fi}=6$ V。

(5) 转速反馈的整定。

直接将 DJK04 的给定电压 U_g 接入 DJK02-1 移相控制电压 U_{ct} 的输入端,输出接三相线绕式异步电动机,测量电动机的转速值和转速反馈电压值,调节"转速变换"电位器 RP_1,使 $n=1\ 200$ r/min 时的转速反馈电压为 $U_{fn}=-6$ V。

3. 开环静态特性的测定

(1) 将系统接成开环串级调速系统,直流回路电抗器 L_d 接 200 mH,利用 DJK10 上的三相不控整流桥将三相线绕式异步电动机转子三相电动势进行整流,逆变变压器采用 DJK10 上的三相心式变压器Y/Y接法,其中高压端 A、B、C 接 DJK01 电源控制屏的主电路电源输出,中压端 A_m、B_m、C_m 接晶闸管的三相逆变输出。R(将 D42 三相可调电阻的两个电阻接成串联形式)和 R_m(将 D42 三相可调电阻的两个电阻接成并联形式)调到电阻阻值最大时才能开始试验。

(2) 测定开环系统的静态特性 $n=f(T)$,T 可按交流调压调速系统的同样方法来计算。在调节过程中,要时刻保证逆变桥两端的电压大于零。将实验数据记入表 13-31 中。

表 13-31　数据记录表

$n/\text{r}\cdot\text{min}^{-1}$							
$U_2=U_G/\text{V}$							
$I_2=I_G/\text{A}$							
$T/\text{N}\cdot\text{m}$							

4. 系统调试

(1) 确定"调节器Ⅰ"和"调节器Ⅱ"的转速、电流反馈的极性。

(2) 将系统接成双闭环串级调速系统,逐渐加给定 U_g,观察电动机运行是否正常,β 应在 $30°\sim 90°$ 移相,当一切正常后,逐步把限流电阻 R_m 减小到零,以提升转速。

(3) 调节"调节器Ⅰ"和"调节器Ⅱ"外接的电阻和电容值(改变放大倍数和积分时间),用慢扫描示波器观察突加给定时的动态波形,确定较佳的调节器参数。

5. 双闭环串级调速系统静态特性的测定

测定 n 为 1 200 r/min 时的系统静态特性 $n=f(T)$,并将实验数据记入表 13-32 中。

表 13-32　数据记录表

$n/\text{r}\cdot\text{min}^{-1}$	1 200						
$U_2=U_G/\text{V}$							
$I_2=I_G/\text{A}$							
$T/\text{N}\cdot\text{m}$							

n 为 800 r/min 时的系统静态特性 $n=f(T)$,并将实验数据记入表 13-33 中。

表 13-33　数据记录表

$n/r \cdot min^{-1}$							
$U_2 = U_G/V$							
$I_2 = I_G/A$							
$T/N \cdot m$							

6. 系统动态特性的测定

用双踪慢扫描示波器观察并用记忆示波器记录。

(1) 突加给定起动电动机时,转速 n("转速变换"的"3"端)和电动机定子电流 I("电流反馈与过流保护"的"2"端)的动态波形。

(2) 电动机稳定运行时,突加、突减负载时 n 和 I 的动态波形。

八、实验报告

1. 根据实验数据画出开环、闭环系统静态机械特性 $n = f(T)$,并进行比较。

2. 根据动态波形,分析系统的动态过程。

九、注意事项

1. 在实验过程中应确保 $\beta < 90°$内变化,不得超过此范围。

2. 逆变变压器为三相心式变压器,其副边三相电压应对称。

3. 应保证有源逆变桥与不控整流桥间直流电压极性的正确性,严防顺串短路。

4. DJK04 与 DJK02-1 不共地,所以实验时须短接 DJK04 与 DJK02-1 的地。

第十四章　过程控制系统

实验一　实验装置的基本操作与仪表调试

一、实验目的

1. 了解本实验装置的结构与组成。
2. 掌握压力变送器的使用方法。
3. 掌握实验装置的基本操作与变送器仪表的调整方法。

二、实验设备

1. THKGK-1 型过程控制实验装置：GK-02、GK-03、GK-04、GK-07。
2. 万用表 1 只。

三、实验装置的结构框图

实验装置的结构框图如图 14-1 所示。

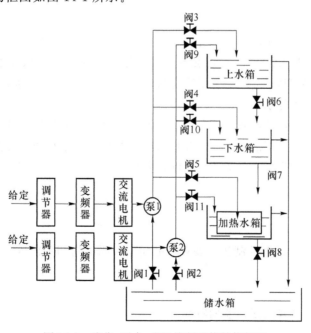

图 14-1　液位、压力、流量控制系统结构框图

四、实验内容

1. 设备组装与检查

（1）将 GK-02、GK-03、GK-04、GK-07 挂箱由右至左依次挂于实验屏上，并将挂件的 3 芯蓝插头插于相应的插座中。

（2）先打开空气开关再打开钥匙开关，此时停止按钮红灯亮。

（3）按下起动按钮，此时交流电压表指示为 220 V，所有的 3 芯蓝插座得电。

（4）关闭各个挂件的电源进行连线。

2. 系统接线

（1）交流支路 1：将 GK-04 PID 调节器的自动/手动切换开关拨到"手动"位置，并将其"输出"接 GK-07 变频器的"2"与"5"两端（注意：2 正、5 负），GK-07 的输出"A、B、C"接到 GK-01 面板上三相异步电动机的"U1、V1、W1"输入端；GK-07 的"SD"与"STR"短接，使电机驱动磁力泵打水（若此时电动机为反转，则"SD"与"STF"短接 ）。

（2）交流支路 2：将 GK-04 PID 调节器的给定"输出"端接到 GK-07 变频器的"2"与"5"两端（注意：2 正、5 负）；将 GK-07 变频器的输出"A、B、C"接到 GK-01 面板上三相异步电动机的"U2、V2、W2"输入端；GK-07 的"SD"与"STR"短接，使电动机正转打水（若此时电动机为反转，则"SD"与"STF"短接 ）。

3. 仪表调整（仪表的零位与增益调节 ）

在 GK-02 挂件上面有 4 组传感器检测信号输出：LT1、PT、LT2、FT（输出标准 DC0～5V），它们旁边分别设有数字显示器，以显示相应水位高度、压力、流量的值。对象系统左边支架上有两只外表为蓝色的压力变送器，当拧开其右边的盖子时，它里面有两个 3296 型电位器，这两个电位器用于调节传感器的零点和增益的大小（标有 ZERO 的是调零电位器，标有 SPAN 的是调增益电位器）。

4. 调试步骤

（1）首先在水箱没水时调节零位电位器，使其输出显示数值为零。

（2）用交流支路 1 打水（也可以用交流支路 2 打水）：打开阀 1、阀 3、阀 4，关闭阀 5、阀 6、阀 7，然后开启 GK-07 变频器及 GK-04 给定启动三相磁力泵给上、下水箱打水，使其液面均上升至 10 cm 高度后停止打水。

（3）看各自表头显示数值是否与实际水箱液位高度相同，如果不相同则要调节增益电位器使其输出大小与实际水箱液位的高度相同，同法调节上、下水箱压力变送器的零位和增益。

（4）按上述方法对压力变送器进行零点和增益的调节，如果一次不够可以多调节几次，使得实验效果更佳。

五、预习

熟读 THKGK-1 型过程控制实验装置产品使用说明书的相关内容。

六、实验报告

自行绘制表格测出液位变送器的特性。

实验二　单容水箱对象特性的测试

一、实验目的

1. 了解单容水箱的自衡特性。
2. 掌握单容水箱的数学模型及其阶跃响应曲线。
3. 实测单容水箱液位的阶跃响应曲线,用相关的方法分别确定它们的参数。

二、实验设备

1. THKGK-1 型过程控制实验装置:GK-02、GK-03、GK-04、GK-07。
2. 万用表 1 只。
3. 计算机及上位机软件。

三、实验原理

自衡特性是在不用人为干预的情况下就能平衡的,在物理学中涉及液体流量、液位差、压力的关系。

阶跃响应测试法是被控对象在开环运行状况下,待工况稳定后,通过调节器手动改变对象的输入信号(阶跃信号)。同时,记录对象的输出数据和阶跃响应曲线,然后根据给定对象模型的结构形式,对实验数据进行合理的处理,确定模型中的相关参数。

图解法是确定模型参数的一种实用方法,不同的模型结构有不同的图解方法。

单容水箱的数学模型可用一阶惯性环节来近似描述,且用下述方法求取对象的特征参数。

单容水箱液位开环控制结构图如图 14-2 所示。

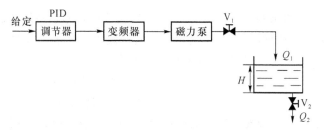

图 14-2　单容水箱液位开环控制结构图

设水箱的进水量为 Q_1,出水量为 Q_2,水箱的液面高度为 h,出水阀 V_2 固定于某一开度值。根据物料动态平衡的关系,求得

$$R_2 C \frac{\mathrm{d}\Delta h}{\mathrm{d}t} + \Delta h = R_2 \Delta Q$$

在零初始条件下,对上式求拉普拉斯变换,得

$$G(s) = \frac{H(s)}{Q_1(s)} = \frac{R_2}{R_2 Cs + 1} = \frac{K}{T_s + 1} \tag{14-1}$$

式中,$T = R_2 C$ 为水箱的时间常数(注意:阀 V_2 的开度大小会影响到水箱的时间常数),$K = R_2$ 为过程的放大倍数,也是阀 V_2 的液阻,C 为水箱的底面积。令输入流量 $Q_1(s) = R_0 / s$,R_0 为常

量，则输出液位的高度为

$$H(s)=\frac{KR_0}{s(T_s+1)}=\frac{KR_0}{s}-\frac{KR_0}{s+1/T} \tag{14-2}$$

即

$$h(t)=KR_0(1-e^{-\frac{1}{T}t}) \tag{14-3}$$

当 $t\to\infty$ 时，$h(\infty)=KR_0$。因而有

$$K=\frac{h(\infty)}{R_0}=\frac{输出稳态值}{阶跃输入}$$

当 $t=T$ 时， 则有

$$h(T)=KR_0(1-e^{-1})=0.632KR_0=0.632h(\infty) \tag{14-4}$$

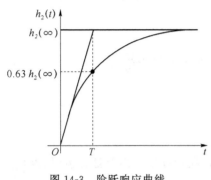

图 14-3　阶跃响应曲线

式(14-3)表示一阶惯性环节的响应曲线是一单调上升的指数函数，如图 14-3 所示。由式(14-4)可知该曲线上升到稳态值的 63.2％ 所对应的时间，就是水箱的时间常数 T。该时间常数 T 也可以通过坐标原点对响应曲线作切线，此切线与稳态值的交点所对应的时间就是时间常数 T。

其理论依据是：

$$\frac{\mathrm{d}h(t)}{\mathrm{d}t}\Big|t=0=\frac{KR_0}{T}e^{-\frac{1}{T}t}\Big|t=0\frac{KR_0}{T}=\frac{h(\infty)}{T} \tag{14-5}$$

式(14-5)表示 $h(t)$ 若以在原点时的速度 $h(\infty)/T$ 恒速变化，即只要花 T 时间就可达到稳态值 $h(\infty)$。

式(14-2)中的 K 值由下式求取：

$$K = h(\infty)/R_0 = 输入稳态值/阶跃输入$$

四、实验内容与步骤

1. 按实验一的要求和步骤，对上、下水箱液位传感器进行零点与增益的调整。

2. 按照图 14-1 的结构框图，完成系统的接线（接线参照实验 1），并把 PID 调节器的"手动/自动"开关置于"手动"位置，此时系统处于开环状态。

3. 单片机控制挂箱 GK-03 的输入信号端"LT1、LT2"分别与 GK-02 的传感器输出端"LT1、LT2"相连；用配套 RS232 通信线将 GK-03 的"串行通信口"与计算机的 COM1 连接；打开所有电源开关用单片机进行液位实时监测；然后用上位机控制监控软件对液位进行监视并记录过程曲线。

4. 利用 PID 调节器的手动旋钮调节输出，将被控参数液位控制在 4 cm 左右。

5. 观察系统的被调量——水箱的水位是否趋于平衡状态。若已平衡，记录此时调节器手动输出值 V_o 以及水箱水位的高度 h_1 和显示仪表 LT1 的读数值并填入表 14-1 中。

表 14-1　数据记录表

变频器输出频率 f/Hz	手动输出 V_o/V	水箱水位高度 h_1/cm	LT1 显示值/cm
	4		

6. 迅速增调"手动调节"电位器,使 PID 的输出突加 10％,利用上位机监控软件记下由此引起的阶跃响应的过程曲线,并根据所得曲线填写表 14-2。

表 14-2　数据记录表

t/s												
水箱水位 h_1/cm												
LT_1 读数/cm												

等到进入新的平衡状态后,再记录测量数据,并填入表 14-3。

表 14-3　数据记录表

变频器输出频率 f/Hz	PID 输出 V_o/V	水箱水位高度 h_1/cm	LT_2 显示值/cm
	3.3		

7. 将"手动调节"电位器回调到步骤 5 前的位置,再用秒表和数字表记录由此引起的阶跃响应过程参数与曲线,填入表 14-4。

表 14-4　数据记录表

t/s												
水箱水位 h_1/cm												
LT1 读数/cm												

8. 重复上述实验步骤。

五、注意事项

1. 做本实验过程中,阀 V_1 和阀 V_2 不得任意改变开度大小。

2. 阶跃信号不能取得太大,以免影响系统正常运行;但也不能过小,以防止对象特性的不真实性。一般阶跃信号取正常输入信号的 5％～15％。

3. 在输入阶跃信号前,过程必须处于平衡状态。

4. 在教师的帮助下,启动计算机系统和单片机控制屏。

六、实验报告要求

1. 画出一阶环节的阶跃响应曲线。

2. 根据实验原理中所述的方法,求出被测一阶环节的相关参数 K 和 T。

实验三　双容水箱对象特性的测试

一、实验目的

1. 了解双容水箱的自衡特性。
2. 掌握双容水箱的数学模型及其阶跃响应曲线。
3. 实测双容水箱液位的阶跃响应曲线,用相关的方法分别确定它们的参数。

二、实验设备

1. THKGK-1 型过程控制实验装置:GK-02、GK-03、GK-04、GK-07。
2. 万用表 1 只。
3. 计算机及上位机软件。

三、实验原理

阶跃响应测试法是被控对象在开环运行状况下,待工况稳定后,通过调节器手动操作改变对象的输入信号(阶跃信号)。同时,记录对象的输出数据和阶跃响应曲线,然后根据给定对象模型的结构形式,对实验数据进行合理地处理,确定模型中的相关参数。

图解法是确定模型参数的一种实用方法,不同的模型结构有不同的图解方法。

双容水箱液位控制结构图如图 14-4 所示。

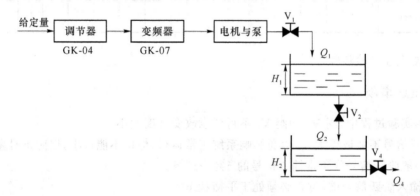

图 14-4　双容水箱液位控制结构图

设流量 Q_1 为双容水箱的输入量,下水箱的液位高度 H_2 为输出量,根据物料动态平衡关系,并考虑到液体传输过程中的时延,其传递函数为

$$\frac{H_2(s)}{Q_1(s)}=G(s)=\frac{K}{(T_1s+1)(T_2s+1)}e^{-\tau s} \tag{14-6}$$

式中,$K=R_4$,$T_1=R_2C_1$,$T_2=R_4C_2$,R_2、R_4 分别为阀 V_2 和 V_4 的液阻,C_1 和 C_2 分别为上水箱和下水箱的容量系数,式中的 K、T_1 和 T_2 可由实验求得的阶跃响应曲线求出,具体的做法是在图 14-5 所示的阶跃响应曲线上取。

(1) $h_2(t)$ 稳态值的渐近线 $h_2(\infty)$。

(2) $h_2(t)|_{t=t_1}=0.4\,h_2(\infty)$ 时曲线上的点 A 和对应的时间 t_1。

(3) $h_2(t)|_{t=t_2}=0.8\,h_2(\infty)$ 时曲线上的点 B 和对应的时间 t_2。

然后,利用下面的近似公式计算式(14-2)中的参数 K、T_1 和 T_2。其中,

$$K=\frac{h_2(\infty)}{R_\circ}=\frac{输入稳态值}{阶跃输入量}$$

$$T_1+T_2\approx\frac{t_1+t_2}{2.16} \tag{14-7}$$

对于式(14-1)所示的二阶过程,$0.32<t_1/t_2<$ 0.46。当 $t_1/t_2=0.32$ 时,为一阶环节;当 $t_1/t_2=0.46$ 时,过程的传递函数 $G(s)=K/(T_s+1)^2$(此时 $T_1=T_2=T=(t_1+t_2)/2\times2.18$)

过曲线的拐点做一条切线,它与横轴交于 A 点,OA 即为滞后时间常数 τ。

$$\frac{T_1 T_2}{(T_1+T_2)^2}\approx\left(1.74\,\frac{t_1}{t_2}-0.55\right) \tag{14-3}$$

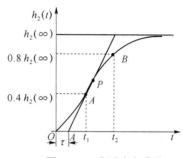

图 14-5　阶跃响应曲线

四、实验内容与步骤

1. 按实验一的要求和步骤,对上、下水箱液位传感器进行零点与增益的调整。

2. 按照图 14-4 结构框图,完成系统的接线(接线参照实验一),并把 PID 调节器的"手动/自动"开关置于"手动"位置,此时系统处于开环状态。

3. 将单片机控制屏 GK-03 的输入信号端"LT$_2$"接 GK-02 的传感器输出端"LT2";用配套 RS232 通信线将 GK-03 的"串行通信口"与计算机的 COM1 连接;启动单片机控制 GK-03 设置回路 3 的采样时间 $t_s=2$,标尺上限 CH=150(详见本书第一部分单片机控制屏 GK-03 使用说明);然后用上位机控制监控软件对液位进行监视并记录过程曲线。

4. 利用 PID 调节器的手动旋钮调节输出,将被控参数液位控制在 4 cm 左右。

5. 观察系统的被调量——水箱的水位是否趋于平衡状态。若已平衡,记录此时调节器手动输出值 $V_\circ$。以及水箱水位的高度 h_1 和显示仪表 LT1 的读数值并填入表 14-5 中。

表 14-5　数据记录表

变频器输出频率 f/Hz	手动输出 $V_\circ$/V	水箱水位高度 h_1/cm	LT1 显示值/cm

6. 迅速增调手动调节电位器,使 PID 的输出突加 10%,利用上位机监控软件记下由此引起的阶跃响应的过程曲线,并根据所得曲线填写在表 14-6 中。

表 14-6　数据记录表

t/s																
水箱水位 h_1/cm																	
LT1 读数/cm																	

等到进入新的平衡状态后,再记录测量数据,并填入表 14-7。

表 14-7　数据记录表

变频器输出频率 f/Hz	PID 输出 V_o/V	水箱水位高度 h_1/cm	LT1 显示值/cm

7. 将手动调节电位器回调到步骤 5 前的位置,再用秒表和数字表记录由此引起的阶跃响应过程参数与曲线,填入表 14-8。

表 14-8　数据记录表

t/s															
水箱水位 h_1/cm															
LT1 读数/cm															

8. 重复上述实验步骤。

五、注意事项

1. 做本实验过程中阀 V_2 的开度必须大于阀 V_4 的开度,以保证实验效果。

2. 阶跃信号不能取得太大,以免影响系统正常运行;但也不能过小,以防止对象特性的不真实性。一般阶跃信号取正常输入信号的 5％～15％。

3. 在输入阶跃信号前,过程必须处于平衡状态。

4. 在教师的帮助下,启动计算机系统和单片机控制屏。

六、实验报告要求

1. 画出二阶环节的阶跃响应曲线。

2. 根据实验原理中所述的方法,求出二阶环节的相关参数。

实验四 单容水箱液位PID控制系统

一、实验目的

1. 通过实验熟悉单回路反馈控制系统的组成和工作原理。
2. 研究系统分别用P、PI和PID调节器时的阶跃响应。
3. 研究系统分别用P、PI和PID调节器时的抗扰动作用。
4. 定性地分析P、PI和PID调节器的参数变化对系统性能的影响。

二、实验设备

1. THKGK-1型过程控制实验装置:GK-02、GK-03、GK-04、GK-07(2台)。
2. 万用表1只。
3. 计算机系统。

三、实验原理

图 14-6 为单容水箱液位控制系统框图,图 14-7 为其结构图。这是一个单回路反馈控制系统,它的控制任务是使水箱液位等于给定值所要求的高度,并减小或消除来自系统内部或外部扰动的影响。单回路控制系统由于结构简单、投资省、操作方便,且能满足一般生产过程的要求,故它在过程控制中得到广泛地应用。

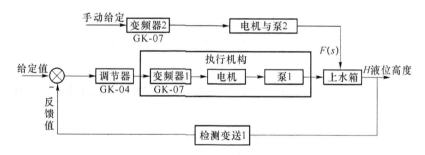

图 14-6 单容水箱液位控制系统的框图

当一个单回路系统设计安装就绪之后,控制质量的好坏与控制器参数的选择有着很大的关系。合适的控制参数可以带来满意的控制效果。反之,控制器参数选择得不合适,则会导致控制质量变坏,甚至会使系统不能正常工作。因此,当一个单回路系统组成以后,如何整定好控制器的参数是一个很重要的实际问题。一个控制系统设计好以后,系统的投运和参数整定是十分重要的工作。

系统由原来的手动操作切换到自动操作时,必须为无扰动,这就要求调节器的输出量能及时地跟踪手动的输出值,并且在切换时应使测量值与给定值无偏差存在。

一般而言,具有比例(P)调节器的系统是一个有差系统,比例度 δ 的大小不仅会影响到余差的大小,而且也与系统的动态性能密切相关。比例积分(PI)调节器,由于积分的作用,不仅能实现系统无余差,而且只要参数 δ、T_i 选择合理,也能使系统具有良好的动态性能。比例积分微分(PID)调节器是在 PI 调节器的基础上再引入微分 D 的作用,从而使系统既无余差存在,又能改善系统的动态性能(快速性、稳定性等)。在单位阶跃作用下,P、PI、PID 调节系统的阶跃响应分别如图 14-8 中的曲线①、②、③所示。

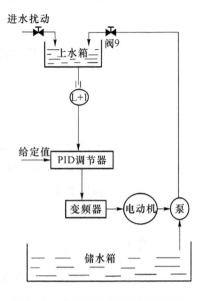

图 14-7　单容液位控制系统结构图

四、验内容与步骤

1. 比例(P)调节器控制

(1) 按图 14-6 所示,将系统接成单回路反馈系统(接线参照实验一)。其中被控对象是上水箱,被控制量是该水箱的液位高度 h_1。

(2) 启动工艺流程并开启相关的仪器,调整传感器输出的零点与增益。

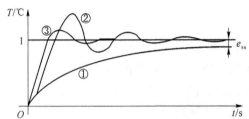

图 14-8　P、PI 和 PID 调节的阶跃响应曲线

(3) 在教师的指导下,接通单片机控制屏,并启动计算机监控系统,为记录过渡过程曲线做好准备。

(4) 在开环状态下,利用调节器的手动操作开关把被控制量"手动"调到等于给定值(一般把液位高度控制在水箱高度的 50% 点处)。

(5) 观察计算机显示屏上的曲线,待被调参数基本达到给定值后,即可将调节器切换到纯比例自动工作状态(积分时间常数设置于最大,积分、微分作用的开关都处于"关"的位置,比例度设置于某一中间值,"正-反"开关拨到"反"的位置,调节器的"手动"开关拨到"自动"位置),让系统投入闭环运行。

(6) 待系统稳定后,对系统加扰动信号(在纯比例的基础上加扰动,一般可通过改变设定值实现)。记录曲线在经过几次波动稳定下来后,系统有稳态误差,并记录余差大小。

(7) 减小 δ,重复步骤 6,观察过渡过程曲线,并记录余差大小。

(8) 增大 δ,重复步骤 6,观察过渡过程曲线,并记录余差大小。

(9) 选择合适的 δ 值就可以得到比较满意的过程控制曲线。

(10) 注意:每当做完一次试验后,必须待系统稳定后再做另一次试验。

2. 比例积分调节器(PI)控制

(1) 在比例调节实验的基础上,加入积分作用(即把积分器"I"由最大处"关" 旋至中间某一位置,并把积分开关置于"开"的位置),观察被控制量是否能回到设定值,以验证在 PI 控制下,系统对阶跃扰动无余差存在。

(2) 固定比例度 δ 值(中等大小),改变 PI 调节器的积分时间常数值 T_i,然后观察加阶跃扰动后被调量的输出波形,并记录不同 T_i 值时的超调量 σ_p。

δ 值不变、不同 T_i 时的超调量 σ_p 见表 14-9。

表 14-9　实验数据记录表

积分时间常数 T_i	大	中	小
超调量 σ_p			

(3) 固定积分时间 T_i 于某一中间值,然后改变 δ 的大小,观察加扰动后被调量输出的动态波形,并列表记录不同 δ 值下的超调量 σ_p。

T_i 值不变、不同 δ 值下的 σ_p 见表 14-10。

表 14-10　实验数据记录表

比例度 δ	大	中	小
超调量 σ_p			

(4) 选择合适的 δ 和 T_i 值,使系统对阶跃输入扰动的输出响应为一条较满意的过渡过程曲线。此曲线可通过改变设定值(如设定值由 50% 变为 60%)来获得。

3. 比例积分微分调节(PID)控制

(1) 在 PI 调节器控制实验的基础上,再引入适量的微分作用,即把 D 打开。然后加上与前面实验幅值完全相等的扰动,记录系统被控制量响应的动态曲线,并与实验步骤 2 所得的曲线相比较,由此可看到微分 D 对系统性能的影响。

(2) 选择合适的 δ、T_i 和 T_d,使系统的输出响应为一条较满意的过渡过程曲线(阶跃输入可由给定值从 50% 变成 60% 来实现)。

(3) 用计算机记录实验时所有的过渡过程实时曲线,并进行分析。

五、注意事项

1. 实验线路接好后,必须经指导教师检查认可后才能接通电源。

2. 必须在教师的指导下,启动计算机系统和单片机控制屏。

3. 若参数设置不当,可能导致系统失控,不能达到设定值。

六、实验报告要求

1. 绘制单容水箱液位控制系统的方块图。

2. 用接好线路的单回路系统进行投运练习,并叙述无扰动切换的方法。

3. P 调节时,画出不同 δ 值下的阶跃响应曲线。

4. PI 调节时,分别画出 T_i 不变、不同 δ 值时的阶跃响应曲线和 δ 不变、不同 T_i 值时的阶跃响应曲线。

5. 画出 PID 控制时的阶跃响应曲线,并分析微分 D 的作用。

6. 比较 P、PI 和 PID 3 种调节器对系统余差和动态性能的影响。

实验五　双容水箱液位 PID 控制系统

一、实验目的

1. 熟悉单回路双容液位控制系统的组成和工作原理。
2. 研究分别用 P、PI 和 PID 调节器时系统的动态性能。
3. 定性地分析 P、PI 和 PID 调节器的参数变化对系统性能的影响。
4. 掌握临界比例度法整定调节器的参数。
5. 掌握 4∶1 衰减曲线法整定调节器的参数。

二、实验设备

1. THKGK-1 型过程控制实验装置：GK-02、GK-03、GK-04、GK-07(2 台)。
2. 万用表 1 只。
3. 计算机系统。

三、实验原理

图 14-9 为双容水箱液位控制系统框图,图 14-10 为其结构图。这是一个单回路控制系统,它与实验六不同的是有两个水箱相串联,控制的目的既要使下水箱的液位高度等于给定值所期望的值,又要具有减少或消除来自系统内部或外部扰动的影响。显然,这种反馈控制系统的性能主要取决于调节器 GK-04 的结构和参数的合理选择。由于双容水箱的数学模型是二阶的,故它的稳定性不如单容液位控制系统。对于阶跃输入(包括阶跃扰动),这种系统用比例(P)调节器去控制,系统有余差,且与比例度近似成正比,若用比例积分(PI)调节器去控制,不仅可实现无余差,而且只要调节器的参数 δ 和 T_i 选择得合理,也能使系统具有良好的动态性能。

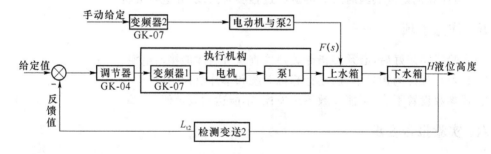

图 14-9　双容水箱液位控制系统的框图

比例积分微分(PID)调节器是在 PI 调节器的基础上再引入微分 D 的控制作用,从而使系统既无余差存在,又使其动态性能得到进一步改善。

四、实验内容与步骤

1. 比例(P)调节器控制

(1) 按图 14-9 所示,将系统接成单回路反馈控制系统(接线参照实验一)。其中被控对象是下水箱,被控制量是下水箱的液位高度 h_2。

（2）启动工艺流程并开启相关的仪器，调整传感器输出的零点与增益。

（3）在教师的指导下，接通单片机控制屏，并启动计算机监控系统，为记录过渡过程曲线做好准备。

（4）在开环状态下，利用调节器的手动操作开关把被控制量调到等于给定值（一般把液位高度控制在水箱高度的50%点处）。

（5）观察计算机显示屏上的曲线，待被调参数基本达到给定值后，即可将调节器切换到纯比例自动工作状态（积分时间常数设置于最大，积分、微分作用的开关都处于"关"的位置，比例度设置于某一中间值，"正-反"开关拨到"反"的位置，调节器的"手动"开关拨到"自动"位置），让系统投入闭环运行。

（6）待系统稳定后，对系统加扰动信号（在纯比例的基础上加扰动，一般可通过改变设定值实现）。记录曲线在经过几次波动稳定下来后，系统有稳态误差，并记录余差大小。

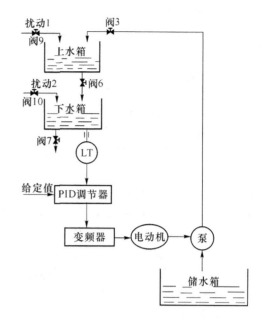

图 14-10 双容水箱液位控制结构图

（7）减小δ，重复步骤6，观察过渡过程曲线，并记录余差大小。

（8）增大δ，重复步骤6，观察过渡过程曲线，并记录余差大小。

（9）选择合适的δ值就可以得到比较满意的过程控制曲线。

（10）注意：每当做完一次试验后，必须待系统稳定后再做另一次试验。

不同δ时的超调量σ_p见表14-11。

表 14-11 实验数据记录表

比例度 δ	大	中	小
超调量 σ_p			

2. 比例积分调节器（PI）控制

（1）在比例调节实验的基础上，加入积分作用（即把积分器"I"由最大处旋至中间某一位置，并把积分开关置于"开"的位置），观察被控制量是否能回到设定值，以验证在 PI 控制下，系统对阶跃扰动无余差存在。

（2）固定比例度δ值（中等大小），改变 PI 调节器的积分时间常数值T_i，然后观察加阶跃扰动后被调量的输出波形，并记录不同T_i值时的超调量σ_p。

δ值不变、不同T_i时的超调量σ_p见表14-12。

表 14-12 实验数据记录表

积分时间常数 T_i	大	中	小
超调量 σ_p			

（3）固定积分时间 T_i 于某一中间值，然后改变 δ 的大小，观察加扰动后被调量输出的动态波形，并列表记录不同 δ 值下的超调量 σ_p。

T_i 值不变、不同 δ 值下的 σ_p 见表 14-13。

表 14-13　实验数据记录表

比例度 δ	大	中	小
超调量 σ_p			

（4）选择合适的 δ 和 T_i 值，使系统对阶跃输入扰动的输出响应为一条较满意的过渡过程曲线。此曲线可通过增大设定值（如设定值由 50% 变为 60%）来获得。

3. 比例积分微分调节器(PID)控制

（1）在 PI 调节器控制实验的基础上，再引入适量的微分作用，即把 D 打开。然后加上与前面实验幅值完全相等的扰动，记录系统被控制量响应的动态曲线，并与实验步骤 2 所得的曲线相比较，由此可看到微分 D 对系统性能的影响。

（2）选择合适的 δ、T_i 和 T_d，使系统的输出响应为一条较满意的过渡过程曲线（阶跃输入可由给定值从 50% 突变至 60% 来实现）。

（3）用秒表和显示仪表记录一条较满意的过渡过程实时曲线。

4. 用临界比例度法整定调节器的参数

在实际应用中，高阶系统 PID 调节器的参数常用下述临界比例度法来确定。用临界比例度法去整定 PID 调节器的参数既方便又实用。它的具体做法如下。

（1）待系统稳定后，将调节器置于纯比例 P 控制。逐步减小调节器的比例度 δ，并且每当减小一次比例度，待被调量回复到平衡状态后，再手动给系统施加一个 5%～15% 的阶跃扰动，观察被调量变化的动态过程。若被调量为衰减的振荡曲线，则应继续减小比例度 δ，直到输出响应曲线呈现等幅振荡为止。如果响应曲线出现发散振荡，则表示比例度调节得过小，应适当增大，使之出现图 14-11 所示的等幅振荡。图 14-12 为它的实验框图。

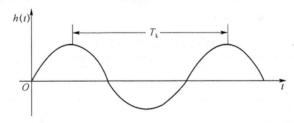

图 14-11　具有周期 T_k 的等幅振荡

（2）在图 14-12 所示的系统中，当被调量作等幅振荡时，此时的比例度 δ 就是临界比例度，用 δ_k 表示之，相应的振荡周期就是临界周期 T_k。据此，按表 14-14 所列出的经验数据确定 PID 调节器的 3 个参数 δ、T_i 和 T_d。

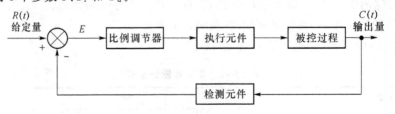

图 14-12　具有比例调节器的闭环系统

用临界比例度 δ_k 整定 PID 调节器的参数见表 14-14。

表 14-14　用临界比例度 δ_k 整定 PID 调节器的参数

调节器参数 调节器名称	δ_k	$T_i(s)$	$T_d(s)$
P	$2\delta_k$		
PI	$2.2\delta_k$	$T_k/1.2$	
PID	$1.6\delta_k$	$0.5T_k$	$0.125T_k$

（3）必须指出，表 14-14 中给出的参数值是对调节器参数的一个初略设计，因为它是根据大量实验而得出的结论。若要获得更满意的动态过程（例如，在阶跃作用下，被调参量作 4：1 地衰减振荡），则要在表格给出参数的基础上，对 δ、T_i（或 T_d）作适当调整。

5. 用衰减曲线法整定调节器的参数：

与临界比例度法类似，不同的是本方法先根据由实验所得的阻尼振荡衰减曲线（为 4：1），求得相应的比例度 δ_s 和曲线的振荡周期 T_s，然后按表 14-15 给出的经验公式，确定调节器的相关参数。获得系统的输出响应曲线按 4：1 衰减的具体步骤如下。

（1）置调节器积分时间 T_i 到最大值（$T_i=\infty$），微分时间 T_d 为零（$T_d=0$），比例度 δ 为较大值，让系统投入闭环运行。

（2）待系统稳定后，作设定值阶跃扰动，并观察系统的响应。若系统响应衰减太快，则增大比例度；反之，系统响应衰减过慢，应减小比例度。如此反复直到系统出现图 14-13 所示 4：1 的衰减振荡过程。

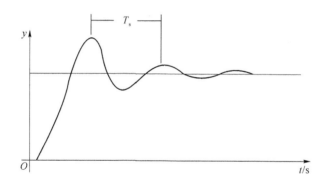

图 14-13　4：1 衰减响应曲线

记下此时的比例度 δ_s 和振荡周期 T_s 的数值。

（3）利用 δ_s 和 T_s 值，按表 14-15 给出的经验公式，求调节器参数 δ、T_i 和 T_d 数值。

4：1 衰减曲线法整定计算公式如表 14-15 所示。

表 14-15　4：1 衰减法整定计算公式

调节器参数 调节器名称	δ	T_i	T_d
P	δ_s		
PI	$1.2\delta_s$	$0.5T_s$	
PID	$0.8\delta_s$	$0.3T_s$	$0.1T_s$

五、注意事项

1. 实验线路接好后,必须经指导教师检查认可后方可接通电源。

2. 水泵启动前,出水阀门应关闭,待水泵启动后,再逐渐开启出水阀,直至某一适当开度。

3. 在教师的指导下,开启单片机控制屏和计算机系统。

4. 下水箱出水阀阀 7 不要开得过大,不然下水箱存不住水。

六、实验报告要求

1. 画出双容水箱液位控制实验系统的结构图。

2. 按图 14-10 要求接好实验线路,经教师检查无误后投入运行。

3. 用临界比例度法和衰减曲线法分别计算 P、PI、PID 调节的参数,并分别列出系统在这 3 种方式下的余差和超调量。

4. 画出 P 调节器控制时,不同 δ 值下的阶跃响应曲线。

5. 画出 PI 调节器控制时,不同 δ 和 T_i 值时的阶跃响应曲线。

6. 画出 PID 控制时的阶跃响应曲线,并分析微分 D 对系统性能的影响。

7. 综合评价 P、PI、和 PID 3 种调节器对系统性能的影响。

实验六　上、下水箱液位串级控制系统

一、实验目的

1. 熟悉串级控制系统的结构与控制特点。
2. 掌握串级控制系统的投运与参数整定方法。
3. 研究阶跃扰动分别作用在副对象和主对象时对系统主被控量的影响。

二、实验设备

1. THKGK-1 型过程控制实验装置：GK-02、GK-03、GK-04(两台)、GK-07(两台)。
2. 万用电表 1 只、计算机系统。

三、实验原理

1. 串级控制系统的组成

图 14-14 为一液位串级控制系统的框图,图 14-15 为其结构图。这种系统具有两个调节器,主、副两个被控对象,两个调节器分别设置在主、副回路中。设在主回路的调节器称为主调节器,设在副回路的调节器称为副调节器。两个调节器串联连接,主调节器的输出作为副回路的给定量,副调节器的输出去控制执行元件。主对象的输出为系统的被控制量 h_2,副对象的输出 h_1 是一个辅助的被控变量。

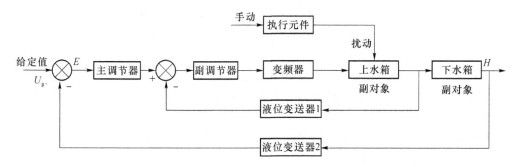

图 14-14　液位串级控制系统的框图

2. 串级系统的抗干扰能力

串级系统由于增加了副回路,因而对于进入副回路的干扰具有很强的抑制作用,使作用于副环的干扰对主变量的影响大大减小。主回路是一个定值控制系统,而副回环是一个随动控制。在设计串级控制系统时,要求系统副对象的时间常数要远远小于主对象。

此外,为了保证系统的控制精度,一般要求主调节器设计成 PI 或 PID 调节器,而副调节器则一般设计为比例 P 控制,以提高副回路的快速响应。在搭实验线路时,要注意到两个调节器的极性(目的是保证主、副回路都是负反馈控制)。

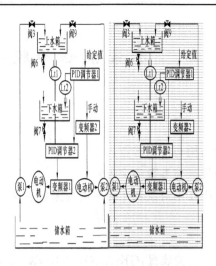

图 14-15 　液位串级控制系统结构图

3. 串级控制系统与单回路的控制系统相比

串级控制系统由于副回路的存在,使等效副对象的时间常数减小,系统的工作串级控制系统中两个控制器的参数都需要进行整定,其中任一个控制器任一参数值发生变化,对整个串级系统都有影响。因此,串级控制系统的参数整定要比单回路控制系统复杂一些。常用的整定方法有:逐步逼近法、一步整定法、两步整定法。

四、实验步骤

1. 按图 14-14 和图 14-15 连接好实验线路,并进行零位与增益的调节。

2. 正确设置 PID 调节器的开关位置。

副调节器:纯比例(P)控制,反作用,自动,KC2(副回路的开环增益)较大。

主调节器:比例积分(PI)控制,反作用,自动,KC1<KC2(KC1 主回路开环增益)。

3. 利用一步整定法整定系统。

(1) 先将主、副调节器均置于纯比例 P 调节,并将副调节器的比例度 δ 调到 30% 左右。

(2) 将主调节器置于手动,副调节器置于自动,通过改变主调节器的手动输出值使下水箱液位达到设定值。

(3) 将主调节器置于自动,调节比例度 δ,使输出响应曲线呈 4:1 衰减,记下 δ_s 和 T_s,据此查表求出主调节器的 δ 和 T_i 值。

注意:阀 7 的开度必须小于阀 6 的开度实验才能成功。

五、注意事项

当第一个串级系统连好后,需经指导教师检查认可,才能拆线进行第二个串级系统的连接实践。

六、实验报告要求

1. 记录实验过程曲线。

2. 扰动作用于主、副对象,观察对主变量(被控制量)的影响。

3. 观察并分析副调节器 K_p 的大小对系统动态性能的影响。

4. 观察并分析主调节的 K_p 与 T_i 对系统动态性能的影响。

实验七　计算机控制系统

一、实验目的

1. 了解计算机控制系统的基本构成。
2. 掌握本装置计算机实时监控软件的使用。
3. 熟悉计算机控制算法。
4. 掌握计算机控制的参数整定方法。

二、实验设备

1. THKGK-1 过程控制实验装置:GK-02、GK-03、GK-07。
2. 计算机及上位机监控软件。

三、实验原理

与常规仪表控制系统相比,计算机控制系统的最大区别就是用微型机和 A/D、D/A 转换卡来代替常规的调节器。基本构成如图 14-16 所示。

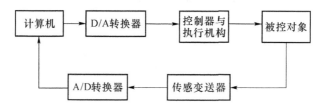

图 14-16　计算机控制系统构成框图

计算机根据测量值与设定值的偏差,按程序设定的算法进行运算,并将结果经 D/A 转换器输出。控制算法有位置式、增量式和速度式。为了使采样时间间隔内,输出保持在相应的数值,在 D/A 卡上设有零阶保持器。

四、实验步骤

1. 监控软件的使用及安装说明。

计算机硬件要求如下。

CPU:486 以上。

内存:32 MB 或更高。

硬盘:1 GB。

操作系统:Windows 98/2000/XP。

显示器:1 024×768。

串行口:COM1。

2. 软件安装过程在上位机光盘中。

(1) 将标有"上位机软件"的光盘放入光驱,打开"THKGK-1AT89c52\New thkgk\TH-

KGK-1"安装上位机软件。

（2）双击 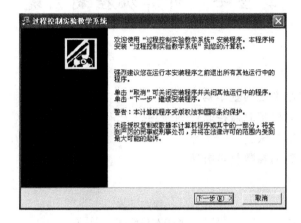弹出"过程控制实验教学系统"对话框，如图 14-17 所示。

图 14-17　THKGK-1 安装步骤一

（3）单击"下一步"按钮，弹出如图 14-18 所示对话框。

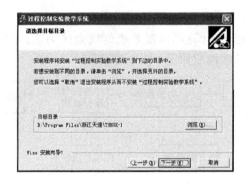

图 14-18　THKGK-1 安装步骤二

（4）选择安装目录，可以默认也可以自行更改，然后单击"下一步"按钮。

继续单击"下一步"按钮进行安装，在安装过程中会出现设置路径的对话框，如图 14-19 所示。

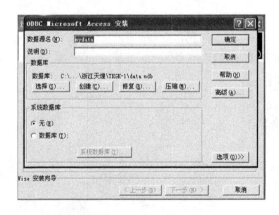

图 14-19　THKGK-1 安装步骤三

（5）单击"选择（S）"按钮，弹出如图 14-20 所示对话框。

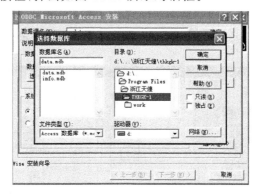

图 14-20　THKGK-1 安装步骤四

在"目录"列表框里选择上位机的安装目录"C:\Program Files\浙江天煌\THKGK-1"，左边"数据库名"列表框里选择"data.mdb"，如图 14-20 所示。

（6）设好路径之后单击"确定"按钮，弹出如图 14-21 所示对话框。

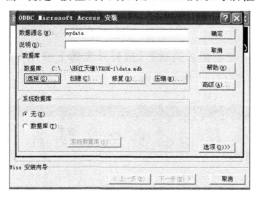

图 14-21　THKGK-1 安装步骤五

单击"确定"按钮然后继续安装上位机软件，直到完成。

3．运行上位机软件。

在本实验过程中，此软件既可以实现各个被控参量的监测也可以实现计算机控制。按上述方法安装好软件后桌面上就会有自动生成"THKGK-1 上位机软件"快捷方式图标，双击此快捷方式图标就会进入测量界面，如图 14-22 所示：

图 14-22　测量界面

刚开始登录必须要有用户名称和个人代码验证，用户名称可以是任意的阿拉伯数字或是英文字母，而个人代码必需是阿拉伯数字。

输入完毕后单击"确定"按钮进入流程图界面，如图 14-23 所示。

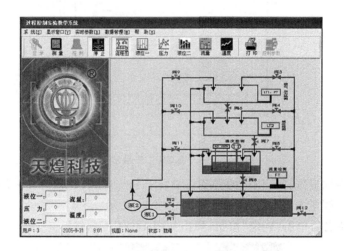

图 14-23　流程图界面

单击"测量"按钮进入实时数据采集状态，想要采集哪个被控参量就单击相应的按钮，比如单击"液位一"按钮，出现如图 14-24 所示画面。

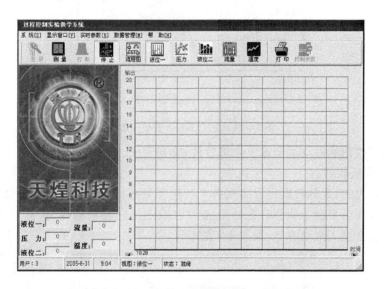

图 14-24　实时数据采集

这时在界面上就会出现上水箱的实时液位高度值。

4. 计算机控制。

登录成功后先单击"测量"按钮再单击"控制参数"按钮，弹出如图 14-25 所示对话框。

在出现的对话框中选择被控参数，在算法列表框中选择控制算法，设定相应的 PID 参数，再设定控制值（也就是期望值），最后单击"确定"按钮进入控制界面，如图 14-26 所示。

图 14-25 "控制参数设置"对话框

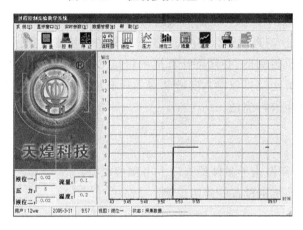

图 14-26 控制界面

单击"控制"按钮,并在下拉菜单中选择"液位一"即可进行实验,如图 14-27 所示。

图 14-27 液位一控制

算法简要说明如下。

模糊控制算法：只需设定控制值。

神经元控制算法：ω_1、ω_2、ω_3 均为神经元网络的权值系数,其值自行定义,范围一般为 8～40。

P、PD、PI、PID 控制算法：为计算机增量型控制算法,K_p 为比例系数;K_i 为积分系数;K_d 为微分系数。

积分分离控制算法：设定参数有 K_p、K_i、K_d、a,a 表示积分分离度,一般范围为 0～10。

死区 PID 控制算法：设定参数有 K_p、K_i、K_d、a,a 表示积分分离度。

不完全积分控制算法：设定参数有 K_p、K_i、K_d、K_L。K_L 表示微分作用的比例系数,一般范围为 0～10。

5. 选择 PID 算法对上水箱液位进行控制。

(1) 将计算机与单片机控制屏结合使用,对上水箱液位进行直接数字 DDC 控制实验。系统连接图自拟(单片机控制屏仅起 A/D、D/A 转换的作用)。

(2) 设置适当的作图时间间隔和给定值,调整 PID 参数 K、T_i、T_d,直到得到较好的过程控制实时曲线。

(3) 对不同 PID 参数下的实时控制曲线进行比较,分析各参数变化对控制质量的影响。

(4) 自行选择其他控制算法进行实验,了解不同算法的控制质量。

注意：在使用计算机控制前,必须将计算机串行口 COM1 与 GK-03 的 RS-232 口连接好。另外,以上所说的所有算法都可以对本实验装置的所有被控参数进行控制,这里只是以液位为例,其他的实验要求学生自行完成。

五、注意事项

1. 实验线路连好,需经指导教师检查后方可接通电源。
2. 实验前必须熟悉所用设备的使用说明。

六、实验报告要求

1. 将上述实验结果整理好,写出参数整定的具体步骤及整定数值,整理出系统的结构图。
2. 简述 PID 参数对系统性能的影响。

实验八　PLC 单/双容液位控制

一、实验目的

1. 了解 S7200PLC 可编程控制器的模拟量输入/输出控制功能。

2. 熟悉 PLC 可编程软件、MCGS 组态软件的使用。

3. 通过对单/双容小水箱液位 PID 调节组态软件的使用,熟悉 PLC 的编程及 MCGS 软件的组态方法。

二、实验设备

1. THKGK-1 型过程控制实验装置:GK-02、GK-07、GK-08。

2. 计算机、MCGS 软件、PPI/PC 电缆线 1 根。

三、实验原理

实验原理框图如图 14-28 所示。

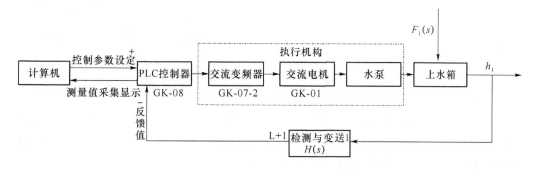

图 14-28　PLC 的单容水箱液位控制系统

测量值信号由 S7-200PLC 的模拟量输入通道进入,经程序比较测量值与设定值的偏差,然后通过对偏差的 P、PI 或 PID 调节得到控制信号(即输出值),并通过 S7-200PLC 的 AO 通道输出。用此控制信号控制变频器的频率,以控制交流电机的转速,从而达到控制水位的目的。S7-200PLC 和上位机进行通信,并利用上位机 MCGS 组态软件实现给定值和 PID 参数的设置、手动/自动无扰动切换、实时过程曲线的绘制等功能。

四、实验步骤

1. 利用 S7-200PLC(带模拟量输入/输出模块)、上位机及组态软件 MCGS、交流变频器、THKGK-1 型实验装置等按图 14-17 组成一个单回路水位控制系统。

2. 打开 GK-08 的电源开关,并将 PLC 置于 STOP 工作方式。

3. 启动计算机,安装所需软件,将提供的 S7-200PLC 演示程序 plcpid. mwp 下载到 PLC 中,然后将 PLC 置于 RUN 工作方式。

4. 单击"thkgk-1. mcg",进入 THKGK-1 型单容(上水箱)液位控制演示程序控制界面,如

图 14-29 所示。

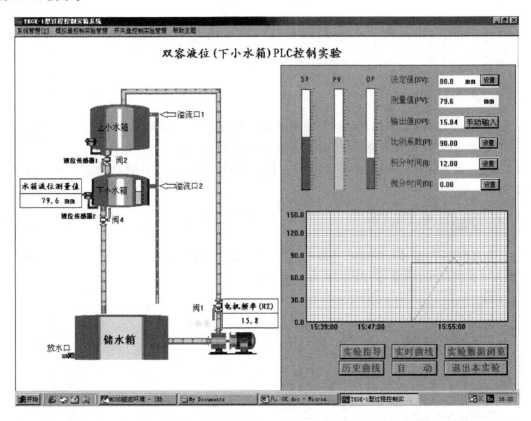

图 14-29　程序界面

5. 分别在 P、PI、PID 3 种控制方式做实验，整定相应的 PID 控制参数。

6. 运行：在设定好给定值后，即可进入自动运行状态。彩色柱状图直观的显示了给定值 SV、测量值 PV、输出值 OP 的动态变化值。实时曲线所记录的是当前实验的数据，实时数据将自动保存在历史曲线数据库里，供以后查询。

7. 待被控水箱水位趋于稳定后，加入一定的正（或负）阶跃信号（即增加或减小设定值），观察输出值和测量值的变化规律，记录一条完整的过渡过程曲线。

8. 按图 14-30 所示接成双容液位控制系统，再按照前面的步骤进行实验，并记录相关的数据。

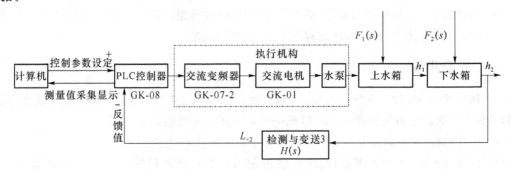

图 14-30　PLC 的双容水箱液位控制系统

五、注意事项

1. 实验线路连好,需经指导教师检查认可后方可接通电源。

2. 实验前必须熟记 GK-08 的使用说明。

六、实验报告要求

1. 摘记实验数据,分析实验曲线,比较 P、PI、PID 控制下的超调量、余差、调节时间、抗扰动性能有什么不同。

2. 在相同的控制参数下,比较单容和双容水箱的过程曲线,看它们的稳定性、调节时间、超调量有什么不同。

3. 模仿本系统提供的程序,自己设计一个液位控制系统。编写 S7-200PLC 的程序,并用 MCGS 进行组态。